AS GUERRAS DA INDEPENDENCIA DO BRASIL

Leoncio Nossa

AS GUERRAS DA INDEPENDENCIA DO BRASIL

O PROCESSO DE CRIAÇÃO DE UM
ESTADO NACIONAL NOS TRÓPICOS

Da máquina repressiva da Coroa Portuguesa
contra aldeias indígenas, em 1808, à invasão
de Buenos Aires por tropas do Império, em 1852

TOPBOOKS

Copyright © Leonencio Nossa, 2022

EDITOR
José Mario Pereira

EDITORA ASSISTENTE
Christine Ajuz

REVISÃO
Luciana Messeder

PRODUÇÃO
Mariângela Felix

CAPA
Miriam Lerner | Equatorium Design

DIAGRAMAÇÃO
Arte das Letras

CIP-BRASIL CATALOGAÇÃO NA FONTE.
SINDICATO NACIONAL DOS EDITORES DE LIVROS, RJ.

Nossa, Leonencio
As guerras da independência do Brasil / Leonencio Nossa. – 1ª ed. –
Rio de Janeiro: Topbooks Editora, 2022.

Bibliografia.
ISBN: 978-65-5897-020-0

1. História do Brasil I. Título.

22-120777   CDD-981.034

TODOS OS DIREITOS RESERVADOS POR

Topbooks Editora e Distribuidora de Livros Ltda.
Rua Visconde de Inhaúma, 58 / gr. 203 – Centro
Rio de Janeiro – CEP: 20091-007
Tels: (21) 2233-8718 e 2283-1039
topbooks@topbooks.com.br

"Não sou rebelde, como os inimigos de Vossa Majestade me representam. A culpa é das circunstâncias."

PEDRO EM CARTA AO PAI, DOM JOÃO | 1822

SUMÁRIO

INTRODUÇÃO 13

1. GUERRA SEM FIM (1808) 19
Chegada da família real ao Brasil – Dom João cria condições para o avanço de milicianos nas terras indígenas da Bahia, Espírito Santo, Minas, Paraná e Rio Grande do Sul

2. A ESPADA GUARANI (1808) 43
O regente retoma os embates com a Espanha pelo controle de Sacramento, no estuário do Rio da Prata – Em revide à França, ocupa Caiena na Amazônia

3. RECIFE REVOLUCIONÁRIA (1817) 60
Revolução de Pernambuco – República no Crato

4. BÁRBARA REPÚBLICA (1817) 70
Os embates da família Alencar no Cariri – A presença de vaqueiros e indígenas na campanha da independência

5. DUAS NAÇÕES EM BUSCA DE
INDEPENDÊNCIA (1820) 81
Motins liberais na Bahia e no Pará – O retorno de Dom João a Portugal

6. RECORDAI-VOS DAS FOGUEIRAS DO BONITO (1821) 94
O Recôncavo Baiano entra em luta por independência – Dom Pedro desafia as Cortes Gerais

7. A GUERRA DOS SEM-OURO (1821) 109
Movimentos contra o representante da Coroa no interior de Goiás – Fazendeiros exigem menos impostos

8. O CAVALO (1821)..116
O movimento de Pedro e Leopoldina pela independência.
A viagem decisiva do príncipe para São Paulo

9. GUERRA DA BAHIA (1822)...135
A contratação de mercenários europeus pelo Império – Embates entre
brasileiros e portugueses na Bahia – Recrutamento de ciganos

10. O VAQUEIRO (1821)...157
A ação de Dom Pedro I para consolidar o Estado brasileiro –
Movimentos populares contra a tirania

11. JOÃO BUNDA (1822)...160
Negros e indígenas expulsam os portugueses do Maranhão

12. A CONQUISTA DA AMAZÔNIA (1823)..........................178
A anexação do Grão-Pará e Rio Negro ao Império do Brasil –
Revolta de indígenas nos rios amazônicos

13. DA CONSTITUINTE À GUERRA (1823).........................200
Abertura da Assembleia para elaborar a primeira Constituição do Império
– Proposta de emancipação gradual de escravizado – Movimento de
autonomia em Pernambuco – Focos de revolta no Piauí e no Ceará

14. NO INFERNO DO MAR DA PATAGÔNIA (1826)..............232
Império do Brasil enfrenta insurgentes orientais e forças das Províncias
Unidas do Rio da Prata na Cisplatina e no litoral argentino

15. SINOS POLÍTICOS DE MINAS (1828)..............................254
Crise econômica corrói o Primeiro Reinado – Motins militares agitam o Rio

16. ZUMBI REENCARNADO (1831).....................................267
Início da Regência – Movimentos de negros no Nordeste em defesa
do imperador destituído

17. O POLICIAL CAXIAS (1831) 276
Racha no movimento liberal do Rio – A experiência de Luís Alves de
Lima e Silva no trabalho da segurança pública da cidade

18. OS CACETES SAGRADOS (1831) 288
O movimento de Pinto Madeira no Cariri contra a Regência –
A influência do clã Alencar

19. A COROA DOS REIS DE CONGO (1832).................................300
As lutas dos vaqueiros e escravos do Maranhão – O início da dinastia de Caxias

20. COGUMELOS LUMINOSOS (1833)..319
A formação do Estado na Caatinga – A nobreza do boi

21. TODA TRISTEZA DESTA VIDA (1834)..................................332
As rebeliões de negros – As primeiras lutas regenciais – O messianismo explode no sertão

22. OS IRMÃOS ANGELIM (1835) 340
A revolução dos mestiços no Pará – Os governos cabanos em Belém – A repressão da Regência

23. O JOVEM CABANO VIRA FARRAPO (1835).....................352
A transferência de prisioneiros e soldados para as guerras do Rio Grande do Sul – Tomada de Porto Alegre – Um certo Garibaldi

24. O SEQUESTRO DO PEQUENO IMPERADOR (1840).......363
A violência dos regentes – Lutas entre liberais e conservadores

25. ÁRVORES NEGRAS (1842) 383
Escravizados lutam pela Monarquia no Sul – Ingleses bombardeiam barcos de traficantes de africanos – Escravizados cobram da Igreja promessa de liberdade

26. ZUMBI E O MENINO DE ENGENHO (1848) 392
Revolta Liberal no Recife – Insurreições indígenas e negras nos canaviais e matas de Pernambuco e Alagoas – O presídio de Fernando de Noronha

27. O CAÇULA DOS ANGELIM VOLTA À GUERRA (1849).....406
A violência no Pampa – Batalhas no Uruguai – O confronto com o argentino Juan Manuel de Rosas pelo controle do Rio da Prata

LISTA DAS GUERRAS...418
REFERÊNCIAS...425

INTRODUÇÃO

Morrer pelo Brasil quase sempre foi um ato de invisibilidade. Ao longo da campanha da independência de 1822 e nas guerras seguintes por demandas não atendidas de terra e liberdade, legiões encobertas pelo tempo expuseram um legado de derrotas e vitórias. Elas atuaram na formação do Estado, na forja de uma cultura nacional, no avanço das fronteiras e na soberania sobre a floresta tropical.

Este livro descreve conflitos por autonomia, muitas vezes sem lideranças conhecidas, que se entrelaçaram em movimentos decisivos na configuração do poder político e econômico.

A terra é o estopim das disputas. O confronto por uma posse rural ou um espaço urbano acendeu motins, lutas populares, pelejas de fronteira e massacres, prévias da guerra por espaço no Estado que se formou especialmente com a chegada da família real portuguesa e a consequente mudança do Brasil do regime de colônia para integrante de um Reino Unido.

Como possível corte de tempo, estabeleci o período que vai das guerras oficiais decretadas por Dom João contra indígenas do sul da Bahia, do norte do Espírito Santo e do leste de Minas Gerais, assim que pisou no Rio, em 1808, ao final do embate do Império com o governo do caudilho Juan Manuel de Rosas, de Buenos Aires, em 1852. Neste último conflito, promessas de abolição da época da independência foram feitas novamente para facilitar os recrutamentos de soldados.

Todo minuto de vida é uma proeza na crônica das guerras travadas pelos brasileiros. A separação da antiga colônia e a fase embrionária da formação da máquina pública envolveram indígenas, negros, mestiços, ciganos, latinos europeus de classes distintas, judeus e árabes. Entre os combatentes, objetivos e desejos variavam, como o direito à posse, o fim da escravidão e a liberdade de pensamento. Os conceitos de Nação, corpo humano e mesmo de país podem apresentar certas semelhanças e se misturar.

Não fui atrás, necessariamente, de uma conexão para fatos históricos. As guerras ocorreram em situações e contextos dos mais diversos, o Estado apresentou-se com características singulares a cada momento na sua relação com a população, as conjunturas internacionais se alteraram. A premissa, entretanto, não pode servir como impedimento para se enxergar práticas políticas e humanas que se perpetuaram, guerras suspensas – jamais vencidas ou perdidas.

Terra e independência são termos que costumam aparecer juntos na história dos movimentos armados, nos êxodos de transformação e nos períodos de pandemias.

O mosaico das disputas fratricidas é marcado por aniquilamentos de grupos em que a fome, as doenças, os fungos, os êxodos e as alianças estratégicas entre invasores e aldeias em guerras com outras foram mais letais que a pólvora e a lâmina do facão. Esta observação pode servir para conflitos em qualquer parte do mundo, mas talvez vale ser ressaltada para enfatizar a brutalidade do dia a dia no país, permitir um olhar menos cômodo em relação às mudanças políticas e econômicas, quase invisíveis, capazes de alterar o meio ambiente, destruir paisagens da memória e provocar choques na realidade de milhões de pessoas, brancas, negras ou indígenas.

A propósito, uso neste livro as palavras "negro" e "preto" e "índio" e "indígena", sem distinções. O emprego delas está inserido num debate que vai além da semântica. As conotações pejorativa e positiva se alternam a cada geração de brasileiros das aldeias ou de cor preta que lutam contra a intolerância. O esvaziamento de um termo costuma ser a gota que transborda o copo d'água na eterna saga por igualdade. Se a escolha de "preto" e "indígena" marca a força do novo movimento por direitos, o uso de "negro" e "índio" ilustra conquista e alteridade.

Nas histórias das guerras, tentei registrar os "momentos tiranos", como descreve a música "Boi Soberano", da dupla Tião Carreiro e Pardinho, situações de absoluta impotência do humano – na letra, um pai conta somente com o inesperado para evitar o massacre do filho pela fera no estouro de uma boiada numa rua de Barretos, em São Paulo.

São histórias de pais decididos a morrer por seus meninos, irmãos que idolatram irmãos, mães que enxergam divindade nos rebentos, homens dispostos a vingar a companheira morta. Muitas mulheres-soldados estiveram prontas para defender suas plantações e seus bichos, muitos militares e guerrilheiros possessos quiseram tirar dos palácios quem entrou por golpe ou voto. Levas de brasileiros vagaram como lobos nas savanas e cerrados.

Descrevo grandes confrontos, microguerras, lutas épicas, embates curtos, rebeliões de poucos registros. Às vezes a guerra que tentei contar é a de uma tentativa individual de enfrentar o tempo, máquina de limpar cenas extensas de crimes.

Uma boa parte dos conflitos foi influenciada pelos lemas da Revolução Francesa, movimento testemunhado por brasileiros que estudavam na Europa e trouxeram a experiência da ruptura para o Brasil. Com base no princípio da liberdade, viveram disputas contra o absolutismo, a tirania, a ligação forçada entre o governo e a Divina Providência e a concentração de poder.

Ao percorrer um país, você percebe a História em toda parte, numa rede de conexões de populações e elites marginalizadas. A propósito, associo a lógica de amarrar relatos colhidos pelo tempo, recorrente neste livro, à dinâmica dos linhões de energia dos campos próximos das estradas, gigantes estruturas metálicas fincadas entre plantações e povoados, elos instantâneos de mundos distantes.

Devido a muitas viagens ao interior, cristalizei essa imagem na memória. Nem a chegada da fibra ótica apagou a força da paisagem que encontrei nos trajetos em busca de histórias de velhas guerras.

Rumo às cidades, a força dos rios selvagens segue pelos vales da Amazônia, zonas sertanejas, plantios extensos de grãos, campos de criação de gado e matas próximas do Atlântico. Nos dias de sol abrasador ou de temporais e raios. A fiação indica rotas feitas e refeitas a cavalo, em carreiros de bois, de ônibus, de boleia ou mesmo a pé pelos brasileiros, andarilhos por excelência e necessidade. Esses combates ocorreram também nas ilhas oceânicas mais afastadas, nos mares da África e nas montanhas da Europa.

Mesmo regiões inóspitas da Planície Amazônica e da Bacia do Prata, falsamente descritas como lugares sem almas, se conectam à sociedade nacional e dela fazem parte por registros de contatos violentos. Trilhas tomadas por árvores e igarapés cristalinos causam sensação de floresta intocada. No entanto, os caminhos estreitos foram abertos à bala, nas esperas do quase noite.

A memória coletiva predominante tende a desconsiderar o território total do país. Ainda nos nossos dias, lutas longe dos centros políticos e econômicos são tratadas por regionais, uma prática de abafar a alteridade de uma nação.

Batalhas nos barrancos dos rios e lagos, às margens dos poderes, desafiam a produção histórica hegemônica. Por gerações, a disputa estará viva nas palhoças da mata, nas casas da periferia.

Andei bastante para ouvir depoimentos, ver lugares e recolher papéis em cartórios, fóruns, delegacias de polícia, acervos pessoais e arquivos públicos. Trabalhei durante anos na preparação deste livro, um esforço que foi acelerado no tempo da covid — esta tragédia talvez matou o mesmo tanto de brasileiros ou mais que a soma das guerras aqui descritas, mas não está dissociada jamais do passado de belicismo e intolerância, ainda que a história não seja uma sucessão desenfreada de causas e efeitos.

Nada como ouvir os ruídos de um combate muito antigo da boca de quem escutou o barulho dos canhões e garruchas. O velho esquecido na cadeira de plástico em sua casa de cor forte na movimentada avenida relatará a infância no fogo cruzado, citará nomes, descreverá o inimigo que parece estar ao seu lado, explicará relações distantes, apontará horas, dará nuances do tempo de menino.

À espreita, ele viu um país se formar, um Estado ganhar contornos e uma guerra começar.

Num estilo elegante e entusiasmado de viver, os povos formadores do Brasil apresentaram uma visão de país obstinada ou simplesmente bruta.

Sequestrados, expulsos e exilados, os brasileiros enfrentaram o ódio e a fúria.

Esta é uma história de andança e destino. Nela, procurei valorizar casos e personagens, priorizar trajetórias de famílias a processos coletivos, fazer relatos de impressões de viagens – talvez o que não se pede num livro de história nacional. É como escrevem amigos historiadores e memorialistas do interior, contadores, incansáveis na crônica de suas cidades e do país. Sob chuva, sol e poeira, abrem mão de relações pessoais e partem em busca da vida frágil que ainda detém o momento flagrante próximo de se tornar passado. Afinal, sem esquecimento, tudo é um só tempo.

1

GUERRA SEM FIM (1808)

Repercutiam a Revolução Francesa, a Independência dos Estados Unidos e a Revolução Haitiana dos negros, ocorridas no século 18. Início do Império de Napoleão na França, que entra em guerra com ingleses e invade a Península Ibérica. Família real portuguesa foge para o Brasil.

AINDA NOS PRIMEIROS anos da colonização do Brasil, no século 16, os portugueses estavam diante da vida que valia pouco. As notícias no além-mar sobre os embates deles com as populações nativas do litoral para explorar madeira de lei, formar vilas, plantar cana-de-açúcar e construir alambiques e engenhos de rapadura normalizaram a guerra marcada por massacres, extermínios de grupos étnicos e contas elevadas de mortos.

O desembarque dos europeus nas praias, mangues e restingas da Mata Atlântica e no Baixo Amazonas e seus afluentes e igarapés, não era o início do processo de violência de uma nação contra outras. Afinal, o combate interétnico fazia parte da vida das tribos do continente americano. Mas, com o choque cultural a partir do movimento das naus e caravelas, a guerra nos trópicos foi incrementada por arma de fogo, pólvora e doenças que varriam aldeias inteiras.

Remotas guerras tribais e correrias provocadas pelos europeus delimitaram, a partir da desordem e da mistura muitas vezes trágica de povos, o território de um país continental.

O europeu iniciou a experiência da guerra assimétrica. Todas as disputas até então entre povos tradicionais se davam nos limites da preservação das etnias, ainda que se possa considerar o poderio militar maior de determinados povos nativos no mosaico de identidades culturais do Brasil antes da chegada das grandes embarcações munidas de aço e pólvora.

Os bacamartes e arcabuzes, armas de canos mais longos que os de revólveres, pesavam nas caminhadas na mata. Podiam não ter a facilidade de manuseio de setas e zarabatanas milimétricas e venenosas de tapuios e tupis. Entretanto, faziam parte de um plano militar organizado mais amplo de ocupação do território.

O sistema de genocídio promovido pelos que vinham de fora rejeitava o seu conceito.

Com a Era das Caravelas, um poder bélico jamais visto acuou os indígenas da faixa continental e dos arquipélagos litorâneos. Viver as regras da ancestralidade não era mais uma opção própria do nativo. O outro de pele branca que chegava pelo mar se fixava na terra e impunha suas exigências.

Em seus *Ensaios*, o pensador francês Michel de Montaigne provocaria a visão europeia predominante ao afirmar que os indígenas brasileiros eram menos bárbaros que os homens do velho continente e apontaria que os tupinambás do Rio de Janeiro não brigavam por espaço geográfico. "Não entram em conflito a fim de conquistar novos territórios, porquanto gozam ainda de uma uberdade natural que sem trabalhos nem fadigas lhes fornece tudo de que necessitam e em tal abundância que não teriam motivo para desejar ampliar suas terras", registrou.

Foi no período dos embates da ocupação portuguesa que a guerra no Brasil adquiriu possivelmente sua maior característica. A luta se dava, a partir dali, pela terra. Antes, tupis e tamoios podiam viver anos de batalhas não necessariamente pela posse da foz de um rio ou das areias de uma praia.

O português entrava agora em guerra pelo controle da área que pretendia explorar. Quase sempre uma batalha começa mesmo por conta de um espaço físico. Foi assim na tentativa dos europeus de limpar terrenos, foi assim anos depois com os grandes fazendeiros de abrir frentes de produção no interior.

No Brasil, o conceito de guerra está associado a uma visão de que a vida humana vale bem menos que uma mata de jacarandás. Com o tempo, valeria também menos que uma roça plantada de mandioca. Quando currais foram montados, o roubo de um boi passou a ser punido com a morte de quem levou o animal e, por tabela, o assassinato da mulher e dos filhos dele. Uma cabeça de boi podia equivaler a de muitos humanos. Nos nossos dias, o roubo de um bicho ou a invasão de uma terra ainda são punidos com homicídios e chacinas.

Longe de Lisboa, das leis divinas compreendidas pelo catolicismo e das pressões políticas e sociais, o português partiu para guerras sem limites. É como se o oceano o separasse de sua civilização. Por sua vez, o nativo, o indígena, na sua tradição, nasceu guerreiro e podia ter no embate com outras tribos a condição de sua existência.

São José de Anchieta, um sacerdote e educador canonizado pelo Papa Francisco, foi um dos primeiros a registrar a relação bélica entre o português e o indígena.

No final do século 16, o padre jesuíta aportou por aqui na nau do segundo governador-geral do Brasil, Mem de Sá. Ele escreveu um poema para contar a história da Batalha do Cricaré, entre a tropa de Fernão de Sá, filho de Mem, e os nativos do litoral norte da capitania do Espírito Santo, quase na divisa com a Bahia.

Na região da foz do Cricaré, hoje Conceição da Barra, no norte do Espírito Santo, quase caindo na Bahia, Fernão deixou uma pequena frota de barcos na praia do rio e avançou interior adentro para combater os indígenas. Quando a pólvora acabou, ele retirou-se afobado com seus homens. Ao chegar à margem do curso, porém, os barcos da retaguarda tinham zarpado.

Anchieta escreveu um poema sobre o fim do "filho querido" que "decepava" braços enfeitados com penas de pássaros e "partia" têmporas. "Ao peso do teu braço, os altivos Brasis esqueceram seus ferozes costumes e seus sangrentos ritos", enalteceu o religioso.

Os "povos brasílicos" ou as "vidas sem rumo", como descreveu o jesuíta, derrotaram Fernão, mas essa vitória parcial recrudesceu a violência portuguesa na terra onde o Espírito Santo deu "seu próprio nome", nas palavras de Anchieta. Mem de Sá iniciou uma retaliação que duraria décadas.

Na apologia ao jovem combatente português, um homem sanguinário na leitura do tempo presente, o padre da Ordem de Santo Inácio de Loyola, entretanto, comparou a força dos guerreiros indígenas à dos grandes seres do mar.

> *Na praia ao longe os soldados contemplam as lutas*
> *e pasmam das rijas batalhas que se travam nas águas*
> *Como quando as baleias sobem do fundo do abismo*
> *e se acolhem às enseadas do litoral brasileiro*
> *na quadra em que se entregam ao serviço da espécie*
> *então travam combates ferozes ao soçobro das ondas*
> *e lançam até as nuvens jatos de água espumante:*
> *atônitos na praia os homens assistem à luta gigante*
> *dos monstros descomunais entre as águas.*

A baleia não deixa de ser um animal no poema de Anchieta. Na visão jesuíta da época, se o outro não era gente (cristão) era gentio (animal feroz). Assim, os padres-soldados justificavam a guerra.

A separação dos homens e mulheres entre gente e gentio definiu a atuação de quem veio estabelecer, por meio das armas e da fé, um modelo de poder nos trópicos.

A vida valeu quase nada mesmo nas guerras do Brasil. Uma situação que não diferencia, talvez, dos embates envolvendo tropas externas e populações nativas na África, na Oceania, nos demais países da América Latina ou nas áreas de conquista europeia dos Estados Unidos ou do Canadá.

O indígena passou a conhecer, por outro lado, o valor da terra por onde apenas passava como nômade ou das florestas onde viviam os espíritos. Passou a fazer guerra também por espaço físico.

Ter acesso à terra era a liberdade.

O clima de beligerância e de possível novo conflito moldou a alma das gerações que surgiam na luta entre nativos e europeus. Essa mesma alma nascia das alianças entre tribos com portugueses para derrotar aldeias inimigas e das grandes pandemias que assolavam a costa brasileira.

Havia um legado e um conceito de guerra quando a costa brasileira tornou-se alvo de outros europeus, holandeses e franceses que chegaram a ocupar, no século seguinte, extensas áreas de produção de cana-de-açúcar, fundar vilas, trazer culturas, propor alianças surpreendentes com lideranças de tribos inimigas.

Barcos nórdicos ou enviados por Paris fundearam nos cais, portos e enseadas para também tirar proveito das riquezas do Eldorado até então exclusivo de Lisboa. Então, novas parcerias foram estabelecidas. A guerra unia índios e portugueses contra outros nativos e outros europeus. O desejo de permanecer na terra era um ponto em comum.

A guerra tinha alguma tradição quando aflorou no Brasil o sentimento nativista de expulsar o estrangeiro. Esse desejo passou do índio para os próprios portugueses radicados ou seus descendentes quando estes sentiram-se acossados pela Coroa. O conceito de brasilidade foi consequência da guerra e não o contrário.

GUERRA DOS AIMORÉS

Afastados do litoral desde as expedições punitivas da Coroa Portuguesa após a morte de Fernão de Sá, em 1557, os povos aimorés do Rio Doce, no Espírito Santo e em Minas Gerais, viveram, a partir dali, cem anos de ataques de exploradores lusitanos, o mesmo tanto de tempo de invasões de escravagistas bandeirantes e ainda cinquenta anos de embates com quem tentava chegar ou fugir das lavras de Vila Rica, nos limites da antiga capitania do Donatário

Vasco Fernandes Coutinho onde se achou ouro em quantidade. Na sequência, eles tiveram seu território violado por naturalistas ávidos por serpentes coloridas, orquídeas da Mata Atlântica e todo tipo de biopirataria e deslumbrados com a possibilidade de expandir os registros da ciência.

Em 1808, a movimentação das tropas de Napoleão Bonaparte do lado de lá do oceano, que avançava rumo a Lisboa, forçou a mudança da família real de Portugal para a colônia na América e, consequentemente, impactou a vida dos moradores dos vilarejos litorâneos e das aldeias mais afastadas do mar, que viram o poder real incentivar invasões de suas matas, num derrubar incessante dos jacarandás de minúsculas folhas embranquecidas.

As transformações no Brasil eram consequências diretas da Guerra Peninsular nas terras de Portugal, Espanha e França. Este conflito começou com um acordo entre Napoleão e autoridades de Madri para permitir passagem de sua tropa pela Espanha até Lisboa. Após forçar a expulsão da Corte de Dona Maria e Dom João ao Brasil, em 1807, o imperador francês manteve a ambição de conquista, depôs o rei espanhol Fernando VII e impôs no trono o irmão José Bonaparte, decisão referendada pela elite dirigente do país conquistado.

Quando Napoleão iniciou a desastrada campanha da Rússia, em 1812, guerrilhas portuguesas e espanholas e forças britânicas conseguiram reagir e ocupar espaço no tabuleiro da guerra. O imperador francês tinha tirado boa parte de seu aparato bélico da Península. Sucessivas vitórias dos aliados forçaram José Bonaparte a abandonar o trono espanhol.

Napoleão, que chegou a marchar com seu cavalo tanto em Madri quanto em Moscou, senhor quase absoluto da Europa e, consequentemente, do mundo, ainda perdeu a guerra para os russos. Mas até ali tinha provocado impactos decisivos na sempre conflagrada América do Sul.

A odisseia da realeza portuguesa de atravessar o mar em fuga do exército francês alavancou o processo de separação política do

Brasil. Assim como iniciou a construção do novo Estado no Cone Sul – projeto que motivou décadas antes as inconfidências Mineira e Baiana e a Revolta dos Búzios –, e a guerra do Reino ao que se chamou de Nações Selvagens.

Desde a Revolução Francesa, em 1789, período de temor da nobreza com a guilhotina, cortes europeias mantinham a vigilância e o rigor no extermínio de qualquer revolta ou ameaça vinda das plebes e populações nativas.

A presença da família real portuguesa no Rio forçou melhorias urbanas nas margens da Baía de Guanabara, abertura dos portos aos aliados ingleses, criação de órgãos burocráticos, abertura da imprensa, uma casa de fabricação de pólvora e três Cartas Régias para formalizar guerras de extermínio de populações tradicionais, excluídas radicalmente do processo de instalação do poder.

O que se viu na cidade colonial, nos primeiros meses da chegada do regente Dom João e sua mãe interditada, Dona Maria, e a Corte foi a expulsão dos cariocas mais abastados de suas casas para abrigar altos funcionários. A invasão da propriedade particular foi mais ampla. Atingiu não apenas sobrados do centro, mas terras de uma vasta região no entorno da cidade e das capitanias vizinhas de Minas e do Espírito Santo, com a declaração de guerra aos indígenas.

Na situação inusitada de um governo montado na antiga colônia, tornando a metrópole em solo europeu a parte submissa, Dom João exercia o poder com a pompa possível.

Peças humanas de luxo embarcadas nos navios com a família real, os *castratti*, que ainda na puberdade foram mutilados para conservar a voz aguda da infância, garantiam à nobreza compensar a saudade das celebrações dos palácios lusitanos e das homílias dos conventos de Lisboa.

As tardes no Rio eram calorentas. Os ciganos, há muito radicados na Colônia, ganhavam dinheiro na venda de escravos e no comércio. Nas solenidades, exibiam seus cavalos paramentados, com estribos de prata e fivelas do melhor couro, para ajudar a realeza a impressionar viajantes estrangeiros assustados com a austeridade da Corte na América do Sul.

No tempo de Dom João VI, os calons animavam as festas oficiais com seus grupos de fandango espanhol. Os belos e bem ornamentados cavalos garantiam o requinte e o esbanjamento a um reinado sem dinheiro.

Era algo inimaginável em Lisboa. Faziam danças de extasiar os olhos, lembram os memorialistas. Homens em cavalos paramentados com estrelas de prata e fitas e suas damas nas celas forradas de veludo chegavam ao Campo de Santana e paravam diante do camarote do rei. Eles e elas pulavam ligeiro do animal, davam seus passos, voltavam ainda mais velozes à garupa. Fizeram isso no casamento de Maria Teresa, a filha mais velha de Dom João, com o espanhol Pedro de Bourbon, e do irmão dela, o príncipe Pedro de Alcântara com a austríaca Leopoldina.

Dom João, ainda príncipe regente, nem dispunha de recursos para consolidar o Reino no continente, isto é, fazer guerras. Ele carecia de uma tropa legal capaz de limpar as regiões vizinhas do Rio, afastar os povos "antropofágicos", como classificava os indígenas. Se não teve soldados em quantidade para deter os franceses que avançaram sobre Lisboa, muito menos contava com fardados, munições e armas nas batalhas contra os países do mato.

Dom João incentivou a formação de milícias por quem se aventurasse pela floresta luxuriante para arrancar o que dela considerasse de valor e abrir propriedades. As estradas fluviais, os grandes rios que desciam de Minas para o Atlântico, ou os formadores da Bacia do Prata deveriam ser "limpos" de quaisquer obstáculos aos exploradores e agentes do Reino. Incontáveis incursões resultaram em corpos de homens, mulheres e crianças despedaçados por arcabuzes, e retalhados a facões, para depois boiarem nos lagos e beiras de rios e se perderem na história.

Desde os primeiros tempos da Colônia, o sistema militar implantado por Portugal se dividia entre tropas legais do exército, que recebiam salário e farda, e os corpos de ordenanças e as milícias, liderados por proprietários de terra, sem soldo e uniforme.

O posto de chefe de milícia era disputado. Afinal, o proprietário de terra ou mero aventureiro tinha nas mãos a força militar que cobraria impostos e tributos e caçaria procurados da Justiça – ao menos um salvo-conduto para quem corria das obrigações com a Coroa.

A repressão contava ainda com bandos sem ligações com o Estado Português, bandeiras de explorações de garimpos e que faziam "limpezas" étnicas por dinheiro de forma autônoma.

Como as tropas legais de Lisboa raramente apareciam nas capitanias, os chefes das ordenanças e das milícias reinavam absolutos. Surgiram no enfrentamento a índios e nas brigas entre sitiantes. Quando tropas de linha apareciam, vindas geralmente para combater lideranças de revoltas políticas, as milícias de civis e escravos eram recrutadas para reforçar a ofensiva.

A presença ao lado de fardados nos conflitos legitimava quem era irregular. Assim, os milicianos entraram no imaginário social com força e poder. É como se as tropas voltassem às naus deixando na terra uma escala de representantes com autorização legal de exercer o poder e matar.

Carta de guerra

A 13 de maio de 1808, Dom João assinou Carta Régia em que declarou guerra aos "índios botocudos", os aimorés, dos rios Doce, Jequitinhonha e Mucuri em Minas, Bahia e Espírito Santo. A norma tinha entre seus propósitos garantir terras aos portugueses que quisessem atuar na agricultura, na criação de animais, na derrubada das graúnas, cada vez mais procuradas pela nobreza para fazer móveis, e promover a abertura do Doce à navegação.

A primeira lei assinada em território brasileiro que decretava uma área de segurança nacional atendia não apenas o projeto de uma

Corte livre dos ataques ou contra-ataques dos nativos, mas também a uma elite formada na exploração do ouro de Vila Rica e que, agora, com a minas escassas, pretendia fazer currais de bois e mulas, avançando pelas matas do Sertão do Leste.

Ali, no entanto, viviam os crenaques, os nanucs, os nac-requés, os pangas, os manharigens e os incuteras, entre tantos outros indígenas que ganharam o nome genérico de aimorés ou o termo pejorativo de botocudos. Eram homens, mulheres e crianças hoje conhecidos por boruns, que falavam uma língua do tronco Macro-jê.

Diferenciavam-se de outras culturas pelo uso de botoques nos lábios, os imatós. Tinham o apoio apenas dos marets, os espíritos guerreiros na defesa de seu espaço físico e espiritual.

Dom João declarou: "Que desde o momento, em que receber-des esta minha Carta Régia, deveis considerar como principiada contra estes Índios antropófagos uma guerra ofensiva que con-tinuareis sempre em todos os anos nas estações secas e que não terá fim".

O ataque só se encerraria, deixou claro no documento, quando as tropas tivessem a "felicidade" de "senhorear" das habitações dos índios e os mesmos pedissem paz e se sujeitassem ao "doce jugo" das leis, transformando-se em seus "vassalos úteis".

Dom João ordenou ao governador da capitania de Minas Gerais, Pedro Maria Xavier de Ataíde e Mello, a formação de um Corpo de Soldados. O governo pagaria salário igual ao concedido a um infante – menor posto na carreira – a brancos e remunerações ainda meno-res se os recrutados fossem "índios domésticos". Também ordenou a criação de seis Divisões Militares ao longo do Rio Doce para a "total" redução da "atroz" raça "antropófaga". A tropa receberia um soldo proporcional ao serviço feito. Quem se estabelecesse nas terras dos botocudos teria dez anos de isenção de tributos.

O francês Guido Tomás Marlière era um homem que conhecia os índios do Rio Doce. Ele veio para o Brasil na frota que trouxe a família real. Em Minas, foi acusado de espionar para Napoleão. Sem gente para tocar as Divisões Militares, o governo de Dom João acabou contratando-o como chefe do sistema de aldeamentos.

Em seus registros, Marlière relatou que a guerra contra os índios, tocada por aventureiros e até padres, incluía a oferta de quantidade generosa de álcool. Contou que plantava roças de milho para atrair os nativos ao invés de caçá-los com mosquetão.

A guerra foi longa. A partir de sete quartéis improvisados ao longo do Rio Doce, o Reino arregimentou bêbados e todos os tipos de desclassificados da sociedade do ouro em ruína para atacar os índios. A reação foi imediata. Na selva, os nativos usaram estratégias de guerrilha, distribuindo seus guerreiros em pequenos grupos, em todos os cantos da Mata Atlântica. O aço e a pólvora dos exploradores não foram suficientes para garantir uma vitória rápida. Os índios eram mais ágeis nos combates entre perobas e parajus e tinham à disposição um armamento milenar de manuseio mais fácil entre as árvores.

Em 1810, as nações indígenas fizeram uma ofensiva para cercar a Ilha de Vitória, a capital do Espírito Santo. Num confronto, mais de vinte nativos morreram. Não ficaram registros dos mortos brancos. Os índios destruíram redutos que viviam da exploração de ouro no Rio Itapemirim, na região sul, e mantiveram ataques constantes aos quartéis das milícias do Rio Doce. Os povoados litorâneos ficaram acuados. Do interior às praias, a guerra forçou ondas de migrações de aldeias puris e outras etnias que não compactuavam com os aimorés.

A Carta Régia contra os índios do Rio Doce valeu oficialmente até 27 de outubro de 1831. Nessa data, um decreto acabou com a guerra e a escravidão, mas manteve os postos militares. Um ano depois, 140 índios foram executados por forças milicianas em São Mateus, no norte do Espírito Santo. Daí em diante a população indígena remanescente nunca deixou de enfrentar inimigos que usavam o aço em suas espadas ou o retiravam das montanhas mineiras para exportar.

Com o fim oficial da guerra iniciada por Dom João, o cacique Krenak se consolidou, na segunda metade do século 19, na posição de principal liderança dos aimorés do leste de Minas e interlocutor com os homens do governo. Tanto que a etnia dos boruns uatu, a gente do Rio Doce, foi rebatizada com seu nome.

O capitão Krenak reinou até os anos 1920, quando seu filho Muín assumiu o poder. Ao contrário do pai, Muín aceitou diálogo com o oficial do Exército Cândido Mariano da Silva Rondon, que organizava a política indigenista no começo da República. Foi o jovem cacique que, mais tarde, a partir dos anos 1940, passou a enfrentar a então Companhia Vale do Rio Doce. A maior empresa de mineração do país cortou o território indígena com uma estrada de ferro para escoar o minério de Itabira ao porto de Vitória.

Uma febre matou Muín. Jacó, o filho dele e neto do capitão Krenak, conduziu seu povo pelas décadas seguintes. Nos anos 1960 e 1970, o maior desafio do líder indígena foi enfrentar a decisão do governo de instalar em suas terras, na beira do Rio Doce, um reformatório para abrigar "índios desajustados", nas palavras do general Bandeira de Mello, que presidia a Funai. O Presídio Krenak ficava a seis quilômetros da aldeia. Para lá foram lideranças de quinze etnias brasileiras que incomodavam os agentes públicos. O lugar recebeu karajás, campas, maxacalis, fulni-ôs, canelas, kaiowás, pankararus, kaingangues, pataxós, xerentes, terenas, kadiwéus, bororos, urubus, krahôs e guajajaras.

Manoel dos Santos Pinheiro, o coronel Pinheiro, da Polícia Militar de Minas Gerais, foi encarregado de comandar o Presídio Krenak e organizar uma Guarda Rural Indígena, semelhante às antigas milícias formadas no tempo de Dom João.

Por desentendimento com Pinheiro, um filho de Jacó, Nadil, foi amarrado por corda a um cavalo e arrastado até a prisão. Apanhou na frente dos parentes. Tortura, violência sexual e fome marcaram a memória dos indígenas.

Com o aumento da invasão do território tradicional dos krenaks por posseiros e fazendeiros, o governo militar decidiu remover os indígenas de Resplendor para uma fazenda no município mineiro de Carmésia. Jacó resistiu ao ato. Foi algemado e arrastado até a estação de trem da Vale. Adultos e crianças seguiram num vagão de animais até Itabira. Dali, prosseguiram viagem em paus de arara.

Na fazenda, os índios tinham de ter licença para sair, eram controlados e sofriam maus-tratos. Com saudade da beira do Rio Doce, Jacó morreu no exílio "apaixonado", como dizem seus parentes. Em 1980, o filho dele planejou uma fuga coletiva da fazenda. Nadil guiou a comunidade de volta a Resplendor.

Ao retornar à beira do rio, eles perceberam que boa parte de sua terra estava ocupada. Restava um pequeno trecho para refazerem casas, plantações e criações.

O novo líder morreu em 2010. Nesse tempo, apenas quinhentos índios viviam no Território Krenak.

O trem da Vale solta poeira de minério pelas margens de vegetação rala do Rio Doce e das montanhas de Minas e do Espírito Santo. Os indígenas permanecem nas terras cortadas pelos trilhos e dormentes. "Até hoje a gente continua nessa luta contra a Carta Régia", afirma Douglas Krenak, filho de Nadil e trineto do capitão Krenak.

Ele observa que a norma do príncipe regente legalizou e instrumentalizou um genocídio que ocorria havia tempo. "O decreto estabeleceu não apenas a morte e a escravidão, mas uma estrutura permanente de guerra e um esquema de imposição cultural, que forçou a gente a só falar o português."

Douglas formou-se em comunicação social e organizou documentários para resgatar histórias contadas pelos mais velhos nas rodas de conversas, especialmente os ataques enfrentados no tempo da ditadura militar. Os irmãos dele, Giovani e Shirley, também atuam no movimento indígena brasileiro.

Em 2009, Douglas foi a uma cerimônia dos trinta anos da Lei da Anistia na Assembleia Legislativa de Minas Gerais, que homenageava vítimas do regime. Percorreu os salões do prédio, olhou cartazes com imagens de presos políticos, desaparecidos e torturados. Eram todos não índios. Mesmo as políticas de direitos humanos e de reparação construídas no pós-ditadura por representantes da academia, da esquerda e de organizações não governamentais tinham dificuldades de incluir em suas lutas os povos tradicionais.

Douglas pegou o microfone:

"Olhe, gente, eu estou triste. Vi vários cartazes de pessoas torturadas, de estudantes sendo escorraçados em Belo Horizonte. Meu avô foi arrastado por um cavalo, torturado. A gente sofre uma ditadura militar ainda mais antiga."

A família de Douglas entrou com ação contra o coronel Pinheiro, que organizou o Presídio Krenak. As ruínas da prisão ainda estão lá, tomadas pelo mato. Assim como registros de desaparecidos e relatos de torturas.

Anos depois, os indígenas começaram a enfrentar os responsáveis pelo que chamam de "crime de 2015". Nesse ano, em Mariana, uma barragem de dejetos da Samarco, subsidiária da Vale, rompeu, matou 18 pessoas e contaminou o Uatu. A comunidade ficou sem pesca e água. Quatro anos depois, outra barragem da empresa, em Brumadinho, veio abaixo e fez mais 259 vítimas fatais. Nenhum diretor da mineradora foi preso. O crime ficou impune.

Douglas observa que a contaminação do Uatu impactou a vida do "pai" e da "mãe" das aldeias. Era nas ilhas do curso que os índios se refugiavam, nos tempos de guerras, em busca de proteção paterna. Nas suas margens, pescavam o alimento, recebiam o afago materno. "Não é só uma questão física, é espiritual", afirma o ativista. "Ele é sagrado, vai além do peixe, da água, das margens e das ilhas. Foge do entendimento do não indígena."

Os *posts* de Douglas nas redes sociais com críticas ao governo de extrema-direita de Jair Bolsonaro costumam ser contestados em Resplendor.

"Douglas, você só fica falando contra o Bolsonaro – reclamou um amigo."

"Rapaz, nem de direita nem de esquerda eu sou. Eu luto é pela minha gente. A Comissão Nacional da Verdade só veio aqui em Minas porque a gente conseguiu uma notificação judicial. Se dependesse dos outros, a nossa história viraria nota de rodapé dos livros."

GUERRA CONTRA OS TUPINIQUINS

A ferocidade dos guerreiros aimorés era um pretexto para a expansão do Estado Português no Brasil. A postura do governo de Dom João em relação aos tupiniquins, povo considerado "calmo" e "manso" pelas autoridades do Reino, não foi menos violenta.

Os indígenas que habitavam o litoral norte do Espírito Santo foram forçados a se aglomerar cada vez mais em volta de Nova Almeida, uma antiga fazenda dos jesuítas, deixando as terras aos colonos de origem portuguesa.

Os tupiniquins eram justamente os indígenas que recepcionaram as caravelas de Pedro Álvares Cabral em Porto Seguro.

Dom João levou à frente uma política de instalação de quartéis, um deles em Comboios, hoje município de Aracruz, a alguns quilômetros de Nova Almeida. Os tupiniquins não apenas tiveram de ficar submissos ao novo sistema repressivo como seus guerreiros foram arregimentados nas unidades militares. Um ambiente permanente de guerra se formou na região.

A colonização europeia proposta por Dom João avançaria no governo de seu neto. Dom Pedro II abriu os portos para a imigração mais de meio século depois. Italianos formariam posses nas terras ao norte de Vitória. Os tupiniquins perderam boa parte das áreas de circulação e ficaram limitados a aldeias nas matas das margens do Rio Piraquê-açu e nas praias de Coqueiral.

Nos anos 1960 os indígenas enfrentaram um ataque há muito não vivido por eles. Um consórcio de empresários patrocinado pela ditadura militar se instalou em suas terras para o plantio de eucaliptos e a produção de celulose. A ofensiva era formada pelos grupos brasileiros Moreira Salles e Souza Cruz e o norueguês Sloper.

Num primeiro momento, o destino dos tupiniquins foi a fazenda do governo em Carmésia, Minas Gerais, onde a ditadura militar mantinha presos os krenaks.

Aos 21 anos e grávida, Maria Tupiniquim da Silva morava com o marido Wilson, um não índio que consertava fogões, num morro de Vitória, quando foi presa. A Polícia Federal fez um arrastão para prender não apenas indígenas aldeados, mas até aqueles que viviam fora de Caieras Velha e outras comunidades do Piraquê-açu.

Ela permaneceu presa na sede da PF em Jucutuaquara, na capital, durante todo um dia. O pai, Benedito Joaquim da Silva, a mãe Almerinda e o irmão Nilson foram jogados numa carroceria de caminhão. Maria também foi obrigada a subir no carro. O marido, Wilson, para não se afastar da mulher decidiu acompanhá-la. "Não me deixaram nem pegar minhas roupas", relata.

Na viagem, os tupiniquins se assustaram com grupos de aimorés que ainda usavam arcos e flechas nas margens do Rio Doce, justamente o povo considerado feroz por Dom João. Mais de 160 anos depois, as duas antigas nações se juntavam na guerra sem fim.

O filho de Maria nasceu na Fazenda Guranis, em Carmésia, onde o grupo foi confinado. "Quando fui para lá tinha quatro meses de barriga", lembra. "Itatuiti estava com mais de um ano quando a gente decidiu voltar a pé para o Espírito Santo."

Ao voltar para a terra antiga os tupiniquins se surpreenderam com as plantações de eucalipto, a movimentação de máquinas pesadas e de funcionários da empresa de celulose. "A Aracruz tinha tomado tudo. Ficamos, então, na margem do Piraquê-açu, rio que foi contaminado, num filete de manguezinho."

Um estudo recente de DNA do sangue da família de Maria e de outros moradores de Caieras Velha revelou 51% de semelhança genética deles com comunidades de tronco tupi da Amazônia. O processo de miscigenação ao longo dos séculos deu a eles 26% de traço europeu e 23% de africano. Eram, sim, os brasileiros que estavam nas praias do sul da Bahia quando os portugueses desembarcaram.

GUERRA DE GUARAPUAVA

Numa nova Carta Régia, de 5 de novembro de 1808, Dom João autorizou a organização de milícias para combater os indígenas de Curitiba e São Paulo, na época uma mesma capitania. Ele deixava claro, porém, que não jogaria dinheiro nos contingentes. Ainda declarou que "todo o miliciano, ou qualquer morador que segurar algum destes índios, poderá considerá-los por quinze anos como prisioneiros de guerra, destinando-os ao serviço que mais lhe convier".

A partir da norma, o coronel Diogo Pinto de Azevedo organizou, a 1º de janeiro de 1809, uma Real Expedição para conquistar os Campos Gerais, de Guarapuava. Meses depois, ele e a mulher, Rita Ferreira de Oliveira Buena, seguiram rumo ao Paraná no comando de um grupo de trezentos milicianos, entre livres e escravos.

Na Serra da Esperança, no Planalto Paranaense, os expedicionários começaram a ser acompanhados por espiões enviados pelos caciques kaingangues. Numa atmosfera de incertezas e atentos ao manejo dos mosquetões, os brancos abriram uma clareira e ali ergueram, no fim de junho, um forte de madeira, com uma torre de sentinela e muradas de toras.

A 27 de agosto de 1810, caciques kaingangues mandaram um ultimato a Diogo para ele e sua gente abandonar o Fortim de Atalaia, nome da edificação erguida pelos expedicionários. O miliciano mandou seus homens e as mulheres se prepararem para a guerra.

Na madrugada do dia 29, um exército de kaingangues se aproximou do fortim e abriu o ataque aos invasores. Tochas de fogo foram arremessadas para dentro. Os expedicionários reagiram. O confronto durou seis horas. Nunca se estimou quantos morreram fora ou dentro do Atalaia.

Os kaingangues recuaram, mas não se declararam vencidos. Eles permaneceram nas terras em volta ao fortim. Com o tempo, famílias que viviam dentro da unidade tentaram se aproximar dos índios. O padre Francisco das Chagas Lima, capelão do grupo expedicionário, insistia para catequizá-los, um pedido expresso na Carta Régia.

Um ataque inesperado contra os índios ocorreu de forma silenciosa e mortal dois anos depois. Um expedicionário que tinha certa ligação com as famílias passou o vírus de uma gripe. A epidemia se alastrou pelas aldeias. Sem anticorpos, os indígenas correram agora para o fortim em busca da salvação propagada pelo padre. Francisco, então, teve a oportunidade de acelerar sua missão de catequizar os bravos.

Numa aliança construída aos poucos, o sacerdote conseguiu que os expedicionários montassem uma vila numa área longe do fortim. A Freguesia de Nossa Senhora de Belém foi aberta a alguns quilômetros. Os kaingangues puderam fazer no Atalaia uma nova aldeia, separada das casas dos brancos. padre Francisco, no entanto, conseguiu manter igrejas num lugar e no outro.

A vida continuou tensa para os índios. Passado um tempo, em 1825, tribos isoladas declararam guerra à Aldeia de Atalaia. Os caieres mataram 28 kaingangues. Após o ataque surpresa, os sobreviventes se refugiaram na freguesia dos brancos.

Não foram aceitos. Os moradores de Nossa Senhora de Belém aproveitaram a fragilidade dos kaingangues para tomar-lhes a terra negociada por padre Francisco. O sacerdote se revoltou contra o oportunismo dos brancos.

"Insensatos! Vos pretendeis extinguir todos os selvagens de Guarapuava? Como vos enganais!", gritou. "Agora vejo meus fregueses, até onde chega a vossa avareza e a vossa ignorância. Vos quereis tirar a sardinha das brasas com a mão do gato, na pretenção em que estais de adquirir ou segurar a posse das terras de Guarapuava com a extinção dos selvagens."

GUERRA DAS MISSÕES

Numa terceira Carta Régia, Dom João estendeu seu projeto de massacre indígena às tribos guaranis do Rio Grande do Sul. A norma assinada a 1º de abril de 1809 abrangia a liberação de milícias nas aldeias do território que ia do Rio Paraná às cabeceiras do Uruguai, incluindo a zona das Missões, no Pampa, região, décadas antes, de intensas guerras entre padres jesuítas, guaranis e espanhóis.

O texto era mais brando que as cartas de guerra anteriores. Os relatos de massacres dos índios do Rio Doce incomodaram a Corte e tinham potencial de serem propagados por viajantes estrangeiros e naturalistas na Europa. Agora, Dom João tentava dissociar seu plano de invasão das terras indígenas da matança, da violência sexual contra crianças e mulheres e todo tipo de crime perpetrado no avanço dos milicianos. O regente escreveu que não eram os seus princípios religiosos e políticos querer estabelecer a autoridade nos Campos de Guarapuava por meio de "mortandades" e "crueldades", extirpando raças. "Só desejo usar da força com aqueles que ofendem os meus vassalos."

A carta recomendava aos chefes de milícias que antes de fazer fogo contra as aldeias deveriam prender alguns índios, tratá-los bem, dar-lhes roupas e persuadi-los a convencer os demais a aceitarem o avanço da tropa. Recomendou ainda que não violentasse mulheres e crianças e que ao comandante fosse muito recomendado vigiar a sua tropa, não permitindo comunicação com as índias para evitar "desordens" e "desgraças".

O índio do Sul tinha experiência em guerra. As nações Jê que habitavam o Planalto Catarinense e os campos do Paraná, kaingangues e xoklengues, ou mesmo da linha guarani das fronteiras do Rio Grande, tinham enfrentado os mosquetões de bandeirantes e exércitos portugueses e espanhóis e o peso das cruzes fincadas em seu território pelos padres jesuítas.

Foi ali, em toda a região que hoje engloba a Tríplice Fronteira Argentina, Brasil e Paraguai que a ordem de Santo Inácio de Loyola formou, no séculos 17 e 18, aldeamentos que reuniram milhares de índios, com igrejas opulentas, rebanhos e plantações. As Missões chegaram a exterminar um exército de paulistas que se aproximaram em setecentas canoas para tomar-lhes as terras e as almas que tocavam a economia dos redutos.

Quando o Tratado de Madri, em 1750, estabeleceu que Portugal ficaria com a região e em troca a Espanha ocuparia a colônia de Sacramento, mais ao sul, onde hoje é o Uruguai, jesuítas e índios decidiram permanecer. Logo estariam cercados por tropas castelhanas vindas de Buenos Aires e Montevidéu e portuguesas, do Rio de Janeiro.

Tempos depois da destruição do complexo de aldeamentos das Missões dos jesuítas, índios sobreviveram nas ruínas dos padres, entre velhas cruzes de pedra na mata, com suas roças de mandioca, inhame e feijão e combois selvagens, que se reproduziam nos Campos de Lages desde o rompimento das cercas dos currais jesuíticos. Aliás, foi com intuito de abrir um caminho até Lages, onde portugueses instalavam fazendas, que Dom João optou por mais uma guerra contra nativos.

O cerco aos indígenas do Sul continua mais de duzentos anos depois da Carta Régia de Dom João. Agora, entretanto, a batalha põe em risco os rios que abastecem as cidades dos invasores. "Nos expulsaram das nascentes do Rio Passo Fundo, onde os fazendeiros fazem plantações. O Rio Grande terá problema de água potável", afirma o líder kaingangue Eliseu Soares, de 39 anos.

A comunidade kaingangue liderada por Eliseu é formada por 24 famílias. O grupo sobrevive numa área de antigo lixão em Passo Fundo. Os indígenas não têm mais terra suficiente para plantar seu alimento nem mata. Eles vendem artesanatos, pulseiras, cordões, pequenos artefatos nas calçadas dos centros urbanos da região do Planalto. Mas até mesmo essa atividade enfrenta a repressão. "Se hoje um indígena for vender um artesanato na frente de uma loja, o pessoal vai lá e expulsa", diz a liderança. "Os camelôs compram tênis e roupas e colocam em frente à loja e podem vender tranquilos. O preconceito quer tirar a gente até da rua."

GUERRA DOS XOKLENGUES

A Carta Régia de Dom João contra os indígenas do Sul atingiu ainda os xoklengues, nativos que viviam num território onde hoje estão Porto Alegre e Curitiba. O avanço de agricultores e milicianos promovido pelo regente se estendeu por todo o século 19. Com o Primeiro e o Segundo Reinados e o início da República, o Estado manteve o fogo contra o povo tradicional ao patrocinar o serviço de "bugreiros", homens que entravam no mato para matar e "limpar" terras.

Os xoklengues foram comprimidos no Vale do Itajaí, em Santa Catarina. A colonização alemã, na segunda metade do século, foi um novo momento da guerra. Um "acordo" firmado pelas autoridades da província fixou um território de mais ou menos 40 mil hectares para os indígenas. Foi uma decisão goela abaixo, pois o espaço onde estavam reduzidos desde o tempo do príncipe regente se estendia por rios e montanhas da região. "Quando vieram os não indígenas nossos antigos foram encurralados para as cabeceiras do Rio Hercílio", conta o cacique Moisés Patté, 44 anos, liderança da aldeia sede do território Laklãnõ.

Em 1914, o governo catarinense decidiu reduzir o território xoklengue a 20 mil hectares. Foi nesse tempo que o bugreiro Martinho, um caboclo da região, tornou-se rei da mata. Organizava expedições para assassinar adultos e crianças.

Mais tarde, em 1965, a ditadura chancelou as medidas da terra indígena. Mas o próprio governo militar decidiu cortar mais 900 hectares — justamente as terras baixas e agricultáveis — para a inundação da Barragem Norte, uma obra construída para evitar enchentes nas cidades da região.

Os indígenas, então, tiveram que se virar nas ribanceiras do Hercílio e nas terras altas de matas.

Começaram a aumentar problemas de saúde. O posto que atendia a comunidade foi levado pelas águas, o mesmo ocorreu com a igrejinha e a escolinha. "A nossa igreja era bem perto do rio. Meu pai frequentava muito. Ele me levava quando eu era menino. Ali estava também a terra boa, onde todos plantavam", lembra Moisés.

Mestre em linguística pelo Museu Nacional, o kaingangue Micael Weitscha, 36, da aldeia Bugio, relata que os engenheiros não avisaram a comunidade sobre o dia da formação do lago da barragem. "A enchente foi de madrugada, levou casas, plantações, animais", conta. "O pessoal estava dormindo e teve de sair às pressas."

Nessa época, o cacique e pajé Kamlem, profundo conhecedor das ervas da mata, mantinha a unidade do grupo. Com a morte da liderança, os xoklengues sofreram com o vazio de representação. O novo chefe, Aristides, não tinha a mesma força espiritual e política de seu antecessor. "Quando o pajé morreu, os brancos começaram a empurrar ainda mais os índios", relata Moisés Patté. "Kamlem era o tudo. Era quem orientava as caçadas, o dia a dia."

O local onde Kamlem foi enterrado tornou-se sagrado para os xoklengues e serviu como barreira para frear o avanço dos fazendeiros. O túmulo do pajé foi respeitado, a ponto de a área, que deixou de fazer parte do território indígena, se manter preservada.

Dois mil xoklengues viviam espremidos em nove aldeias nos municípios de José Boiteux, Doutor Pedrinho, Itaiópolis e Vitor Meireles quando, em 2003, a Funai demarcou uma área de 37 mil hectares — 18 mil hectares a mais para o usufruto dos indígenas. O espaço chegava próximo à do estabelecido no começo do século 20.

Uma parte dessa terra prevista no estudo do órgão indigenista é sobreposta pelas áreas de duas reservas florestais. O túmulo do pajé fica dentro desses novos limites. Mas o governo de Santa Catarina, que mantém as unidades ambientais, entrou na Justiça para impedir a demarcação.

O processo insuflado por fazendeiros tem por base uma tese de que os indígenas não estavam no território reivindicado em 5 de outubro de 1988, data da entrada em vigor da Constituição. Logo, eles não poderiam buscar o direito previsto na Carta.

No seu artigo 231, o texto constitucional estabelece que os indígenas têm "direitos originários sobre a terras que tradicionalmente ocupam". É um entendimento que vem desde o tempo do Império. Essa norma não evitou o extermínio de populações tradicionais, mas sempre se manteve no arcabouço jurídico.

Aí vem a esperteza dos ruralistas. Em 2009, no processo de demarcação da Raposa Serra do Sol, em Roraima, o ministro Carlos Ayres Brito, do Supremo, votou a favor do território indígena com um argumento que virou mantra dos ruralistas. Ele decidiu que Raposa deveria ser demarcada porque os indígenas estavam lá desde a Constituição. O argumento a favor de um território se tornou arma contra a política de reconhecimento de áreas indígenas. Assim nasceu a tese conhecida por Marco Temporal.

A Carta em nenhum momento estipula data para um direito ser reconhecido. Ao contrário do que dizem lideranças ruralistas, o Marco Temporal só traz confusão para o campo e a floresta. Ao longo de duzentos anos, o país mantém uma legislação que reconhece direitos originários, ainda que, na prática, as normas costumem não ser respeitadas.

O regente Dom João dependia dos mesmos "vassalos" das matas por quem decretava guerra para manter a força de sua Corte e de sua regência. Alianças isoladas com comunidades indígenas foram decisivas depois para o seu reinado, para a retomada da unidade e da imposição da Coroa Portuguesa no jogo da diplomacia internacional.

Governante sem exército suficiente para dar conta do território do novo mundo, o filho de Dona Maria precisava mais do que nunca dos indígenas e dos mestiços para conter os adversários nas capitanias e na expansão do Reino ao extremo norte da Amazônia e aos limites do Rio da Prata e fazer guerra contra o inimigo francês – e, assim, abrir mercados para o aliado inglês na guerra contra Napoleão.

2

A ESPADA GUARANI (1808)

Lutas políticas e econômicas são deflagradas na Bacia do Rio da Prata. Com revolução, Buenos Aires dá início a um governo independente da Espanha. Napoleão é derrotado em Waterloo pelos ingleses e prussianos, numa guerra em que se usou a granada. A França recolhe seus soldados espalhados pela Europa.

A PRESENÇA DE DOM JOÃO e sua mulher, a espanhola Carlota Joaquina, no Rio, reacendeu a chama da obsessão da Coroa Portuguesa pelo domínio dos portos do estuário do Rio da Prata, área estratégica para o comércio marítimo britânico da América do Sul.

A guerra pelo controle da região vinha de longe no tempo. Em 1580, os espanhóis fundaram Buenos Aires, estabelecendo um ponto de atuação na margem direita do grande rio. Era o elo entre o Atlântico, os pampas e a Cordilheira dos Andes, no Peru. Cem anos depois, Lisboa ordenou que uma tropa do Rio de Janeiro viajasse para a região e formasse um núcleo militar na outra margem do Prata. Assim nasceu a Colônia do Santíssimo Sacramento, no lado esquerdo.

Três anos depois, Madri iniciou, em 1583, uma série de batalhas para ocupar a colônia portuguesa. Durante um século, espanhóis e lusitanos travaram guerras e fizeram tratados referendados pelos papas, sem chegar a um acordo final sobre o controle não apenas do núcleo, mas de todo o estuário do rio.

No ano de 1723, os espanhóis criaram a Vila de Montevidéu, hoje capital do Uruguai, a 180 quilômetros da Colônia do Sacramento, para neutralizar o núcleo português e impedir o avanço em todo o território onde hoje é o Uruguai.

A Espanha ainda investiu contra o vilarejo em 1734 e, depois, firmou o Tratado de Madri, em 1750, que estabelecia o poder português na Colônia do Sacramento.

Em 1760, a Coroa criou a capitania de São Pedro do Rio Grande do Sul, desvinculada do governo do Rio de Janeiro, com sede primeiro em Rio Grande, depois em Viamão e finalmente em Porto Alegre, para segurar de vez o ímpeto espanhol na América.

Madri, entrentanto, voltou às armas em 1777, quando chegou a ocupar uma vasta área em poder de Portugal, não apenas a Colônia do Sacramento, mas São Pedro do Rio Grande do Sul e até mesmo a Ilha de Santa Catarina, hoje Florianópolis.

Os rebanhos de gado se expandiam de um lado a outro do Rio da Prata. O comércio reluzia. Os comerciantes e produtores portugueses estabelecidos no Rio de Janeiro, em Minas, em São Paulo e em Porto Alegre utilizavam a Colônia do Sacramento como entroncamento nos caminhos para mais ao sul, onde vendiam carne salgada, açúcar, fumo e manufaturados e "mercadoria" humana, os escravizados.

Esse mundo do comércio lusitano, apto em avançar nas terras do sul do continente, forçava a entrada de Dom João, agora estabelecido com sua Corte no Rio de Janeiro, em mais uma guerra para retomar o controle da colônia. Carlota Joaquina era a primeira a receber os pedidos e forçar o marido a garantir o poder no Prata, que, por meio de algum golpe bem-sucedido, poderia passar para as suas mãos.

Ainda na saída de Portugal para fugir das tropas napoleônicas, Dom João veio em uma embarcação e a mulher, Dona Carlota Joaquina, em outra. O casal vivia separado desde 1805, quando a infanta espanhola tentou lhe dar um golpe. Entregue à Coroa Portuguesa aos dez anos para se casar com o príncipe, de 18, a filha de Carlos IV da Espanha foi descrita ao longo dos anos como uma fiel defensora dos interesses de Madri, e dependendo da narrativa, uma obcecada em ter seu próprio reino, seja na Europa ou na América.

No Rio de Janeiro, Carlota vivia em Botafogo e o marido, em São Cristóvão. A residência dela era centro de conversas de diplomatas e negociantes espanhóis. As tratativas giravam quase sempre em torno do movimento comercial intenso na Bacia do Rio da Prata, no extremo sul do Reino, epicentro de um conflito entre Madri e os portugueses pelo controle da região.

Com a prisão do irmão e rei Fernando VII por Napoleão, Carlota reivindicou o direito de representar a família e a Espanha no novo continente. O êxito do marido e rival em transformar o Rio e dinamizar a economia da antiga colônia a pôs no centro das conversas dos espanhóis para chefiar um reino no Prata, garantindo assim o controle do estuário por um membro dos Bourbons. A ambição da princesa ia de encontro a dois possíveis projetos de Dom João: formar um reino luso-espanhol na América e embarcar a mulher, com quem vivia uma guerra conjugal, para muito longe do Jardim Botânico.

A revolução das Províncias Unidas do Prata da Coroa Espanhola, a atual Argentina, em 1810, e o consequente processo de independência de Buenos Aires enterraram o plano de entregar uma coroa a Carlota. A princesa que perdera o poder de infanta desde o casamento com Dom João manteve-se nas negociações envolvendo as antigas colônias controladas por Madri e o discurso de defender os interesses privados.

A guerra entre portugueses, antigos representantes de Madri e militares separatistas envolveu as aldeias guaranis de toda a região das velhas Missões Jesuíticas das margens do Rio Uruguai e seus afluentes, um conglomerado cristão de sete povoações, formado nos séculos 17 e 18, que entrou em colapso com ataques dos reinos europeus e a expulsão dos padres do Pampa.

De um lado ou outro do conflito pelo domínio da Bacia do Prata, os indígenas sorviam o mate e amarravam facas nas pontas das lanças para vencer o inimigo, seja ele lusitano, brasileiro, portenho ou espanhol. Comunidades foram destroçadas ao fim dos combates convencionais ou de guerrilha.

BATALHA DA BANDA ORIENTAL

A disputa pelo comércio nos mares do sul era um capítulo da guerra travada a partir da Europa que tinha de um lado Napoleão e os espanhóis e de outro, os britânicos e os portugueses. As colônias dos países europeus na América não ficariam imunes aos avanços e recuos no conflito.

Em 1806, Londres fez uma aposta no tabuleiro da guerra contra os franceses. Uma força naval britânica que combatia na África do Sul os holandeses, aliados dos franceses, se deslocou para a América. A intenção era ocupar três pontos importantes no comércio do continente, Buenos Aires, capital do Vice-Reino do Prata, Colônia do Sacramento e Montevidéu.

A invasão das cidades e todo o estuário do Rio da Prata teve impacto imediato no Brasil. Comerciantes do Rio e de Minas, negociantes de gado do Rio Grande do Sul e mesmo donos de engenhos de cana e produtores de fumo das províncias do Norte foram beneficiados pela decisão dos britânicos de abrir o comércio do Prata às nações aliadas.

Após forçar a retirada dos britânicos das cidades das margens do Prata, lideranças de uma elite crioula, termo usado para designar filhos de espanhóis nascidos na América, aproveitaram a prisão do rei da Espanha, Fernando VII, por Napoleão, e a queda da Coroa para fazer uma revolução, em 1810, em Buenos Aires. O movimento dava início ao processo de independência de uma parte do território do antigo Vice-Reino do Prata, o que é hoje a Argentina. Eles argumentavam que, diante da ausência do monarca, preso num castelo no centro da França, era preciso nomear um novo dirigente para a colônia.

Daí em diante, os generais do novo país, as Províncias Unidas do Rio da Prata, atual Argentina, se deslocaram pelo continente para garantir o controle de todos os territórios da antiga colônia espanhola, que consideravam sua herança. A área antes dominada por

Madri incluía ainda as terras hoje pertencentes ao Uruguai, à Bolívia e ao Paraguai.

O militar crioulo José Gervásio Artigas, nascido em Montevidéu, se encarregou de arregimentar um grupo de apoiadores para levar a revolução ao outro lado do Prata, à Banda Oriental, as terras que hoje formam o Uruguai e o Rio Grande do Sul.

Em maio de 1811, o exército de Artigas enfrentou uma tropa do representante da Espanha em Montevidéu, Francisco Javier de Elío, em Las Piedras, na região de Canelones. O contingente da Coroa Espanhola era formado por cerca de mil homens. O líder revolucionário tinha sob seu controle um pouco mais. A força de Elío sofreu a maior baixa – cerca de cem homens mortos e quase quinhentos entre feridos e prisioneiros.

Com o avanço dos revolucionários pelo território oriental, o governador espanhol de Montevidéu recorreu a Dom João para impedir que Artigas fizesse a independência e tomasse para si o poder da província. O príncipe regente viu no pedido uma oportunidade de expandir seus domínios até a margem do Prata. Tropas saíram do Rio de Janeiro para socorrer Elío.

A tropa enviada pelo príncipe regente ocupava a Banda Oriental quando o representante do governo de Madri firmou acordo com Buenos Aires para reconhecer o poder da Espanha e retirar o apoio a Artigas. O tratado incluía também a saída dos portugueses.

Dom João tinha poder bélico suficiente para permanecer no Rio da Prata. O príncipe regente, entretanto, foi forçado a deixar Montevidéu pelos aliados do Reino Unido, que retomaram a aliança com espanhóis e portenhos. Agora, a Coroa Portuguesa era um entrave ao comércio dos britânicos.

Por sua vez, Artigas retirou-se da capital da província, mas não da guerra. A luta dele agora era formar um governo independente dos antigos companheiros revolucionários das Províncias Unidas do Prata.

Nessa época, as Províncias Unidas, isto é, a atual Argentina, era governada por Gervásio Posadas, um dos primeiros militares revolucionários. O governo dele enfrentava grave crise política. Antigos aliados tinham sido presos ou alijados do poder. O movimento de Artigas na Banda Oriental ajudou a desgastar ainda mais a situação de Posadas, que acabou renunciando ao poder.

No lugar de Posadas foi eleito o sobrinho Carlos María Alvear, outro adversário de Artigas. O novo dirigente máximo das Províncias Unidas, cargo equivalente ao de presidente da República, aumentou a repressão a opositores e foi acusado de assassinatos políticos.

A história de Alvear merece um mergulho até a infância. Aos 14 anos, ele viajava com a família de Buenos Aires numa frota espanhola para a Europa. No porto de Cádiz, ele estava num barco com o pai, militar de carreira, quando viu a Marinha Britânica bombardear a embarcação em que estavam sua mãe e seis irmãos. O ataque matou 240 pessoas. O menino foi sequestrado e ficou sob poder dos ingleses por um tempo. Depois do cativeiro, Alvear entrou para a carreira militar na Espanha. Teve seu batismo de fogo nas batalhas contra as tropas de Napoleão na Península Ibérica. Ainda jovem, exigiu do pai a herança da mãe morta no ataque dos ingleses para investir num projeto revolucionário na América. Voltou a Buenos Aires para se tornar um dos nomes mais influentes de uma geração militar que ajudou na consolidação da independência argentina. Tornou-se, mais tarde, diretor supremo do país, o cargo máximo do executivo.

Com problemas em Buenos Aires, Alvear não conseguiu vingar o tio e perdeu a queda de braço com Artigas. O dirigente argentino foi derrubado por um golpe militar e teve de entrar num barco britânico rumo ao Rio de Janeiro.

Durante o exílio na Corte de Dom João, o ex-diretor supremo das Províncias Unidas do Prata abriu uma frente de conversas para retomar o poder em Buenos Aires com representantes do governo português e diplomatas britânicos em missão no Brasil.

Alvear conseguiu ser recebido pelo príncipe regente. No encontro, propôs que a Coroa Portuguesa retomasse o controle de Montevidéu. Ter a presença lusa no Rio da Prata era uma etapa do projeto do general de voltar a ter influência na região. Enquanto isso, o inimigo Artigas tinha conseguido dominar, desta vez sozinho, a Banda Oriental e tinha ao seu lado os ingleses, senhores dos comércios dos mares, por sua vez, inimigos da Espanha e da família de Dona Carlota Joaquina, mulher de Dom João.

INVASÃO DE MONTEVIDÉU

A posse da margem esquerda do Rio da Prata voltou a ser uma obsessão da Coroa Portuguesa. Ainda em 1815, Dom João planejou uma ofensiva militar para ocupar todo o território do atual Uruguai e a região de Missiones, hoje pertencente à Argentina.

Oficiais, praças e recrutadores foram convocados tanto na Corte quanto nas vilas do Rio Grande do Sul para mais uma campanha militar nas margens do Prata.

Centenas de carretas, como o carro de boi era chamado no Pampa e toda região do estuário do Prata, foram deslocadas das estâncias e unidades militares do Rio Grande para servir de apoio à tropa e transportar armas, munições e comidas.

Os carros de rodas de jacarandá e outras madeiras resistentes, puxados por quatro, seis, oito e doze animais podiam servir ainda para carregar doentes e feridos, aproveitados até como enfermaria no campo de batalha. Neles iam os mais castigados pela andança e as "vivandeiras", mulheres que acompanhavam o efetivo militar.

Era o meio usado na guerra que tinha terminado havia pouco tempo na Península Ibérica entre franceses e aliados ingleses e portugueses. O carro de boi aproximava, em certo ângulo bélico, o que era uma batalha na Europa e uma no interior profundo do Brasil. Os efetivos tanto do Reino Unido quanto de Napoleão dependiam das carretas nos deslocamentos pelos vilarejos e montanhas. Lento e pesado, o carro era a tecnologia mais apropriada na logística dos combates nos trópicos e onde a guerra se constituía numa tradição milenar.

O comandante da tropa da Coroa Portuguesa que iria atuar na Banda Oriental viria justamente da Europa do pós-guerra. Dom João foi aconselhado a buscar no Alentejo um veterano da resistência lusa às forças de Napoleão. O general Carlos Frederico Lecor, de 57 anos, tinha participado das batalhas que expulsaram os franceses do território português e, após a Guerra Peninsular, das negociações com os parceiros ingleses.

No início de 1816, Lecor chegou ao Rio de Janeiro para acertar com o príncipe Dom João a viagem à Banda Oriental. Em abril, ele teve encontro com o agora rei – Dona Maria morreu em março – num quartel do Rio e, em maio, ainda foi recepcionado pelo monarca e seus filhos, Pedro e Miguel, em Niterói, onde a família real tinha uma residência.

No mês seguinte, o comandante da Divisão dos Voluntários do Rei, como a tropa foi batizada, deixou a Corte em uma frota de 14 embarcações rumo à Ilha de Santa Catarina. De lá, o grupo seguiria por terra para o Rio Grande do Sul, onde se juntaria a chefes de contingentes que formariam o grosso do exército luso.

Ao saber do plano de guerra de Dom João, o líder oriental José Gervásio Artigas montou uma resistência com todos os combatentes que podia recolher em Montevidéu e no interior.

Nos últimos dias de agosto daquele ano, um grupo dos Voluntários do Rei seguiu para o Chuí, no extremo sul do Rio Grande, entrou na Província Oriental e invadiu a Fortaleza de Santa Tereza, uma fortificação perto do mar a 305 quilômetros de Montevidéu. Outras frentes invadiram a província pelo lado oeste da fronteira. Não havia como resistir ao poderio português.

O exército luso alcançou e dominou Montevidéu. A cidade virou o Q.G. do general Lecor.

ATAQUE DE IBICUÍ

Um dos quadros de mais destaque da tropa enviada por Dom João para reconquistar o território da Banda Oriental tinha experiência em guerra na fronteira. O general goiano Joaquim Xavier Curado iniciou a carreira militar em quartéis do Rio de Janeiro. Ainda no tempo de juventude, foi deslocado para atuar nos combates contra os espanhóis na região das Missões. Quando o então príncipe regente decidiu retomar o território oriental, ainda em 1808, o oficial estava na linha de frente da ofensiva militar.

Na campanha contra Artigas, Curado recebeu a missão de chefiar uma coluna. Ele improvisou seu acampamento na margem do Rio Quaraí, bem na divisa do Rio Grande do Sul com a Banda Oriental. O objetivo era compensar o baixo efetivo na faixa da fronteira oeste, que abrangia terras de Uruguaiana, Livramento, Rosário do Sul e Alegrete, e a região mais ao norte de Sete Povos das Missões.

A 12 de setembro de 1816, a força oriental saiu de Corrientes, província que hoje faz parte da Argentina, atravessou o Rio Uruguai e chegou ao outro lado, em São Borja, o mais antigo reduto jesuíta das Missões para expulsar os portugueses.

À frente da tropa estava o guarani Andrés Guacurarí, o Andresito, que assinava o sobrenome de José Artigas. O líder dos orientais apadrinhara o indígena, nomeando-o comandante militar das Missões.

Artigas entregou ao afilhado uma espada e a ordem para expulsar os portugueses dos núcleos guaranis. Era nesse território da Mesopotâmia Argentina, entre os rios Uruguai e Paraná, colado ao Brasil, que estava a província de Corrientes, ponto estratégico dos planos do chefe revolucionário estender os limites do país que pretendia governar a partir de Montevidéu.

Aldeias guaranis prepararam armas e ajeitaram cavalos no apoio à causa de Andresito. Muitas delas viraram alvo das tropas portuguesas. Nas noites escuras, regimentos chegavam de surpresa às comunidades. As malocas indígenas eram cercadas. Os soldados atiravam nos vultos que tentavam abandonar as casas, outros avançavam com baionetas. Os corpos de guerreiros e também de velhos e mulheres tombavam na terra, dificultando a passagem de quem queria fugir dali.

San Roque, comunidade indígena em Corrientes, se transformou numa terra empapada de sangue, com feridos caídos no chão, alguns agonizando, outros entregues ao surto e ao horror da guerra. Dos sessenta moradores da aldeia restaram apenas três crianças entre corpos dilacerados entre poças de sangue.

Nessa época, São Borja era comandada pelo brigadeiro carioca Francisco das Chagas Santos. Havia anos nas margens do Uruguai, ele foi enviado pela Coroa Portuguesa para liquidar os núcleos das Missões Jesuíticas.

Diante do cerco montado por Andresito, Chagas Santos decidiu resistir com sua milícia de mais de cem combatentes, boa parte deles indígenas.

O comando do exército português encarregou o coronel José de Abreu de socorrer a vila. Ele tinha a sua disposição 653 homens, menos da metade da tropa adversária estacionada em São Borja. O militar nasceu em Colônia do Sacramento, numa família pobre de açorianos que vivia entre o Rio Grande do Sul e a Cisplatina.

No caminho, sempre na margem do Uruguai, Abreu foi informado por um grupo precursor que uma tropa comandada pelo militar artiguista Pantaleón Sotelo que seguia com centenas de homens para reforçar o cerco à vila missioneira atravessava o rio. Ele deu ordem para soldados acelerarem a marcha, forçar as chilenas com rosetas, as esporas, no lombo dos animais.

Os orientais ainda atravessavam de uma margem a outra quando Abreu chegou. O coronel ordenou que sua artilharia disparasse contra os adversários na água. Não ficaram registros de mortos, mas estima-se que Sotelo perdeu boa parte de seus homens.

Na perseguição ao inimigos, o coronel Abreu foi encontrar o contingente de Sotelo na travessia de outro curso, o Ibicuí, afluente do Uruguai. A artilharia da força portuguesa voltou a disparar contra os orientais, matando 38 deles. Antes de chegar às Missões, José de Abreu ainda atacou um grupo de duzentos cavaleiros da tropa de Sotelo. Na investida, 24 orientais morreram. Os corpos ficaram expostos na terra úmida da margem do rio e empapada de sangue.

CERCO DE SÃO BORJA

Em São Borja, o comandante Andresito Guacurarí intimou o chefe miliciano Francisco Chagas Santos a se render. Como dispunha de mais de dez canhões, o brigadeiro do exército português apostou no seu poder de fogo para resistir à tropa indígena.

No oitavo dia de cerco, a 28 de setembro, Andresito decidir iniciar o combate e a tentativa de tomada da freguesia. Canhões instalados em pontos estratégicos de São Borja pelos milicianos impediram que os orientais entrassem nas ruas e casas.

O reforço esperado por Andresito chegou mais reduzido do que se imaginara. No início de outubro, o grupo de Soleto atingiu São Borja. O efetivo tinha enfrentado duras baixas sofridas nos ataques dos portugueses nas margens do Ibicuí e do Uruguai. Naquela região de fronteira, não se morria apenas de tiros disparados pelo inimigo.

A febre, a fome e o surto eram letais. Ratos e insetos pestilentos estavam por toda parte, nas canastras que levavam a comida da expedição, próximos dos soldados estirados no chão, sem movimento da face, abandonados pelos companheiros que não possuíam recursos para levá-los para tratamento nos hospitais de guerra.

No rumo de um novo combate, os militares deixavam para trás cemitérios improvisados. Ninguém voltava para cuidar das sepulturas, repor os montes de barro rebaixados pelas chuvas e as pedras que marcavam os locais das inumações, roladas nos temporais mais intensos, que ainda limpavam o sangue fixado nos arbustos e pedras ou mesmo expunham na superfície quem tinha sido coberto apenas por poucos centímetros de terra e lama. Sem passar pelo rito do enterro, os ossos e outros restos dos inimigos se desintegravam desde as primeiras horas da morte, expostos aos bichos do mato ou arrastados pelas correntezas do rio.

No décimo terceiro dia de cerco, o chefe dos orientais organizou, então, um ataque decisivo a São Borja. Nas primeiras horas de 3 de outubro de 1816, Andresito ordenou uma descarga de artilharia, que foi respondida por outra pelos milicianos da resistência.

Logo ao chegar a São Borja, o coronel José de Abreu não quis perder tempo. Ele atacou a retaguarda da força de Andresito. O líder oriental decidiu, então, recuar e atravessar novamente o Rio Uruguai, desta vez para escapar do poderio dos portugueses.

BATALHA DE ÍNDIA MUERTA

Entre tantos combates travados pela Divisão dos Voluntários do Rei, a batalha contra o exército de Artigas no Arroio de Índia Muerta, no departamento de Rocha, foi possivelmente a mais marcante para o general português Carlos Frederico Lecor. Nela morreu um sobrinho do general português. O corpo do alferes Carlos Ernesto Krusse caiu sem vida no campo de batalha, empapando a terra fria e molhada.

No dia 19 de novembro de 1816, uma tropa de mil homens chefiada pelo marechal luso Sebastião de Araújo Pinto Correia encontrou um contingente liderado pelo estancieiro Fructuoso Rivera, um influente homem do grupo de Artigas, na margem do arroio.

O combate se estendeu por quatro horas. Os orientais acabaram derrotados e tiveram de recuar. Estima-se que duzentos deles morreram, outros quatrocentos ficaram feridos. O grupo de Rivera deixou para trás um rebanho de gado, munições e armas.

A vitória em Índia Muerta abriu para os portugueses o caminho para Montevidéu. Dois meses depois, em janeiro de 1817, Lecor entrou na cidade. A antiga Província Oriental tornou-se Província Cisplatina do Reino do Brasil e de Portugal. O general português iniciou um longo entendimento com a elite produtora de gado, incluindo Fructuoso Rivera, e conseguiu a cooptação de lideranças indígenas do grupo de Artigas.

BATALHA DE SANTA MARIA

Com a perda de Montevidéu, José Artigas transformou sua campanha contra os portugueses numa guerra de guerrilha. O apoio viria de estancieiros orientais que se viram sufocados pela dominação do governo do general Lecor.

Os portugueses foram acusados de transportar rebanhos de gado para o lado do Brasil e incentivar produtores do Rio Grande do Sul a estender suas cercas e seus currais para a Banda Oriental. Vilas do interior da província receberam levas de lusitanos.

Em fins de 1819, Artigas tinha conseguido, entre uma batalha e outra, recompor um exército de mil homens para desafiar os portugueses no Rio Grande do Sul. A tropa atravessou o Rio Uruguai e marchou pelos campos de Santa Maria.

No arroio que dá nome à atual cidade gaúcha, o coronel José de Abreu enfrentou com seiscentos homens a força de Artigas. Os orientais saíram vitoriosos do combate, mas o revés viria dias depois. Um grupo que perseguia os portugueses vencidos acabou cercado por uma tropa inimiga que estava na retaguarda.

A capitulação da expedição desfalcou o exército de Artigas. O líder revolucionário teve de recuar e voltar para a Banda Oriental, sem levar mais munições, armas, gados e homens que aqueles que tinha transportado para o Rio Grande do Sul.

EMBOSCADA DE CAMACUÃ

Nas margens do Uruguai, o afilhado de Artigas resistia. O comandante oriental Andrés Guacurarí ainda tinha sob suas ordens uma divisão de cerca de dois mil homens, a quase maioria deles estava sem montaria. Em busca de cavalos, o líder oriental distribuiu em diversas frentes e na retaguarda. Com metade do efetivo, seguiu para o Vale do Rio Camacuã, um afluente do Uruguai, área de pastos.

Sem saber, Andresito caiu na rede de informações montada pelo exército português. O coronel José de Abreu partiu de Alegrete com uma milícia de oitocentos combatentes para atacá-lo. Com dados minuciosos sobre os próximos passos de Andresito, Abreu caminhou com sua tropa por trilhas alternativas e montou uma emboscada num trecho do rio por onde o inimigo deveria passar.

A 6 de junho de 1819, a divisão de Andresito foi surpreendida pelo exército português. O inimigo estava bem armado e montado. Em pouco tempo, a tropa guarani foi estraçalhada, os sobreviventes se dispersaram. O líder indígena foi ferido no braço, mas conseguiu ser levado por fiéis lanceiros para fora da zona de combate.

Por dias e noites, Andrezito e seu combatente percorreram o Pampa, de um paradouro a outro, em rápidos descansos na sombra dos umbus, se alimentando de frutas e, possivelmente, o que tinha nos cochos dos pastos.

Ele foi finalmente encontrado por uma patrulha portuguesa quinze dias depois quando tentava atravessar numa balsa o Uruguai. Esfarrapado e faminto, Andresito ainda estava com sua espada de comandante do exército de Artigas. A arma foi entregue horas depois ao general Joaquim Xavier Curado, que a presenteou a Dom João. O prisioneiro guarani teve o corpo encoberto por um couro, que lhe dificultava a respiração, e foi levado para São Borja e depois Porto Alegre, onde seria jogado num barco com destino ao Rio. Dele nada mais se soube, se morreu no mar ou em alguma prisão da Corte.

BATALHA DE TAQUAREMBÓ

O canto das carretas de bois, o barulho incessante dos eixos, era novamente ouvido nas estradelas no interior do Rio Grande do Sul. Em janeiro de 1820, dezenas de carreiros, os homens do transporte de cargas, e mais de mil cavaleiros e duzentos soldados a pé partiram do centro da província à fronteira com a Cisplatina. Dom João pretendia aniquilar de vez as forças de José Gervásio Artigas. A tropa da Coroa Portuguesa era chefiada pelo capitão-general José Maria Rita Castelo, o Conde de Figueira, e formada por indígenas e mestiços das estâncias gaúchas.

No dia 22, os portugueses cruzaram a divisa e chegaram às margens do Taquarembó, um curso que deságua no Rio Negro, um dos afluentes do Uruguai. Uma carreta transportava duas peças valiosas: canhões que poderiam deter a força inimiga.

Mil homens de Artigas, boa parte guaranis, atravessaram o Taquarembó. À frente da tropa estava um dos veteranos da primeira campanha. Andrés Felipe Latorre era um dos pupilos e capitão de Artigas. Ele tinha em seu poder 2 mil combatentes e quatro peças de artilharia, duas a mais que os inimigos. Destroçado, o interior da Banda Oriental era incorporado à Coroa Portuguesa.

TOMADA DE CAIENA

As pressões econômicas e políticas para expandir as terras do Reino Unido Brasil e Portugal não vinham apenas com o minuano. No extremo norte, no Grão-Pará, a guerra de Dom João era contra a França napoleônica.

Ainda em 1808, ele avançou na sua política de expansão territorial com uma declaração de guerra por "mar" e "terra" aos franceses. O governador do Grão-Pará, José Narciso Magalhães de Menezes, ficou incubido de obter ajuda dos comerciantes portugueses de Belém para financiar uma missão militar até a fronteira com a Guiana, possessão francesa na Amazônia.

Um barco com três centenas de soldados, a maioria índios e negros, zarpou rumo ao Rio Oiapoque. O chefe da expedição, o tenente Manuel Marques, porém, só foi informado que a missão não era confirmar a fronteira, como tinha dito o governador, mas invadir o território ultramarino francês, após passar pelas águas turbulentas do estuário do Rio Amazonas.

O ataque teve o reforço de três navios de guerra vindos do Rio de Janeiro, sendo uma fragata inglesa e duas portuguesas. O capitão James Lucas Yeo, da fragata *Confiance*, tinha sido encarregado de organizar a invasão. Nos brigues *Voador* e *Infante Dom Pedro* vinha uma boa parte dos membros da Brigada Real da Marinha, a brigada que fizera a escolta da família real portuguesa de Lisboa e era, agora, o principal corpo naval do Brasil.

O plano de tomada de Caiena, a sede da possessão, incluía cooptar os negros escravos descontentes com o administrador da colônia francesa. Nessa época, a Guiana era administrada pelo francês Victor Hugues. O burocrata aproveitou que Napoleão passara os anos entretido em guerras expansionistas para fazer fortuna pessoal. Negociava com piratas e lucrava em plantios de açúcar à força do trabalho escravo. Ele transformou a Habitation Royale des Épiceries la Gabrielle, um laboratório de produção de mudas de plantas para o comércio, numa fazenda particular.

Mais preocupado em não ter sua propriedade incendiada e seus segredos de corrupção revelados, Hugues chegou a montar resistência, mas logo capitulou aos invasores.

Havia urgência também de ingleses e portugueses. O capitão Yeo queria sair logo da Guiana com os barcos apreendidos. O tenente Marques e oficiais da Brigada Real da Marinha não viam a hora de levar os doentes de malária para o hospital de Caiena. Mais de cem soldados estavam com febre, em delírios.

Numa atitude de esperteza, o administrador francês arrancou dos inimigos uma ata de capitulação em que aclamava Napoleão como imperador – um tratamento que ingleses e portugueses não aceitavam –, atribuiu a Dom João um "sistema destruidor" que incluía a libertação dos escravos que ajudassem na tomada de Caiena. Também conseguiu que assinassem acordo que mantinha documentos da colônia lacrados. A notícia da ata trouxe desconforto ao príncipe regente.

A permanência das tropas em Caiena provocou uma série de distúrbios entre os soldados arregimentados em Belém. Ainda em 1809, um motim resultou em disputas de faca nas ruas da vila. Dois anos depois, uma rebelião assustou moradores e autoridades portuguesas. Na repressão ao movimento, quatro soldados foram fuzilados.

Famintos e exaustos, indígenas, negros e mestiços retirados à força de Belém pelos militares portugueses viviam seu inferno na alta umidade e no calor sufocante de Caiena.

Com a queda de Napoleão, o novo governo francês exigiu, em 1817, a retirada das tropas portuguesas da Guiana, sob ameaça de retomar à força a antiga colônia. Dom João aceitou, então, devolver a possessão, não sem antes garantir que a fronteira passasse para o Rio Oiapoque, garantindo assim um pedaço a mais de terra. Os ideais da revolução voltavam a animar a política da Europa e os movimentos nativistas nos trópicos.

A invasão da Guiana trouxe lucros para a agricultura brasileira, que se renovou com os saques. Os portugueses transportaram de lá e plantaram no Jardim Botânico de Belém mudas de cana d'Otaiti – rebatizada de cana caiana –, cravo-da-índia, noz, carambola, sapoti e canela. As especiarias eram mantidas até então como segredo de Estado na La Gabrielle, um dos mais importantes laboratórios agrícolas das Américas. As plantas foram levadas também para outras cidades do Reino.

É dessa época a criação do atual Jardim Botânico do Rio de Janeiro. Até jardineiros foram trazidos de Caiena – desde que não tivessem inclinação pelas ideias revolucionárias. As espécies da Guiana e as biopiratarias do horto La Pamplemousse, na Ilha de França, atual Maurício, no Oceano Índico, mudaram a face da sede da Corte.

3

RECIFE REVOLUCIONÁRIA (1817)

> *Colônias espanholas na América do Sul travam batalhas pela independência. Depois de vencer em Caracas e Bogotá, o general Simón Bolívar consolida seu poder no continente. Napoleão vive o exílio na Ilha de Santa Helena. O Reino Unido domina o comércio no mundo.*

NO TEMPO DE DOM JOÃO, o Rio de Janeiro era um Brasil independente, se levarmos em conta seu Jardim Botânico, as melhorias nos largos e ruas, as construções de prédios opulentos, a abertura de uma fábrica de pólvora na Lagoa Rodrigo de Freitas, a circulação de um jornal oficial – a *Gazeta do Rio de Janeiro*, numa impressora trazida num dos barcos da nobreza que fugiu de Napoleão –, a movimentação de um porto e a redução de impostos.

Viver na cidade podia ser dramático, especialmente para negros escravizados, mestiços e europeus pobres, que moravam em locais insalubres. A varíola, a sarna e o tracoma eram comuns nos cortiços precários, nos armazéns da região do porto, nos comércios e feiras. As melhorias urbanas, entretanto, diferenciavam o Rio do restante do Brasil.

Pelo ângulo de comerciantes e negociantes portugueses que faziam transações com Lisboa e países lusófonos da África, a cidade tornou-se sede de uma metrópole centralizadora, especialmente após os tratos de abertura dos portos para os ingleses, muitos deles concorrentes. Nessa ótica, as províncias do Norte viraram escalas no caminho entre dois reinos, o de Portugal e o do Rio, sem a liberdade em relação ao primeiro e sem os investimentos obtidos pelo segundo.

Naquele 1817, gente estudada na Europa e comerciantes do Recife iniciaram um movimento por maior autonomia de Pernambuco. A insurreição caminhou a passos mais largos que as inconfidências Mineira e Baiana, ultrapassando a fase da simples conspiração das revoltas do século anterior. Agora, o inimigo não estava em Lisboa, do outro lado do Atlântico, mas no sul do continente, na Guanabara.

O movimento pernambucano não tinha traços absolutamente republicanos. Tanto que alguns dos revoltosos propuseram buscar o velho Napoleão Bonaparte, exilado na Ilha de Santa Helena, num arquipélago isolado entre a África e a América do Sul, para chefiar o governo que pretendiam estabelecer. Faltava um rei para quem queria manter seus escravos e continuar na mesma posição social, mas sem os altos impostos cobrados pela Coroa Portuguesa.

Longe de uma República, o movimento tinha por propósito organizar um Estado mais federativo, como ressalta em seus estudos o historiador Evaldo Cabral de Mello, ter mais poder de voz e barganha no sistema econômico português.

MOTIM DO LEÃO COROADO

Ao investigar o Regimento de Artilharia, no Recife, o governo de Pernambuco concluiu que o capitão José de Barros Lima, o Leão Coroado, estava por trás de um plano de conspiração contra a Coroa Portuguesa. O oficial recebera o apelido pela careca e pela vasta cabeleira na parte mais abaixo da cabeça.

No dia 6 de março de 1817, o brigadeiro Manoel Joaquim Barbosa de Castro foi ao quartel dar voz de prisão ao líder da revolta e acabar com o movimento.

Em reação à ordem de prisão, Leão Coroado desembanhou a espada e golpeou o comandante até a morte. O quartel foi tomado por soldados e oficiais revoltosos, numa ação inesperada até mesmo pelos líderes do movimento revolucionário. Horas depois, o motim chegou às ruas. As lideranças que tinham sido presas durante as investigações naqueles dias foram libertas.

O governador português Caetano Pinto de Miranda Montenegro percebeu que a revolta contava com o apoio e mesmo a participação de donos de engenho, grandes negociantes e integrantes da Loja Maçônica, que propagavam ideias revolucionárias da Europa. A base do movimento era formada por soldados e praças. Sem esperar pelo pior, Montenegro se refugiou no Forte Brum, onde um grupo ainda resistiria por alguns dias.

Nas ruas do Recife, o movimento ficou conhecido como Revolta dos padres. Havia um motivo para essa designação. Entre os cabeças do movimento rebelde estavam religiosos que atuavam como professores ou tinham sido estudantes do Seminário Episcopal de Olinda. O colégio funcionava na ermida de Nossa Senhora da Graça, num antigo convento dos jesuítas. Ali, os alunos recebiam lições de filosofia e ciências, se aprofundavam em textos de Rousseau e Montesquieu e analisavam a Constituição dos Estados Unidos e a Declaração Francesa dos Direitos do Homem. Era um covil de revoltosos, reclamavam os mais conservadores e as autoridades da Corte.

Mais popular entre os líderes revoltosos, Joaquim do Amor Divino Rabelo, o Frei Caneca, apelido alusivo ao tempo de menino, quando vendia utensílios nas ruas do Recife, tinha estudado no Seminário de Olinda. Da mesma escola, José Inácio de Abreu e Lima, o padre Roma, João Ribeiro Pessoa de Mello Montenegro, o padre Ribeiro, e Miguel Joaquim d'Almeida Castro, o padre Miguelinho, também pegaram em armas. Estima-se que mais de setenta religiosos se envolveram na revolução.

Nas missas das capelas dos engenhos e nas igrejas das vilas da Zona da Mata, o vinho foi substituído pela aguardente de cana e a hóstia de trigo por um pão de mandioca. O nativismo predominava na estética e nos rituais dos revoltosos.

O sentimento contra os portugueses atingia mesmo brasileiros brancos e de situação financeira confortável. Domingos José Martins, 36 anos, filho de uma família radicada no Espírito Santo, que viveu em Salvador, Lisboa e Londres, destacou-se nos círculos políticos conspiradores do Recife.

Anos antes de estourar o movimento contra a Coroa, ele montara um comércio no Recife e, agora, aproveitara a insurreição para forçar o português Bento da Costa a entregar a mão de sua filha, Maria Teodora, em casamento. O rico traficante de escravos considerava os brasileiros gente de segunda classe. O novo genro era o elo do movimento com a maçonaria.

Era no sobrado de Domingos no Recife que os conspiradores se reuniam. Para lá iam militares em busca de extras e promessas de apoio. O comerciante brasileiro tornou-se um dos cinco integrantes do governo revolucionário.

As ideias iluministas dos integrantes do movimento ajudaram a proclamar um governo com o fim dos impostos que financiavam as melhorias da Corte e o aumento do soldo dos militares. Os interesses dos plantadores de cana e senhores de engenho contribuíram para a manutenção do sistema escravocrata no país que surgia. A insurreição atingiu a Paraíba, o Rio Grande do Norte e o Ceará.

Um dos líderes rebeldes, o ex-sacerdote José Inácio Ribeiro de Abreu e Lima, o padre Roma, que agora atuava como advogado, viajou a Salvador numa jangada para buscar adesão ao movimento. Ao desembarcar numa praia, em março, ele foi preso. Julgado em apenas dois dias, recebeu sentença de morte. As autoridades decidiram que dois filhos dele, José Inácio e Luís, acompanhariam o fuzilamento sumário do pai no Campo da Pólvora, na capital baiana.

O revoltoso Antonio Gonçalves Cruz Cabugá viajou aos Estados Unidos para obter armas e munições. Chegou a ser recebido na Casa Branca, mas não retornou. Recebeu o aviso que Pernambuco estava cercado. Da Bahia e do Rio sairiam frotas que, em poucos meses, bloqueariam o porto da cidade conflagrada.

Mesmo com as perspectivas contrárias, revoltosos tentavam avançar na guerra contra a Coroa, ainda que por conta e risco. O capitão José de Barros Falcão de Lacerda, chefe de uma companhia que atuava na perseguição de escravizados fugidos dos engenhos da Zona da Mata, seguiu de barco para Fernando de Noronha. Anos antes, ele tinha dirigido o presídio de segurança máxima que funcionava na ilha distante da costa pernambucana.

INSURREIÇÃO EM FERNANDO DE NORONHA

Na manhã de 3 de abril de 1817, o capitão Lacerda entrou numa embarcação com um mestre, dois soldados revoltosos e uma marujada de escravizados e rumou para Fernando de Noronha. Pretendia recolher armas e homens do presídio para ajudar no movimento autonomista.

Ele desembarcou no dia 10 na ilha que conhecia tão bem e, imediatamente, marcou um "conselho" com oficiais na casa do comandante, perto da Igreja de Nossa Senhora dos Remédios.

Teria pedido que os militares emitissem seus pareceres sobre uma adesão à revolta com liberdade e que estava ali como simples portador.

"Viva a pátria! Viva a liberdade!", teriam gritado os homens em coro.

Com armas e homens, Lacerda aportou em maio na Baía da Traição, no continente. O grupo se dispersou e logo aderiu às tropas legais, pouco fez na revolta. A volta do capitão a Pernambuco foi um desastre.

Ao se defender diante das autoridades tempos depois da revolta, ele narrou, sob pressão, que foi jogado no barco e ali soube o destino da viagem. "A bordo, ele perguntou ao mestre que ordem tinha. Este lhe respondeu que ia a Fernando."

No processo para julgar sua participação no movimento revolucionário, um oficial observou, a seu favor, que se tratava mais de uma história de homens fatigados pelo isolamento que pelo sentimento revolucionário e de ambições políticas e militares. Ele sustentou a tese de que Lacerda foi para a ilha por pressão.

> *Fernando é uma ilha para onde são remetidos os degradados e uma guarnição dos mais mal procedidos soldados. Ali não há mulheres, este poderoso isnan (forte) do gênero humano. Não se pode sustentar; o sustento vai de Pernambuco; qualquer por ali chegado e narrasse o estado de Pernambuco, obrigava a todos a fazerem os últimos atestados para acabar com o seu desterro e não morrer de fome. O réu não levou armas, ilha tinha autoridade.*

Capitães do mato e algozes de aldeias eram a face do movimento revolucionário para negros e indígenas nas matas de Alagoas e Pernambuco. Memórias de violência e sangue vinham à tona.

MILÍCIA DOS ÍNDIOS DE CIMBRES E JACUÍPE

Na repressão aos revoltosos, o governo recrutava índios das aldeias de Cimbres e de Jacuípe. Eram homens ou filhos de veteranos da força do sertanista Domingos Jorge Velho que derrotou o Quilombo de Palmares, em Alagoas, e ganharam com isso o reconhecimento da posse de suas terras. Agora numa guerra de brancos, os combatentes de arco e flecha, ararobás, paritiós e xucurus queriam tirar proveito, participar de alguma forma do jogo do poder.

Em Alhandra, indígenas tomaram bois de fazendeiros "patriotas", como os rebeldes eram chamados. Na divisa de Pernambuco com a Paraíba, entraram em combate ao lado das tropas legais contra os insurgentes.

Os revoltosos temiam as flechas daqueles homens que nem sempre foram recrutados à força. O interesse era manter a boa relação com o governo, permanecer nas terras reconhecidas desde ajudas anteriores ou mesmo ganhar tecidos para fazer fardas e, em raros casos, as desejadas armas de fogo.

BATALHA DO MEREPE

O governador da Bahia, o experiente Conde dos Arcos, traçou por conta e risco um plano militar para sufocar a revolução na província vizinha. A proposta dele era atacar os insurgentes em duas frentes: pelo mar e pelo sertão. Para isso, convocou os seus melhores quadros repressivos, tirou dos arsenais armas e munições e mandou reparar embarcações e peças de artilharia.

Assim, decidiu enviar dois barcos com canhões para bloquear o movimento rebelde no porto do Recife, impedindo o embarque e desembarque.

Por terra, ele mandou um contingente liderado pelo oficial português Joaquim de Melo Cogominho de Lacerda. Ao longo do caminho, o militar arregimentou negros e mestiços. Com mais de oitocentos homens, Lacerda atravessou o Rio São Francisco, que dividia a Bahia de Pernambuco, para o combate com os revoltosos.

No dia 11 de maio, os navios enviados pelo governo baiano chegaram ao porto do Recife. Com o fechamento do porto, o desabastecimento do mercado público e do comércio da capital não demorou a surtir efeito. A cidade não tinha mais comida. O desespero tomou conta dos moradores.

Por sua vez, Lacerda resolveu dividir sua tropa em duas colunas. A primeira delas seguiu pelo litoral. Ali, no Engenho Pindobas, na região de Porto de Galinhas, o militar surpreendeu no dia 12 o grupo revolucionário liderado por Domingos José Martins. O líder nativista não tinha experiência em estratégias militares. A sua tropa foi facilmente dominada.

Ferido, o revolucionário tentou escapar e se esconder numa cabana de um morador nas margens do Riacho Merepe. Uma índia o denunciou para os legalistas. Foi aprisionado num casebre e posto num barco rumo a Salvador, onde seria julgado.

BATALHA DO TRAPICHE

No movimento revolucionário, padre João Ribeiro tinha o respeito tanto dos líderes quanto da massa dos rebeldes. Estava sempre junto deles, em orações nos campos de batalha. A formação humanística e o conhecimento revolucionário o distinguiam das demais cabeças da insurreição.

Ainda na juventude, ele acompanhou o monsenhor e naturalista Câmara Arruda em viagens pela Mata Atlântica. Desenhava bromélias e bichos. Mais tarde, tornou-se professor de desenho do Seminário de Olinda. No colégio, aplicou ensinamentos de seu mestre na área da botânica e da revolução.

Foi em Paris, ainda no tempo em que estudava teologia, que João Ribeiro conheceu a revolução. Naquele julho de 1789 o seminarista pernambucano viu os franceses derrubarem a monarquia e mudarem o curso da história no Ocidente.

No início de maio de 1817, padre João Ribeiro se juntou ao grupo do capitão nativista José Francisco de Paula Cavalcante, que fazia manobra na região dos canaviais de Olinda. Atuava como capelão e apoio da tropa revolucionária.

No dia seguinte, o próprio Cogominho saiu em perseguição ao grupo revoltoso de Paula Cavalcante. Os legalistas estavam em número superior nos canaviais do Engenho Paulista, em Olinda. Era um embate de quatro para um. Corpos foram tombando, mutilados, misturando o sangue à folhagem em decomposição.

Com número inferior de homens, Paula Cavalcante decidiu se retrair com sua tropa. Cogominho percebeu, então, que o líder revoltoso não tinha soldados nem armas para um confronto e mandou o seu contingente acelerar os passos. Os revoltosos se desesperaram e começaram a debandar. Caixas de munições foram abandonadas.

Padre João Ribeiro entrou na igrejinha do engenho e não esperou a chegada dos legalistas. Enforcou-se diante do altar. Morria o chefe moral do movimento revolucionário. Nas cercanias do engenho, mais de trezentos revoltosos foram feitos prisioneiros.

QUEDA DO GOVERNO REVOLUCIONÁRIO

O porto do Recife perdera seu movimento. Os escravizados e homens livres do trabalho braçal nada tinham para carregar ou descarregar. Os vendedores e as vendedoras de especiarias e comidas perderam os fregueses. O bloqueio por mar da capital pernambucana impediu a chegada de mantimentos e a exportação dos produtos agrícolas.

A 20 de maio de 1817, o brigadeiro português Luís do Rêgo Barreto entrou no Recife. O governo revolucionário caiu em poucas horas. As lideranças tentaram fugir e escapar da morte.

A repressão foi cruel com os líderes do movimento nativista. Barros Lima, o Leão Coroado, foi levado à forca, em julho, na capital pernambucana. Teve o tronco do corpo arrastado por um cavalo até o cemitério. A cabeça foi levada para Olinda.

Outros quatro revolucionários receberam pena de morte por fuzilamento. Domingos José Martins enfrentou um pelotão de soldados em Salvador, longe da mulher Maria Teodora, sua paixão.

Como medida de retaliação, Dom João reduziu a força política e econômica de Pernambuco. Ele desmembrou a região sul da capitania, as Alagoas, área de engenhos de açúcar e impostos. Os fuzilamentos dos padres e a repressão nas ruas envenenaram todo o norte. A nação que se formava mais abaixo, no Rio, ficava longe dos interesses de comerciantes e negociantes da região. As experiências revolucionárias do Recife ganharam a pecha de separatistas na pena dos historiadores da Corte, observou Evaldo Cabral de Mello.

O fogo da revolução havia se espalhado pelas capitanias vizinhas.

Sem armas e força legal, o governador do Ceará, Manuel Ignácio de Sampaio, recorreu aos indígenas para impedir a entrada do movimento revolucionário nos seus limites. Ainda em maio de 1817, ele deu ordens para deixarem em pronto estado de "defesa" todos os homens adultos das aldeias de Soure, Arronches e Messejana. Um total de quatrocentos combatentes armados de arcos e flechas foram à divisa com a Paraíba e o Rio Grande do Norte esperar pelos revoltosos.

Num manifesto aos indígenas, Sampaio empolgou-se com a guerra:

> *Índios do Ceará, é necessário cortar de uma vez esta série de desgraças que não pode deixar de ser organizada pela ignorância que tais traidores disfarçados inimigos da fé cristã têm dos heroicos fatos praticados na gloriosa restauração de Pernambuco da mão dos holandeses e flamengos pelos habitantes dessas Capitanias principalmente pelos índios, e mais que tudo pelos índios do Ceará. É necessário que tão infames traidores paguem mui caro com esta afetada ignorância dos heroicos feitos dos vossos pais e avós. [...] Vós sois valorosos. Nada vos resistirá. Invejo-vos a glória de que todos vós ides cobrir. Viva a nossa Santa Religião, viva o nosso Rei o Senhor Dom João 6º e Toda Real Família, viva os intrépidos e valorosos índios do Ceará!*

4

BÁRBARA REPÚBLICA (1817)

> *Os Estados Unidos fazem acordo com o Reino Unido e controlam a Bacia do Rio Red ao norte da Louisiana. A Espanha entrega a Flórida aos norte-americanos.*

"Pão, pólvora e metais". A fórmula de desenvolvimento de uma nação propagada pelo paulista José Bonifácio de Andrada e Silva, formado em direito e mineração na Europa, mais tarde um dos principais nomes do movimento da independência, exigia pesquisas científicas nos sertões.

O padre, naturalista e médico pernambucano Manuel Arruda da Câmara formou-se em Coimbra e Montepellier nos anos agitados da Queda da Bastilha. Ao retornar ao Brasil influenciado pelas ideias revolucionárias, ele foi encarregado pela Coroa Portuguesa a chefiar um trabalho de descobrir, no interior, minas de salitre – nitrato de potássio –, matéria prima da pólvora que servia também na preparação da conserva de carnes.

Monsenhor Arruda da Câmara conhecia bem o Vale do São Francisco, o semiárido pernambucano e a região aprazível do Cariri, na Serra do Araripe, no Ceará, onde sua família possuía grandes propriedades de terra.

Nas montanhas do Araripe o clima é ameno, de um vento que sopra mais frio. Ali, o naturalista não apenas cumpria seu serviço de localizar as minas de salitre como registrava tatus, urubus-reis, gaviões e diversas espécies de palmeiras selvagens. Bichos e plantas eram desenhados por seu assessor, o padre João Ribeiro, que também vivera na França Revolucionária.

Foi no Crato, cidade do Cariri, que Arruda Câmara manteve uma sólida amizade com uma mulher que não tinha passado pela universidade nem frequentava as casas de engenho próximas do Recife, mas esbanjava um espírito irrequieto. Bárbara de Alencar tinha traços indígenas. O pai, Joaquim, casou-se com a cariri Teodora, de uma família indígena que vivia nos trabalhos dos currais dos Alencar.

"Devem olhá-la como uma heroína", escreveu Arruda Câmara sobre Bárbara em testamento a seus seguidores políticos. O naturalista morreu cedo, aos 48 anos.

De personalidade forte, a menina juntou-se, aos 22 anos, com um mascate. José Gonçalves dos Santos vendia tecidos nas feiras. Era descrito como um homem mais velho, de físico fraco e que tinha um rosto com manchas. O "Surubim Pintado", como o chamavam de forma pejorativa, e Bárbara prosperaram, em boa parte pelas boas relações da matriarca com os padres e os negociantes dos sertões.

Num sítio no Crato, Bárbara e o marido tocavam um engenho de cana, uma fábrica de rapadura, uma produção de aguardente e ainda faziam utensílios de cobre. A riqueza do casal ficou evidenciada no casarão que possuía no centro, na formação dos filhos e nos escravos de sua senzala.

Bárbara era personagem de um mundo caboclo medieval que resolvia as pendências no punhal e, ao mesmo tempo, das visões iluministas estrangeiras. Vista por alguns historiadores como legítima representante do Brasil, sem trocadilhos, bárbaro, ela é lembrada por outros como a mulher que desafiou a ordem, sob certa medida, por se opor a perseguições de padres, indígenas e negros. Do rótulo de dona de escravizados não escapou.

Um outro naturalista que cortou os sertões, o escocês George Gardner cravou que Bárbara era amante do padre Miguel Saldanha, vigário do Crato, pai de seus filhos. Por décadas, escritores cearenses viveriam uma eterna disputa para negar ou confirmar a afirmação do viajante. Alguns minimizaram, apontando a paternidade apenas do caçula da matriarca, José Martiniano de Alencar.

Saldanha foi padrinho de crisma de Martiniano e mantinha com ele uma relação paternal. O jovem foi enviado para o Seminário de Olinda, onde teve como mestre o padre João Ribeiro, amigo da mãe e desenhista das expedições de Arruda da Câmara. Não poderia ter lições mais contundentes de liberalismo e revolução.

REPÚBLICA NO CRATO

Em maio do ano revolucionário de 1817, o vigário do Crato, Miguel Saldanha, inaugurou a Igreja de Nossa Senhora da Penha de França, um templo que substituía a primitiva capela de taipa e chão batido. A festa contou com seu afilhado, que mandou buscar em Olinda em pleno movimento republicano do Recife.

Martiniano aproveitou a presença no púlpito da nova igreja para ler um manifesto de proclamação da República. A mãe, o padrinho, os irmãos e os fazendeiros ligados à família estavam lá para ouvi-lo.

O jovem revolucionário apostava na amizade do padrinho com o capitão-mor José Pereira Filgueiras, de 59 anos, o homem de armas mais influente do Cariri, para levar à frente, junto com o irmão Tristão de Alencar, o projeto nativista.

Era uma aposta de risco. Afinal, Filgueiras era havia décadas braço direito da Coroa no Crato e rivalizava com os Alencar por questões de terra e poder político. Tratava-se do oponente mais forte do clã desde o distante 1710, quando os irmãos portugueses Leonel – bisavô de Martiniano –, Alexandre, João Francisco e Marta Alencar chegaram ao sopé da Serra do Araripe, nas margens do Rio Salamanca, perseguidos por autoridades de Lisboa.

Filho de um migrante português e de uma baiana mestiça, Filgueiras nasceu provavelmente em Cachoeira, no Recôncavo. Aos quatro, mudou-se com os pais para o Cariri. Fez alguma fortuna com a criação de gado, casou-se com uma filha dos Montes, família tradicional que fugiu da inquisição na Espanha, e fez carreira no comando de milícias.

Pela destreza e experiência em enfrentamentos a adversários da Coroa foi chamado de Napoleão da Caatinga. Seus subordinados eram empoderados e seus bacamartes ganhavam nomes – Estrela Dalva, Boca do Mato, Meia-Noite.

Filgueiras teria acertado com Martiniano que não se envolveria no conflito. Isso significava que o principal homem armado da Coroa no Crato ficaria neutro.

Uma marcha para tomar Icó, mais importante cidade comercial do sertão cearense, na margem do Rio Jaguaribe, onde viviam comerciantes portugueses, começou a ser preparada.

Nesse momento, Filgueiras ainda teria sido convencido a tomar uma posição – mudar de lado. O seu exército estimado em quinhentos combatentes, entre vaqueiros e indígenas, juntou-se à tropa do coronel de cavalaria Leandro Bezerra Monteiro, leal à Coroa Portuguesa, e marchou para o centro do Crato. A República proclamada por Martiniano durou oito dias.

Filgueiras prendeu Martiniano, seus irmãos Tristão e Carlos e sua mãe. O comandante de armas do Crato chamou o mais destacado homem de sua tropa para uma difícil missão. Joaquim Pinto Madeira conduziria os presos até Fortaleza.

No final de uma tarde de verão de 1818, Pinto Madeira deu "viva" à Coroa e "morte" à República. Os prisioneiros foram colocados em mulas. Homens a cavalo fariam a escolta durante o percurso. Havia risco de aliados de Bárbara tentarem resgatar o grupo.

Assim, a matriarca, seus filhos e outros presos desceram a Serra do Araripe e dias depois estavam no sertão bravo. Era a Caatinga descrita por Monsenhor Arruda, amigo de Bárbara. A cada chegada num povoado, com a gente acordada pelo bufar e relincho dos animais, Bárbara e seus filhos enfrentavam um julgamento moral e político. Uma multidão se aproximava curiosa. Era, então, momento em que os milicianos da escolta gritavam o nome do rei. Não faltavam insultos aos presos. A viagem de humilhação durou um mês.

Os republicanos ficaram dois anos presos em Fortaleza. Quando foram transferidos para uma cadeia em Salvador, mãe e filhos conseguiram o perdão e voltaram ao Cariri. Ficaram no sertão à espera de nova luta pela independência do Brasil e do Recife voltar a conspirar e influenciar as capitanias vizinhas.

MOVIMENTO DO PARAÍSO TERREAL

No pós-revolução, Pernambuco foi militarizado. O governador Luís do Rêgo Barreto, homem forte de Dom João, reforçou quartéis no Recife e nas principais vilas da Zona da Mata, pôs espias nas estradas do interior e acertou com chefes políticos a promoção de grupos de milicianos nos povoados sertanejos.

A estiagem que se prolongava desde 1815 era agora o principal inimigo da Coroa. O capitão-general português da geração de oficiais formada nas batalhas contra Napoleão na Península Ibérica enfrentava agora a adversidade da fome e da miséria ao mesmo tempo do excesso de sol, dos lagos sem água, dos riachos transformados em fendas secas na terra, nos açudes no nível do limo.

Faltava carne e farinha nas casas dos mangues do Recife, nas vilas e senzalas dos engenhos, nas choupanas das beiras das trilhas da Caatinga. Não havia alimentos especialmente nas unidades militares, onde soldados reclamavam do soldo baixo, dos maus-tratos e dos atrasos no pagamento.

O número de desertados só aumentava nos quartéis da capital e do interior. Como a máquina militar permanecia ligada, o governo de Barreto mandava grupos armados recrutar à força meninos e homens nos engenhos e nos bairros pobres do Recife. A notícia da chegada daqueles homens em busca de gente no interior levava jovens e velhos se refugiarem na mata.

Foi nessa condição que chegaram muitos à Cidade do Paraíso Terreal. O arraial formado pelo ex-soldado de milícias alagoano Silvestre José dos Santos no sopé da Pedra do Rodeador, próximo a Bonito, a 132 quilômetros do Recife, abrigava também fugitivos da seca e gente sem renda nas vilas da Zona da Mata.

Mestre Quiou, como o ex-soldado Silvestre era chamado pelos camponeses, aglutinava os moradores a partir do direito a um pedaço de terra e ao catolicismo popular. Para viver no lugar era preciso passar por um ritual. Homens, mulheres e meninos tinham de se confessar antes – como não havia padre, valia se revelar para uma pequena imagem de Nossa Senhora da Conceição instalada num oratório – e, com uma velha espada na cabeça apontada pelo líder, jurar defender até a morte Jesus Cristo e o Rei Dom Sebastião.

O jovem monarca desapareceu aos 24 anos, numa guerra contra os muçulmanos no distante ano de 1578, nas areias de Alcácer-Quibir, no Marrocos. Uma boa parte dos portugueses acreditava no retorno do rei. A crença era um certo escapismo para tempos difíceis vividos pela nação. Este desejo fundiu-se à tradição bíblica da volta do Messias. O mito embarcou nas caravelas e se difundiu no litoral e no meio rural das províncias do norte do Brasil.

Comunidades rurais apegadas à fé aguardavam a volta do rei, que chegaria numa manhã de nevoeiro, como relatavam romances orais e quadrinhas impressas. Uma delas era o arraial de Mestre Quiou no Agreste de Pernambuco.

No sopé da Pedra do Rodeador, nas bandas do Rio Bonito, os moradores da Cidade do Paraíso Terreal esperavam o retorno do rei-messias. Em meados de 1820, o lugar abrigava centenas de pessoas. O grande fluxo de gente que chegava e passava a viver nas roças do morro despertava a atenção das autoridades dos povoados e dos senhores de engenho da região.

Mestre Quiou distribuía lotes, comandava orações e definia, entre filhos, irmãos e outros agricultores pobres, os reis, as rainhas, os príncipes e as princesas da Irmandade do Bom Jesus da Lapa, criada para organizar as celebrações e festas santas. O arraial tinha seu grupo de defensores. O sapateiro Gonçalo Correia recebeu a missão de chefiar os guerreiros. Alguns tinham velhos bacamartes que trouxeram das milícias. A maioria contava com facões e espadas de pau.

Espias do governo português se infiltravam entre os sertanejos vindos do Ceará, da região seca de Cabrobó e Bodocó e das vilas empobrecidas da Zona da Mata, para entender o que atraía aquela gente ao Rodeador e o que pretendia o líder do arraial.

No Recife, o governador Luís do Rêgo Barreto começava a receber os primeiros informes. Os espias não apontavam indícios de revolução política na comunidade nem histórias de crimes cometidos por Mestre Quiou. Os relatos, porém, apontavam a presença de desertados de milícias e quartéis, gente que fugiu do serviço militar e que se abrigava no morro.

Havia menos de três anos que a Coroa Portuguesa sufocara o movimento de 1817 em Pernambuco e no Ceará. O governador Luís do Rêgo Barreto via na comunidade um fator de risco, a possibilidade de surgimento de um foco revolucionário ou que servisse como massa nas mãos de um grupo político insurgente. Assim, ordenou que dois batalhões de caçadores fossem deslocados ao Rodeador para sufocar o movimento rural.

Cerca de 950 homens formavam os batalhões comandados pelo tenente-coronel José de Sá Carneiro Pereira e pelo major José de Moraes Madureira Lobo, um esquadrão de cavalaria e grupos de milícias das vilas de Limoeiro e Bezerros. Outra frente de milicianos aguardava em Bonito pela chegada do contingente.

Pelas informações dos espias, Mestre Quiou havia preparado para o dia 25 de outubro de 1820 uma recepção de chegada de Nossa Senhora à comunidade. A santa apareceria para os fiéis que acreditassem nela.

A caminho do arraial, Madureira Lobo surpreendeu Carneiro Pereira ao mostrar uma carta assinada pelo governador que lhe dava o comando de toda a tropa. O tenente-coronel, de patente superior, ficou desapontado.

Na noite de 25, os militares se aproximaram do morro. Os moradores do arraial associaram as tochas de fogo dos soldados como sinais de Nossa Senhora, como pregara Mestre Quiou. O ataque só ocorreria no dia seguinte. É muito provável que a comunidade já soubesse da presença da tropa na mata.

Após passar a manhã e a tarde com seus homens arranchados no Rodeador, Madureira Lobo decidiu invadir o arraial à noite. A tropa tinha consumido grande quantidade de aguardente. Assim, na escuridão, os soldados, oficiais e milicianos entraram na comunidade. O grupo de defesa da Cidade Terreal ainda tentou reagir. Tinham, entretanto, na maioria das vezes, apenas armas primitivas.

Poucos relatos foram produzidos sobre esse momento de horror. Se entre os militares havia dificuldades de enxergar quem era da tropa e quem era do arraial, os moradores do lugar, boa parte deles formada por mulheres e crianças, se viram em poucos minutos na fumaça e no estampido das armas. Muitas caíram diante das baionetas pontiagudas de uma tropa insandecida.

Foram seis horas de massacre. Com o fogo do combate ainda aceso, os militares incendiaram as casas de palha e madeira do arraial e o mocambo onde ficavam as imagens de Nossa Senhora e de Jesus Cristo e ocorriam as rezas – possivelmente muitos moradores tentavam se proteger, dentro das choupanas e casebres, das balas. As fogueiras do Bonito podiam ser vistas de longe.

Com a queima de quem se escondia e das casas ainda de pé, a tropa bêbada promovia uma "guerra total", na melhor definição de Clausewitz.

Madureira Lobo não encontrou Mestre Quiou entre os destroços. O major levou para o Recife, porém, a conta de 187 mulheres e 78 homens mortos e um grupo de sessenta prisioneiros, entre adultos e crianças. Os detidos chegaram à capital estropiados após seis dias de caminhada. Passaram um tempo na cadeia da cidade até serem dispersados nas ruas da capital, onde passaram a enfrentar a mendicância e a fome.

O catolocismo sertanejo era um fator de união nas comunidades das províncias do Norte que enfrentavam a pobreza, a fome e a doença. O clero, ora envolvido com a revolução, ora abrigado nas estruturas do Estado Português, demonstrava incômodo com a proliferação de irmandades populares em Pernambuco, Ceará, Rio Grande do Norte e Paraíba. Comunidades sem ligação direta com a Igreja, levadas por antigas tradições milenaristas, faziam guerra para se aproximar dos céus e enfrentar as autoridades da Terra.

MOVIMENTO DOS CERCA-IGREJA

Liberta da prisão, a família Alencar voltou para o Cariri. Agora, era preciso retomar a produção de cachaça e rapadura no engenho do Crato, buscar os aliados que se distanciaram e aspirar à revolução. O sul do Ceará pouco havia se alterado. O inimigo Napoleão da Caatinga nunca fora tão forte. Mas o movimento em defesa da autonomia política era definitivo.

Os ânimos bélicos voltavam a esquentar nos povoados e vilarejos do sertão cearense. A capital Fortaleza também vivia clima de guerra. Ainda em abril de 1821, o governador português Francisco Alberto Rubim enfrentou um motim militar, que por pouco lhe custou o cargo e a cabeça.

Nessa época surgiu no Crato o movimento religioso dos cerca-igreja. Homens, mulheres e crianças de sítios e casebres das estradinhas da Serra de São Pedro, no Araripe, interpretaram a seu modo as notícias de que os homens de poder, em Lisboa, exigiam a volta o príncipe regente e estavam contra o rei, o defensor da Santa Religião.

Espalhou-se ainda o boato de que os inimigos de Sua Majestade iriam substituir a imagem de Nossa Senhora da Penha de França, da Igreja do Crato, templo construído pela Coroa, pelo retrato de Úrsula, uma prostituta conhecida no Cariri.

A 5 de agosto de 1821, a igreja foi aberta para celebrar o primeiro aniversário da Revolução Liberal do Porto, movimento que levou militares e maçons ao poder, freou o absolutismo e forçou a volta de Dom João a Portugal.

Maltrapilha, uma legião de fiéis de São Pedro desceu a serra e cercou o templo. Eles estavam armados de velhas espingardas e cacetes, dispostos a combater o "maligno" e seus representantes. Não aceitavam a suposta troca da imagem da santa pela da prostituta.

Para desespero do sacerdote e dos fiéis que participavam do *Te Deum*, os fanáticos da Serra forçaram a entrada na igreja. Agora dentro do templo, eles rezavam em voz alta e davam gritos em louvor à Divina Providência, ao rei e à padroeira.

Viva Nossa Senhora da Penha!

O capitão-mor da vila foi chamado às pressas para intervir e evitar uma tragédia. José Pereira Filgueiras e sua milícia desarmaram os fanáticos e os puseram na estrada de volta à Serra de São Pedro.

Outros movimentos dos cerca-igreja surgiram nos sertões do Ceará e de Pernambuco. Fanáticos entravam nos templos nas horas das missas e batizados para ler manifestos em defesa do rei e atacar religiosos e fiéis. Assim, tornavam ainda mais complexa a conjuntura da guerra da independência.

Em novembro daquele ano, o governador Rubin não resistiu a uma nova ofensiva oposicionista vinda dos quartéis. Ele foi deposto do cargo por uma multidão que cercou o palácio em Fortaleza e militares arquartelados na cidade. O terreno da luta pela separação se expandia pelo território brasileiro.

A agitação política contra a Coroa encontrou especialmente nas províncias do Norte campo fértil para o movimento de autonomia. Nelas se produziam o açúcar e, em menor escala, a farinha, o algodão, o fumo e boa parte do charque exportado para a Europa.

Novas gerações de descendentes de portugueses sem vínculos afetivos com Lisboa, comerciantes descontentes com taxas e tributos, filhos de senhores de engenho ávidos em pôr em prática ideias liberais apreendidas nas faculdades da Europa e legiões de negros, mestiços e indígenas prontos para a guerra por liberdade e vida tornavam o processo de independência urgente.

5

DUAS NAÇÕES EM BUSCA DE INDEPENDÊNCIA (1820)

> *Em Paris, o regime conservador dos Bourbons não consegue reveter as mudanças provocadas pela Revolução Francesa e começa a primeira onda revolucionária desde o fim da era napoleônica, que se propaga pela Europa.*

COM A QUEDA de Napoleão Bonaparte, em 1815, a França desocupou as regiões conquistadas nos países vizinhos da Europa. Dom João e sua família, que cruzaram o Atlântico diante do projeto expansionista do imperador francês, entretanto, contrariaram interesses de negociantes e políticos de Lisboa e os sentimentos dos portugueses e permaneceram no "exílio" no Rio de Janeiro, como se dizia nos quartéis e prédios públicos da capital lusitana.

As cidades portuguesas enfrentavam a falta de perspectiva econômica, a pobreza, o fechamento de fábricas de tecidos e o drama dos soldados que não recebiam soldos. O distante Brasil era a metrópole na sua imagem opressora.

Nesse tempo, o orgulho lusitano era ferido pela presença dos britânicos no comando do governo em Lisboa. Portugal era governado por um regente que prestava contas a Dom João. O general irlandês William Carr Beresford estava no reino desde a Guerra Peninsular e, diante dos movimentos políticos contra o absolutismo, agiu com violência. Os alvos do regente eram maçons e militares.

Beresford mandou prender e levou a um julgamento sem provas, que durou onze dias, suspeitos de tramar a derrubada contra o absolutismo de Dom João. Um deles era o general Gomes Freire de Andrade, acusado de participar de um movimento no âmbito das lojas maçônicas e dos quartéis contra o rei.

Numa dessas inversões estranhas impostas pela história do Ocidente, os portugueses iniciaram um movimento de independência da metrópole que fora sua colônia.

Em agosto de 1820, militares, maçons e liberais iniciaram uma revolução na cidade do Porto. Eles aproveitaram que Beresford estava em viagem ao Brasil, numa tentativa de obter de Dom João garantias de mais poderes como regente, para deflagrar o movimento.

Um mês depois, os revolucionários chegaram a Lisboa e derrubaram a regência. Beresford não teve autorização para desembarcar em Portugal.

Os vitoriosos pronunciavam discurso contra o absolutismo, mas sem flertar com a República. Assim, iniciavam uma campanha política para forçar a volta da família real e uma nova Carta Magna, de tendência liberal. As Cortes Gerais e Extraordinárias da Nação Portuguesa, um parlamento formado com o intuito de elaborar uma nova Constituição, aproveitaram a saída dos franceses do país para se livrar, por tabela, das forças inglesas. Para isso, consideravam fundamental um rei no território lusitano. Trazer Dom João para o trono em Lisboa significava, sobretudo, deixar o Brasil acéfalo.

A revolução em Portugal atravessaria o oceano nos barcos comerciais e de passageiros e incendiaria a campanha contra o absolutismo de Dom João. Os insurgentes no Brasil, porém, levariam tempo para entender que a propaganda da liberdade disseminada a partir do Porto não previa autonomia da antiga colônia.

Duas pátrias unidas pela língua portuguesa, pela saudade do parente que entrou num barco para atravessar o oceano e não voltar e por um DNA único de um mesmo ramo de memórias pessoais e familiares viviam agora na encruzilhada da história. Um alvo, no caso o rei absolutista, era os que os movimentos libertários de Portugal e do Brasil tinham em comum. Mas parava por aí. Legiões de negros, indígenas e mesmo europeus marginalizados por conta apenas da política tornavam o reino nos trópicos uma nação diferente daquela banhada pelo Tejo.

REVOLTA LIBERAL DE BELÉM

Em meados de outubro de 1820, o brigue *Providência* atracou no Rio de Janeiro com a notícia da Revolução Liberal no Porto, que pretendia restabelecer a supremacia de Portugal diante de suas colônias. Os ventos políticos assustaram Dom João.

O rei contava com a força da Santa Aliança, um grupo capitaneado pela Rússia, Áustria e Prússia, para impedir a decapitação de dinastias católicas na Europa.

Não faltavam aliados para profetizar nas conversas com Dom João que os revolucionários logo pediriam clemência. Havia ainda quem, na Corte, defendia o abandono de vez de Portugal, um território de problemas econômicos e sociais bem diferentes do Brasil "pujante" e promissor.

Para temor de Dom João, o movimento revolucionário chegou ao Brasil pelo Norte. Na Corte do rei, quem também se desesperou foi o governador do Grão-Pará. António José de Souza, o Conde de Vila Flor, estava havia meses no Rio, onde acertava um casamento arranjado com uma filha do influente Marquês de Loulés – a menina tinha apenas 13 anos e recebera o título de camareira da rainha da Espanha. Vila Flor era um dos oficiais influentes no reino. Atuou na Guerra Peninsular e na repressão aos revolucionários de Pernambuco.

No dia 10 de dezembro de 1820, a fragata *Nova Amazonas* atracou no porto de Belém, vinda de Lisboa. Dela desembarcava Felipe Alberto Patroni, estudante de direito em Coimbra, filho de família rica do Pará. Ele trazia as ideias da Revolução Liberal ocorrida meses antes no Porto.

Patroni se juntou ao coronéis João Pereira Vilaça e José Rodrigues Barata, comandantes do 1º e do 2º Regimento do Exército na organização da derrubada do governo do Conde de Vila Flor.

Os revolucionários esperaram até o início do ano seguinte para executar o plano de tomada do poder. Na cerimônia mensal de passar em revista a tropa em frente ao palácio do governo, a 1º de janeiro, Vilaça esperou que praças e militares se dispersassem. Apenas com populares no largo, ele anunciou o movimento com companheiros civis. Logo, o regimento que comandava e outros três chegaram para consolidar a ação. Vilaça deu vivas à Constituição, ao rei, à religião e às Cortes Gerais.

Dentro do palácio, o coronel Barata proclamou a adesão ao movimento revolucionário do Porto e anunciou a formação de uma Junta de governo formada por nove membros.

Patroni recebeu a missão de embarcar para Lisboa com intuito de comunicar às Cortes Gerais a adesão do novo governo do Pará. Nas suas palavras, o Rio Amazonas estava ligado ao Tejo mesmo diante da "distância infinita". "Seria mais fácil converterem-se em sangue as águas do Amazonas ou reduzir-se o Pará à cinza, pó e nada do que abaixar a cerviz ao sacudido jogo", escreveu.

Passados alguns dias em Portugal, o jovem revolucionário percebeu que não tinha abertura nas Cortes. As ideias dele e de seu grupo, de maior autonomia política do Pará, entretanto, não estavam sintonizadas com as propostas dos novos donos do poder em Lisboa, que iniciavam um processo de retomada da condição de metrópole.

Desta vez, Patroni voltava a Belém para avisar aos companheiros que o movimento liberal propagado por eles estava longe das aspirações do grupo. Ao desembarcar da fragata *São José Diligente*, na capital do Pará, ele passou a propagar a independência, o que o levou à prisão.

MORTE DOS 16 DA BAHIA

Dom João tinha motivos para se assustar. O movimento revolucionário dos liberais portugueses atingiu a Bahia. A 1º de fevereiro de 1821, tenentes que participaram da repressão da Coroa aos revolucionários de Pernambuco se rebelaram nos quartéis de Salvador numa adesão aos líderes da Revolução Liberal. O movimento aproveitou o descontentamento da comunidade portuguesa na cidade com o governo do Rio para ganhar corpo.

À frente do motim em Salvador, o brigadeiro Manuel Pedro de Freitas Guimarães e os tenentes-coronéis Francisco Pereira e Francisco de Oliveira levaram as tropas militares para as ruas. Um manifesto contra o absolutismo foi lido no Forte de São Pedro, que começou a ser erguido no tempo dos holandeses e se tornou um eterno espaço de revoltas na colônia.

A cúpula militar portuguesa em Salvador se dividiu. O oficial Inácio Madeira de Melo se pôs contra o movimento. O batalhão dele, entretanto, foi seduzido com dinheiro por Francisco Pereira, segundo seus amigos próximos.

Francisco de Assis Mascarenhas, o Conde de Palma, governador português na Bahia, mandou o oficial militar mais influente em Salvador para reprimir a insurreição.

Ao chegar com uma tropa regular para enfrentar os amotinados em Salvador, o marechal do exército português Felisberto Caldeira Brant, 48 anos, o futuro Marquês de Barbacena, não pôde recorrer ao diálogo para dissuadir os líderes do movimento. Ele e seus homens foram surpreendidos com uma saraivada de tiros.

Na primeira hora de enfrentamento, Brant perdeu um oficial e dezesseis praças. Por pouco também não caía morto. Ao retornar com sua tropa destroçada para o palácio do governo, fez um relato ao Conde de Palma de que o movimento sedicioso se alastrara e a resistência era inútil.

As palavras de Brant na reunião com autoridades e membros da elite portuguesa em Salvador foram além de propor a adesão ao modelo constitucional e ao movimento rebelde. Ele chegou a pronunciar as palavras separação e independência. A posição do militar irritou os portugueses.

Num campo de várias frentes explosivas, logo ele estava na mesa de conversas com os revoltosos e conseguiu, diante de revolucionários em fúria, modificar a ata de posse dos insurgentes no poder da Bahia. Em vez de "sujeição" pôs a palavra "adesão" no trecho que detalhava a relação do novo governo com as Cortes Gerais.

Aos 48 anos, Brant personalizava uma elite nascida no Brasil que estava incomodada em não conseguir estabelecer um rumo para seus negócios diante das turbulências da política.

Ele era de família tradicional de Mariana, uma das cidades do ouro. Ainda adolescente, foi enviado a Lisboa para estudar. Entrou para a academia militar e, aos 19 anos, tinha conseguido a patente de capitão, revogada logo depois devido à idade. Morou dois anos em Angola, onde conviveu com degradados da Inconfidência Mineira de 1789.

Numa viagem à Bahia, conheceu Anna Constança, filha de um clã rico do Recôncavo. Ele aproveitou a posição de oficial para ganhar dinheiro. Tornou-se intermediário de negociantes ingleses junto à elite da cana-de-açúcar. A alavancada financeira e política veio com a importação de maquinários a vapor para os engenhos e a consequente aproximação de proprietários de terra e industriais.

Brant cuidava de sua imagem na Bahia. Atuou para que o Banco do Brasil abrisse uma agência em Salvador e trouxe para a cidade a primeira vacina contra a varíola, doença que atingia ricos e pobres. Ele próprio tomou a dose para servir de exemplo aos baianos temerosos e dominados pelas crendices e pelos sermões de religiosos.

O militar lobista — aqui um pedido de licença para o uso de um termo anacrônico — não vivia de favores da Corte de Dom João. Brant tinha seus canais diretos com os homens do dinheiro e do poder da Europa, e se esforçava para isso. Numa passagem de Jerônimo Bonaparte, irmão caçula de Napoleão, pelo litoral baiano, ainda em 1807, o oficial ofereceu apoio e buscou se aproximar.

A aliança de Brant com Dom João, um inimigo dos Bonaparte, firmou-se de fato quando, em 1817, ele fez caixa para garantir o bloqueio dos acessos da Bahia aos revoltosos do Recife. A sua atuação impediu que o movimento atingisse Salvador e foi determinante para a asfixia da Revolução Pernambucana.

Com um pé na caserna e outro no dinheiro do comércio internacional, Brant virou homem de poder político, que estava acima da elite da comunidade portuguesa e podia dar passos sem sintonia com o governo do Rio.

Depois do motim na Bahia, a situação de Brant em Salvador ficou insustentável. Ele comprara briga com a Corte de Dom João por aderir ao movimento constitucionalista português e com os liberais desse mesmo grupo por propor a independência.

Em fuga, o brigadeiro e o Conde de Palma embarcaram na fragata inglesa *Ícarus* rumo ao Rio. Eles chegaram à Corte ao mesmo tempo que a notícia da revolta que implantara na Bahia a Junta de governo aliada a Lisboa. A revolução estava no entorno do rei, bem menos divino e com menos de poderes absolutos que antes.

MOVIMENTO DO ROSSIO

A revolução liberal portuguesa foi propagada no Rio por dois padres. Marcelino José Alves Macamboa e Francisco Romão de Góis fizeram chegar a Dom Pedro que reuniram uma multidão no Rossio, a atual Praça Tiradentes, no Centro, para defender mudanças no governo de Dom João. Os religiosos aproveitaram o clima de tensão entre pai e filho para garantir a presença do príncipe.

Na madrugada do dia 26 de fevereiro de 1821, o brigadeiro Joaquim Carreli deslocou um tropa até o Rossio para impedir que o movimento se propagasse pela cidade. Os padres tinham conseguido atrair um grande número de pessoas.

Para surpresa dos manifestantes, Dom Pedro chegou a cavalo à praça, no começo da manhã, apenas na companhia de um criado. O príncipe mostrou a Macamboa um decreto em que o rei aceitava a Constituição preparada pelas Cortes Gerais, que reduzia os seus poderes absolutistas. O padre, exaltado, tomou a palavra e cobrou de imediato demissões no governo.

Dom Pedro voltou ao Palácio de São Cristóvão e apresentou ao pai as exigências dos manifestantes. O rei decidiu ceder e evitar que a revolução se propagasse de fato pela cidade.

Assim, o príncipe retornou ao Rossio com a informação sobre as demissões pedidas pelos religiosos. Ali, em frente, no Teatro São João, Dom Pedro leu sob aplausos o decreto do pai de aprovação à carta das Cortes Gerais.

Mais tarde, na companhia do filho, Dom João chegou de carruagem ao Centro. Ele tinha sido informado que a estratégia de evitar o acirramento dos ânimos dera certo. Uma multidão se aproximou do cortejo real. Os animais foram desatrelados e os súditos conduziram com as mãos e os braços o cocho.

REVOLTA DA PRAÇA DO COMÉRCIO

Um dos planos de Dom João para aplacar os ânimos e contornar a exigência das Cortes Gerais de seu retorno foi embarcar o filho mais velho, Pedro, para Portugal. A estratégia não foi aceita em Lisboa – os liberais avaliavam que o príncipe seria apenas um regente – nem no Rio – funcionários públicos e militares portugueses que viviam no Brasil desde a fuga da Europa e estavam dispostos a regressar entendiam que, na prática, a Corte permaneceria nos trópicos.

Em março, Dom João comunicou o retorno a Portugal. Ele resolveu nomear o filho Pedro "meu lugar-tenente" e regente no governo do Reino do Brasil.

O monarca desejava ficar no Rio, onde vivia sem as pressões que enfrentara em Lisboa. Tinha uma rotina mais tranquila entre o mar e a Mata Atlântica. A cidade estava bem diferente daquela que encontrara em 1808.

Ele conseguira melhoramentos nos serviços de água e limpeza e até lograra construir palácios no estilo neoclássico, como nas principais capitais da Europa.

Um dos prédios imponentes foi construído no centro da cidade. A atual sede da Casa França-Brasil, o antigo Praça do Comércio, era um projeto suntuoso. No centro, uma grande cúpula se sustentava por 24 colunas dóricas. A obra era do francês Auguste Henri Victor Grandjean de Montigny, arquiteto que fazia parte da missão artística trazida pela princesa Leopoldina. Depois de trabalhar na Vestfália, um reino satélite nas terras da atual Alemanha governado por Jerônimo Bonaparte, Montigny fazia croquis de obras e formava uma geração de arquitetos no Rio.

A pressão interna para a permanência da família real teve seu clímax na Praça do Comércio. No sábado 21 de abril de 1821, eleitores de paróquias do Rio se reuniram no prédio para escolher representantes para um conselho de apoio ao governo do futuro regente.

Manifestantes liderados por Luís Duprat, filho de um alfaiate francês da cidade, invadiram o local e anunciaram medidas contra Lisboa. O grupo redigiu um decreto próprio que estabelecia a Constituição espanhola enquanto as Cortes Gerais não aprovassem outra, exigiu a retirada das cargas de joias dos barcos que levariam Dom João para Portugal e ainda cobrou a suspensão da viagem do rei.

Diante de notícias de uma ação militar, os manifestantes fecharam as portas do prédio.

Dom João avaliou que tudo não passava de um movimento anarquista.

Na madrugada de 22 de abril de 1821, uma tropa do Batalhão de Caçadores cercou o local. Na confusão, um militar foi apunhalado por um homem na entrada do prédio. Sem aguardar ordens superiores, os demais companheiros do mulitar apunhalado mataram o agressor. Os soldados dispararam. Mais um manifestante acabou morto.

Uma placa foi fixada por manifestantes em frente ao prédio contra a violência política:

AÇOUGUE DOS BRAGANÇA

O Rio se dividiu entre os que defendiam a permanência e os que queriam a volta de Dom João para Lisboa. No dia 26, o rei embarcou com as reservas em ouro do Banco do Brasil para Lisboa.

O velho monarca deixava o filho na cidade em que vivera seus melhores dias. Pedro, sempre às turras com o pai, uma relação tensa alimentada pelas intrigas de quem frequentava o Palácio de São Cristóvão, foi nomeado príncipe regente, na prática o líder maior do Brasil. As Cortes Gerais perceberam a manobra do monarca. Os parlamentares começaram a forçar a volta também do príncipe regente para Lisboa.

A propósito, o decreto de criação da regência do Brasil, assinado por Dom João ainda no dia 22 daquele mês, determinava que o príncipe poderia fazer guerra "ofensiva" ou "defensiva" contra qualquer inimigo que atacasse o seu reino. A norma ainda deixava nítida a força de uma personagem no destino do governo regencial. O documento estabeleceu que, em caso de morte do príncipe, a nora do rei, Maria Leopoldina, assumiria o poder.

Ao longo da história, a presença da princesa austríaca no gabinete regencial foi ofuscada pelos casos extraconjugais de Pedro e mesmo pela suposta relação tensa entre marido e mulher.

Maria Leopoldina, de 25 anos, quase dois a mais que o marido, foi além de atos de caridade ou aparecer ao lado de Pedro nas recepções diplomáticas. Ela conseguiu produzir uma imagem popular no Rio. É tanto que a Corte se surpreendeu quando uma milícia de centenas de homens apareceu para cumprimentar os príncipes reais: os combatentes usavam uniformes com as cores do exército austríaco.

O envolvimento de Pedro e Leopoldina na política de independência em relação a Lisboa merece uma reflexão que passa longe da visão de que se tratava de um casal manipulado por uma elite nativa. Eles pertenciam a dinastias europeias que criavam seus filhos na visão de que o poder exercido pelo chefe da família era absoluto e divino. A filha do imperador Francisco José I, da Áustria, chegava a tratar sua presença na Corte do Rio como uma missão celestial para a garantia do poder dos Habsburgo no mundo. A conjuntura política brasileira, com a pressão militar portuguesa pelo esvaziamento do governo do príncipe regente e, por outro lado, daquela exercida pelos ricos do Brasil, irritadiços com impostos e cobranças de Lisboa, levaram o casal a adotar um discurso em defesa de ideias revolucionárias e de liberdade, que era incômodo para a sua tradição.

O liberalismo do homem que se colocou à frente do movimento contra a Coroa do qual era herdeiro foi forjado pelas circunstâncias e por uma ordem econômica interna que ele não tinha ajudado a formar, muito pelo contrário, o escolheu para liderar o processo de independência.

REVOLTA DE GOIANA

A onda revolucionária iniciada no Porto continuava a incendiar o Brasil. Em Pernambuco, os liberais não esperaram o resultado da queda de braço entre as Cortes Gerais e Dom Pedro e planejaram a queda do governador português nomeado ainda no tempo do rei Dom João. Luís do Rêgo Barreto era um dos últimos feudos do absolutismo no Norte.

Em 1821, Barreto sofreu uma tentativa de assassinato. Se de um lado ele enfrentava os liberais, de outro sofria ataques dos que cogitavam a luta por independência.

O movimento revolucionário pernambucano escolheu a Vila Goiana, cravada entre praias de águas verdes e mangues ao norte do Recife, para iniciar a derrubada do governador. O lugar contava com um porto próprio, não dependia do Recife.

A 29 de agosto daquele ano, senhores de engenho de açúcar e comerciantes instalaram um governo autônomo na vila. O grupo político foi reforçado com a chegada de participantes da Revolução Pernambucana libertos depois de quatro anos na cadeia de Salvador.

Após controlar os prédios públicos da vila, os revolucionários marcharam para ocupar os portos de Olinda e Afogados. Logo o movimento batia às portas do governador português, que não conseguiu impedir o cerco ao Recife. A capital ficou esvaziada.

Barreto tentou cooptar lideranças do grupo, mas enfrentou a pressão das elites locais contra a política das Cortes Gerais e Extraordinárias da Nação Portuguesa. A suposta presença de Mestre Quiou entre os revoltosos, uma notícia nunca confirmada, aumentava o temor da Coroa. Temia-se uma união entre a elite de Goiana e lideranças populares.

No início de outubro, o comerciante Gervásio Pires Ferreira, um dos representantes da Junta Provisória, negociou um acordo com o governador. Gervásio era um dos revolucionários de 1817 que tinham enfrentado a prisão na Bahia.

A Convenção de Beberibe, costurada por ele, definiu que novas eleições seriam marcadas para a composição de uma Junta Governativa única e Rêgo Barreto deixaria o Recife. No dia 26, o governador embarcou com a família e parte da oficialidade e da comunidade lusitana para Portugal.

Gervásio foi eleito presidente da Junta Governativa única montada para chefiar o governo provisório da província. Mais associada à ingovernabilidade de Lisboa que a um movimento de independência, o movimento de Goiana passou a sofrer retaliações das Cortes Gerais, que não consideravam seus membros leais a Portugal.

Em Lisboa, os parlamentares portugueses votaram, ainda no final de setembro, pelo fim da Regência no Brasil e ordenaram o retorno de Dom Pedro. A partir daí, Portugal buscou isolar o Rio. As demais províncias passaram a responder diretamente às Cortes Gerais.

A reação aos sentimentos e interesses separatistas viria de um lado e outro do oceano. Em Lisboa, as Cortes Gerais aumentavam a pressão contra a regência de Dom Pedro. Falavam em mudanças políticas e administrativas, mas ressalvando os direitos dos "irmãos" ultramarinos, como agora se referiam aos brasileiros, num momento de flexibilidade em relação a exigências do antigo sistema colonial. No Rio e na Bahia, parte da gente influente, especialmente comerciantes e fazendeiros portugueses, jamais aceitava a ideia da separação. Entretanto, o tempo era de mudanças e de lembranças.

6

RECORDAI-VOS DAS FOGUEIRAS DO BONITO (1821)

> *Produção de açúcar em Cuba e nas Antilhas abastece o mercado dos Estados Unidos e diminui as exportações brasileiras.*

O MOVIMENTO PELA independência fervilhava no norte do Brasil. Uma classe de negociantes e produtores de açúcar, algodão e fumo sentiam-se sob o risco da volta das mesmas condições de comércio do tempo da colônia. O momento era dramático. Com o aumento da produção de açúcar a partir da beterraba na Europa e da expansão da lavoura de cana na América Central, as exportações do produto brasileiro declinava. A queda chegaria a 40%. De Lisboa, entretanto, os ventos sopravam mais asfixia para o governo do príncipe regente, espalhando o temor de mais impostos.

Em setembro de 1821, as Cortes Gerais aprovaram um decreto que criava a figura do governador das armas para governar cada uma das províncias, independente das Juntas Governativas, sem elo com o Rio de Janeiro e sujeita apenas às autoridades de Portugal. O cargo seria exercido por um general de carreira.

Pela lógica, Dom Pedro perdia totalmente o poder nas províncias e o processo de formação de um Estado e uma Nação brasileiros sofria um baque, transformando o Brasil num mosaico de colônias dependentes de Lisboa, especialmente as mais ricas do Norte, agora totalmente sujeitas ao poder bélico de autoridades militares ligadas exclusivamente às Cortes Gerais.

Assim, em dezembro daquele ano, foram nomeados os governadores das armas da Bahia, Ceará, Maranhão, Mato Grosso, Minas, Pará, Pernambuco, Piauí, Rio Grande do Sul e Santa Catarina. Os cargos foram preenchidos por oficiais portugueses que atuaram em batalhas contra tropas napoleônicas na Península Ibérica, entre 1807 e 1814, que resultou na expulsão dos franceses e na reconquista do controle do território de Portugal.

A Revolução do Porto, em 1820, levou ao poder uma geração militar vitoriosa na guerra contra os franceses, maçons e integrantes da nova ordem econômica estabelecida por Londres. Generais, coronéis, capitães e majores foram empoderados e passaram a ocupar cargos antes restritos a civis na administração da máquina pública em Lisboa e depois no Brasil.

As Cortes Gerais escolheram os mais preparados e influentes oficiais militares que empunharam os sabres curvos de lâmina de aço e punho de bronze e osso na Guerra Peninsular para garantir o controle do Brasil. Eram eles Inácio Luís Madeira de Melo (Bahia), Antônio José da Silva Poulet (Ceará), João Carlos de Oyenhausen (Maranhão), Antônio José Claudino (Mato Grosso), Veríssimo Antônio Cardoso (Minas), José Maria de Moura (Pará), José Correia de Melo (Pernambuco), João José da Cunha Fidié (Piauí), João Carlos de Saldanha e Duan (Rio Grande do Sul) e Daniel Pedro Muller (Santa Catarina).

Saldanha e Duan entrou no *front* contra Napoleão ainda um adolescente. Saiu de lá, aos 23 anos, com a patente de tenente-coronel e medalhas pela eficiência no emprego de estratégias inglesas de combate. Era neto do Marquês de Pombal. Falava diversas línguas. Dom Pedro bem que tentou conseguir a adesão do novo governador das armas do Rio Grande do Sul, mas Saldanha e Duan resistiria a abandonar a causa portuguesa. Mais tarde seria um dos políticos mais destacados da história de Portugal. O imperador teve sucesso em atrair para o movimento de independência ao menos dois governadores das armas, que se tornaram seus amigos pessoais e ganhariam títulos nobiliárquicos: Oyenhausen e Muller fizeram jogo duplo e se puseram à disposição do príncipe regente. O governador das armas do Maranhão se opôs ao governo de Pedro e logo embarcaria de volta para a Europa. Por sua vez, Muller permaneceria no país e formaria uma descendência de políticos.

Além dos nomeados para o cargo de governador das armas, outros militares da Guerra Peninsular tiveram expressão nas forças reunidas no Brasil, como Carlos Frederico Lecor, que atuava na Cisplatina, e Luís do Rêgo Barreto, que comandou a província de Pernambuco, algoz da comunidade do Bonito. O extravagante mercenário escocês Thomas Cochrane foi outro veterano dos embates contra Napoleão a trazer sua experiência para os trópicos.

Se a chegada da família real ao Rio, em 1808, pode ser considerada um marco de início da formação de um Estado nacional no Brasil, a leva de oficiais que atuaram na Guerra Peninsular despejada nas províncias brasileiras, a princípio por Dom João, depois pelas Cortes Gerais, pode facilmente ilustrar um modelo de repressão estatal a movimentos políticos, insurgentes e mesmo à criminalidade comum que prevaleceu nos trópicos.

Teórico maior dos combates bélicos, o general prussiano Carl von Clausewicz avaliou que foi nos campos de batalha contra Napoleão que se firmou o conceito da "guerra total", termo empregado para estratégias de vencer uma disputa com ataques não apenas a posições militares, mas a alvos civis. É o que escreveu na obra *Da Guerra*. Exterminar homens, mulheres e crianças desarmados iria pautar a atuação dos governadores das armas no Brasil.

No Brasil, as memórias da repressão sanguinária da Coroa Portuguesa ao movimento de 1817, no Recife, estavam vivas. As imagens do ataque militar a homens, mulheres e crianças que se reuniam em orações nas terras do Bonito, no interior pernambucano, queimados em fogueiras pelos soldados, também não se apagaram nos caminhos entre o sertão e a Zona da Mata nem dos discursos dos militantes mais exaltados da campanha pela autonomia política e econômica nos largos do Recife e da Cidade da Bahia.

INVASÃO DO CONVENTO DA LAPA

Nenhum dos governadores das armas teve seu nome tão associado à barbárie quanto o experiente brigadeiro Inácio Luís Madeira de Melo, 47 anos, nomeado para a Bahia, ponto estratégico nos movimentos políticos e econômicos da antiga colônia.

Com a missão de sufocar, no tempo mais rápido possível, as lideranças separatistas da Bahia e desmontar elos possíveis entre a província e o Rio de Janeiro, Madeira de Melo chegou a Salvador em fevereiro de 1822. Ao assumir o posto, passou a empregar a violência na repressão a manifestações.

Ele tinha passagem pela cidade. Da província de Trás-os-Montes, grande estatura, quase imberbe, esteve na Bahia pela primeira vez como integrante de uma divisão enviada após o movimento de 1817 no Recife. Após a passagem por Santa Catarina, voltou a Salvador, para comandar um batalhão que, na Revolta Liberal de 1820, lhe desobedeceu às ordens e aderiu à insurreição. Agora, no entanto, Lisboa preferia ele que o tenente-coronel Francisco Pereira, seu desafeto e líder do movimento liberal.

A presença do general no combate aos independentes personalizou e impulsionou a divisão da cidade entre apoiadores da autonomia e defensores da Coroa. De um lado, donos de engenhos e comerciantes portugueses, de outro, brasileiros em ascensão social e mesmo gente de origem lusitana crítica ao sistema colonial que diferenciava a metrópole e a colônia.

Além da força econômica da comunidade portuguesa, o governador das armas tinha à disposição um efetivo de aproximadamente 12 mil homens. Em poucas semanas no poder, Madeira de Melo prendeu dezenas de escravos, pequenos negociantes, jornalistas e militares brasileiros sob pretexto de agitação política. Os burburinhos e os encontros nas ladeiras da cidade estavam proibidos. Salvador passou a viver dias de repressão militar.

Do Rio, Dom Pedro se inquietava com as atitudes cada vez mais hostis do brigadeiro. Ele não sabia até onde Madeira de Melo queria chegar. Ao mesmo tempo, o príncipe regente começou a ser procurado com mais frequência por homens influentes da economia e da caserna na Bahia. Esses contatos tornavam-se mais frequentes ao passo que o governador português aumentava a ofensiva contra simpáticos da autonomia brasileira. O general afastou soldados brasileiros das unidades militares – num momento em que os praças nascidos no Brasil reclamavam de tratamento desigual –, reforçou a vigilância a grupos de conspiradores e chegou a bombardear o Forte São Pedro, foco de resistência à sua autoridade.

Com as fortalezas e os quartéis da cidade em convulsão, soldados portugueses invadiram, na manhã de 20 de fevereiro, o Convento de Nossa Senhora da Conceição da Lapa. Autoridades do governo argumentariam que chegaram informações de que o local era um espaço usado pelos independentes para armazenar armas e munições e esconder possíveis oficiais separatistas amotinados.

Por volta das onze horas da manhã, a madre franciscana Joana Angélica de Jesus, 60 anos, filha de família rica da Bahia, é chamada aos gritos por uma irmã.

"Abadessa, venha! Estão à porta soldados que, a coronhadas, batem e querem à viva força que eu lhes abra."

"Sossega", disse a madre à religiosa.

Ao chegar ao saguão de entrada, ela encontrou os soldados portugueses forçando a derrubada da porta.

"Viva Portugal", "Morram, cabras", gritavam os homens.

"Meus irmãos, esta casa é de Deus", disse Joana Angélica em meio à agitação.

Agora de joelhos, ela rezava. Os soldados conseguiram entrar.

"Não, o recinto é sagrado", gritou a abadessa.

"Mata e passa", berrou um homem.

De braços abertos como se fosse possível deter o avanço da tropa em fúria, a abadessa recebeu um golpe de baioneta no peito.

"Infames", ainda gritou.

Mais adiante, o capelão Daniel da Silva Lisboa levou coices de espingarda até perder os sentidos.

As mortes dos religiosos revoltaram a cidade e alimentaram os pequenos jornais impressos por defensores da causa da independência em todo o Norte.

O assassinato da abadessa repercutiu até mesmo nas sessões das Cortes Gerais. Aliados do governador das armas e o próprio Madeira de Melo tentaram justificar que, numa guerra, excessos podiam ocorrer, inclusive a invasão de um espaço sagrado.

Em maio, Dom Pedro foi aclamado defensor perpétuo do Brasil por forças políticas do Rio de Janeiro. O combate a Madeira de Melo na Bahia tornou-se a principal bandeira do governo do príncipe regente, cada vez mais ligado aos políticos fluminenses e paulistas envolvidos na luta separatista.

Mesmo distante, o príncipe conseguiu capturar o sentimento dos adversários e críticos do governador das armas. A postura de Dom Pedro abriu um papel de protagonismo para ele no jogo político da Bahia e no movimento das classes mais influentes em defesa da independência.

Numa carta escrita no dia 15 de junho, o príncipe regente exigiu que Madeira de Melo deixasse o cargo e voltasse a Portugal. "Os desastrosos acontecimentos que cobriram de luto essa cidade nos infaustos dias 19, 20 e 21 de fevereiro magoaram profundamente o meu coração. Verteu o sangue de meus filhos que amo como os que me deram a natureza", afirmou. "Escrevo também para que apronte embarcações e tudo o que for necessário para o imediato e cômodo regresso, quando não ficares responsável a Deus, a el-rei, a mim e ao antigo e novo mundo, pelos deploráveis resultados e funestíssimas consequências da vossa desobediência."

A 17 de junho, Pedro escreveu uma "proclamação" aos "amigos baianos", com ataques ao "infame" governador Madeira de Melo. "Os honrados brasileiros preferem a morte à escravidão, vós não sois menos. Também o deveis fazer para conosco entoardes vivas à independência moderada do Brasil, ao nosso bom e amável monarca, el-rei, o Sr. D. João VI."

Nos últimos anos, surgiram versões do protagonismo de figuras populares no processo de resistência baiana a Lisboa. Personagens fabulosos de mulheres e homens do povo apareceram nas narrativas como caranguejos em trincheiras abertas nas praias ou empunhando ramos de plantas que causavam queimaduras na ofensiva contra os lusitanos. Trata-se de versões mais simpáticas que a antiga narrativa centrada num príncipe europeu.

Ainda que longe da fantasia dos cronistas, a presença de personagens das classes pobres e marginalizadas no processo de independência na Bahia foi fato real. Os relatos históricos existentes, porém, apontam que a província se organizou a partir de seus grupos de ordenanças e milícias que tinham como referência de liderança a imagem de Pedro, não se dissociando dela na luta de guerrilhas contra os portugueses.

As reações contra o governador lusitano vinham de todos os cantos e classes. Em março, meninos de Salvador juntaram pedras ao longo do percurso por onde passaria a procissão de São José, que reunia famílias portuguesas. Quando entrou no Largo do Teatro, o cortejo foi recebido com uma chuva de pedras. Soldados que faziam a segurança do grupo também sofreram ataques e tentaram proteger a multidão com tiros para o alto. Dias depois, militares voltaram a ser atacados por populares na Baixa do Sapateiro.

Diante da repressão cada vez mais forte do governo de Madeira de Melo, famílias de negociantes e bacharéis simpáticas à causa da autonomia brasileira deixaram a Cidade da Bahia. O destino de uma boa parte delas era o Recôncavo Baiano, zona de engenhos de açúcar, alambiques de aguardente, quitungos de farinha e plantios de tabaco. As cidades da região abrigavam os principais grupos de defesa do movimento separatista da província.

MOVIMENTO DE CACHOEIRA

Centro da economia e do comércio do Recôncavo, a Vila de Nossa Senhora do Rosário do Porto Cachoeira, a mais próspera da região, concentrava o maior foco de resistência ao governador Madeira de Melo na Bahia. O barril de pólvora começava a tombar.

Nas primeiras horas da manhã de 25 de junho de 1822, o coronel de cavalaria de milícias de Cachoeira, José García Pacheco, e o coronel agregado Rodrigo Antonio Falcão entraram com cem homens armados na vila.

Eles anunciaram uma resolução firmada por figuras importantes da política de Cachoeira que reconhecia a regência do príncipe Dom Pedro e o aclamava defensor perpétuo do Brasil. Madeira de Melo estava preparado para enfrentar os adversários. No porto do Rio Paraguaçu, uma canhoneira com militares portugueses estava ancorada, de prontidão.

Às 9 horas, o juiz e os membros do conselho da vila chegaram à Câmara para formalizar a declaração dos milicianos. Era um ato combinado. Donos de engenho, chefes de irmandades religiosas, estudantes e bacharéis tinham preparado há dias um manifesto de apoio a Dom Pedro, repetindo a cena ocorrida, no mês anterior, no Rio de Janeiro.

Os homens influentes de Cachoeira defendiam a centralização do poder nas mãos do príncipe regente. Fazendeiros de pele branca não eram os únicos protagonistas do movimento separatista da vila. Os irmãos mestiços Antonio e Manoel Maurício Pereira Rebouças, filhos de Gaspar, um alfaiate português, e de Rita Brasília, uma ex--escravizada, estavam à frente das mensagens de liberdade escritas na Câmara.

Aos 23 anos, Antônio destacava-se como rábula em Cachoeira e Maragogipe, vila onde a família vivia. Maurício, de 22, trabalhava como escriturário do cartório de Cachoeira. Eles ajudaram a redigir a ata da criação de uma junta independente em Cachoeira.

No início da tarde, o grupo que aclamou o príncipe regente na Câmara dirigiu-se para a Igreja Matriz de Nossa Senhora do Rosário, onde uma multidão aguardava dentro e fora do templo.

Os manifestantes assistiram a uma missa e ao *Te Deum*, um canto litúrgico solene, na igreja de paredes forradas com suntuosos painéis de azulejos de Lisboa. Os quadros de até cinco metros de altura retratavam cenas bíblicas.

Os festejos se encerraram no começo da tarde. Por volta das cinco horas, os portugueses residentes em Cachoeira, então, dispararam tiros. A escuna canhoneira em frente ao Cais dos Arcos deu descargas de três peças de artilharia. Começou um embate entre os defensores da independência e os militares que não saíram da embarcação. Na memória coletiva ficou a história de um negro, Manoel Soledade, que tocava tambor, atingido mortalmente por um dos torpedos.

É certo, porém, que Cachoeira virou um palco de guerra dos que se chamavam brasileiros. Os defensores da independência e os portugueses resistentes à separação que moravam na vila se enfrentaram. Casas e comércios foram saqueados.

No dia seguinte ao embate, os tripulantes da escuna voltaram a dar descargas contra os prédios das margens do Paraguaçu. Os moradores formaram um grupo para tentar uma conciliação e, assim, acalmar os ânimos bélicos.

Dois dias depois, os militares da tropa de Madeira de Melo fizeram fogo contra a vila das 20 horas à meia-noite.

A escuna que bloqueava o porto de Cachoeira foi finalmente tomada por um grupo de independentes. Não podia haver simbolismo maior da resistência dos brasileiros e da necessidade de recuo dos militares da Coroa Portuguesa.

Uma carta foi escrita pelas lideranças de Cachoeira para Dom Pedro. Elas disseram que não poderiam mais contemporizar e exigiam a "liberdade". O pedido para o príncipe entrar de vez no processo de independência não poderia ser mais claro. "VSR (Vossa Alteza Real) é nosso defensor perpétuo. Nós somos oprimidos e sofremos cruéis hostilidades; cada dia aumenta mais o tirano suas forças; cada dia maneja novas armas."

O Recôncavo voltou a se incendiar. No dia 29, as vizinhas Santo Amaro e São Francisco de Sergipe do Conde aclamaram a autoridade de Pedro. A região mais próspera da Bahia não obdecia mais ao governo de Madeira de Melo. A representação da Coroa Portuguesa em Salvador estava agora contida pelo interior independente.

Nas ruas das cidades e ao longo do Rio Paraguaçu o movimento em defesa da permanência do príncipe no Brasil se alastrava. A perseguição aos portugueses que moravam ou faziam negócios no Recôncavo recrudesceu.

Legiões de garimpeiros, agricultores e desvalidos de todos os tipos desceram das lavras e veios da Chapada Diamantina. Em Cachoeira, eles se juntaram aos moradores da vila.

No Rio Paraguaçu e nos seus afluentes no Recôncavo e nas águas da Baía de Todos os Santos, canoeiros, catraieiros, marujos e pescadores armaram suas pequenas embarcações com pólvora e armas pela causa contra a Coroa Portuguesa.

Caixas de coleta para aquisição de alimentos e armas foram abertas nas vilas de Cachoeira, Santo Amaro e Maragogipe para ajudar os defensores da independência. Militares desertores passaram a traficar munições e bacamartes.

Em Salvador, o governador Madeira de Melo via a cidade ficar mais vazia, com seus moradores fugindo da fome. Em um manifesto publicado a 24 de julho, ele chamou os líderes do movimento separatista de "fanáticos sedutores" de uma "criminosa" insurreição. "Abandonais vossas famílias para vos tornardes guerreiros não contra os inimigos estranhos, mas contra vossos irmãos, parentes e amigos", reclamava. "Pretendeis esfomear a capital, interceptando o gado que vem alimentar seus habitantes."

Madeira de Melo pediu reforços a Lisboa. Sem demora, as autoridades portuguesas enviaram para a Bahia 1.200 homens em quatro corvetas e três bergantins, um batalhão de infantaria e corpos de artilheiros, que viajaram em uma nau, uma fragata, duas escunas, dois brigues e nove outros barcos.

BATALHA DO FUNIL

Naquele julho de pólvora e fúria de 1822, coronel Santinho, como era chamado o dono de engenho e coronel de milícias Antonio Joaquim Pires de Carvalho e Albuquerque D'Ávila Pereira, adepto da independência, pôs sua milícia de índios e escravos para bloquear a Estrada das Boiadas, principal via de acesso de Salvador ao centro de alimentos do sertão, de onde vinham a carne de boi e a farinha de mandioca que abasteciam a capital.

A Cidade da Bahia enfrentava a falta de comida. O governador português Madeira de Melo resolveu empregar a força para contornar o bloqueio. A 29 de julho, oitenta praças chegaram num barco ao Funil, um canal que separa a Ilha de Itaparica do continente pelo lado ocidental, onde já era o Recôncavo.

Como a maré estava baixa, o barco militar teve dificuldades de avançar. O grupo de oficiais e soldados foi surpreendido por um ataque de sentinelas dispostos a brigar. Iniciou-se um tiroteio.

Horas depois a maré voltou a encher. As munições dos sentinelas estavam perto do fim. Homens começaram a cair mortos nas águas. A resistência estava no seu limite. Nesse momento, num lance providencial, uma frente de milicianos da Vila de Cachoeira chegou ao local do embate. Os portugueses tiveram de recuar.

A consequência da vitória dos independentes na Batalha do Funil, como o episódio ficou conhecido, foi além de aumentar a autoestima das forças nativistas. Uma das consequências no jogo da guerra na região foi a adesão da Vila de Jaguaripe, um dos mais antigos núcleos coloniais portugueses na Bahia, resistente ao movimento independente, a declarar apoio ao governo do príncipe regente.

Os ilhéus estavam isolados na resistência. Os separatistas conseguiram, entretanto, manter em Itaparica o início do bloqueio aos portugueses. A partir daí, o Recôncavo estava separado de Salvador, agora uma cidade sem condições de alimentar seus moradores.

Em junho daquele ano de 1822, Dom Pedro atendeu a um pedido de lideranças de províncias e convocou eleições para formar as Cortes Gerais do Brasil, numa contraposição ao parlamento formado em Portugal após a Revolução Liberal.

A abertura de um legislativo brasileiro e um regime jurídico exclusivo tornava a conduta do príncipe pela independência inexorável. Era o passo mais decisivo pela autonomia.

Incentivado por José Bonifácio, homem de ampla formação na Europa e influente na política de São Paulo, o príncipe avançou na escalada para garantir a coroa do lado de cá do Atlântico e a liderança do processo de fato pela independência do Brasil.

As decisões do príncipe eram sempre tomadas em sintonia com Bonifácio, que assumiu o posto de ministro do Reino e dos Negócios Estrangeiros, e Dona Leopoldina, a princesa austríaca com quem se casara anos antes.

No Palácio de São Cristóvão, no Rio, Pedro assinou um longo manifesto aos "brasileiros", possivelmente redigido por Bonifácio e lido antes por Leopoldina, para dizer que governava sem imposições um reino independente.

O texto do documento destacou que as Cortes Gerais, em Lisboa, deram um "sinal de guerra" ao proibir despachos de armas e munições para a antiga colônia. Ainda observou que as cidades e vilas brasileiras foram tomadas de "baionetas europeias", uma referência à militarização exacerbada nas ruas, uma política de controle da quase novamente metrópole.

Ao longo da mensagem, Pedro surge como o responsável pela "segurança", "honra" e "prosperidade" do Brasil. O tom é de que ele estava imbuído de uma missão Divina de assegurar a paz nas vilas e mesmo nas florestas.

A proclamação mostrava, sobretudo, que um príncipe criado em palácios de profundo absolutismo, como caracteriza a marca mística, pregava o liberalismo e limitações ao poder, num paradoxo explicado pelo sentimento da autonomia política e por escolhas pessoais no exercício do governo.

> *Se eu fraqueasse na minha resolução, atraiçoava por um lado minhas sagradas promessas e por outro quem poderia sobrestar os males da anarquia, a desmembração das suas províncias e os furores da democracia? Que luta porfiosa entre os partidos encarniçados, entre mil sucessivas e encontradas facções? A quem ficariam pertencendo o ouro, e os diamantes das nossas inesgotáveis minas; estes rios caudalosos, que fazem a força dos Estados, esta fertilidade prodigiosa, fonte inexaurível de riquezas, e de prosperidade? Quem acalmaria tantos partidos dissidentes, quem civilizaria a nossa povoação disseminada e partida por tantos rios, que são mares? Quem iria procurar os nossos índios no centro de suas matas impenetráveis através de montanhas altíssimas e inacessíveis?*

Em uma longa carta, o imperador enviou o manifesto para o pai, Dom João. Ao longo do texto, fez questão de pontuar que era um "brasileiro", afastando-se assim, ainda que momentaneamente, dos compromissos com sua linhagem real portuguesa. *"Deus guarde a preciosa saúde e vida de Vossa Majestade, como todos os bons portugueses, e mormente nós Brasileiros havemos mister."*

No seu trecho de mais força simbólica, o documento citou a repressão militar ao movimento messiânico e sebastianista da Cidade do Paraíso Terreal, no agreste pernambucano, de 1820, e à Revolução de 1817 no Recife, sufocados pelo exército de Dom João, para pedir apoio à luta na estratégica província da Bahia.

A recordação pragmática das revoltas separava o jovem príncipe de todo o passado repressor da Coroa Portuguesa, que teve o pai dele como protagonista. Tal recurso narrativo apelava à memória de uma província que viu representantes de sua elite social e econômica fuzilados e seu território fracionado por vingança do rei. *"Recordai-vos, Pernambucanos, das fogueiras do Bonito e das cenas do Recife"*, ressaltou o texto, numa alusão ao massacre dos religiosos no sertão pernambucano. *"Do Amazonas ao Prata não retumbe outro eco que não seja Independência."*

Pedro foi além na sua aproximação espiritual com o movimento revolucionário de Pernambuco. Para temor de José Bonifácio, ele decidiu entrar para a Maçonaria, entidade secreta à qual pertenceram muitos dos líderes fuzilados da insurreição.

ATAQUE DE ITAPARICA

O governo português na Cidade da Bahia concentrou seu esforço bélico em Itaparica, porta do Recôncavo. A 10 de agosto, o capitão Joaquim José Teixeira, o Trinta Diabos, aproximou-se da ilha com uma canhoneira que levava oitenta soldados. Disparos de canhão atingiram a vila. Um guarda ilhéu e um sentinela do Forte de São Lourenço foram mortalmente feridos.

Os moradores de Itaparica ficaram isolados. A 25 daquele mês, os portugueses voltaram a disparar suas artilharias para o centro da vila. Sem condições de se contrapor ao poderio militar da tropa, autoridades políticas e militares mantiveram uma guerra de guerrilhas, fustigando os soldados e oficiais que desciam dos barcos. Valia tudo: paus, pedras e sacos de areia. Só no dia 1º de setembro os portugueses levantaram âncora e retornaram a Salvador.

Ao mesmo tempo, no Recife, a Junta Governativa dos senhores de engenho era destituída por militares leais a Lisboa e seu presidente, o comerciante Gervásio Pires Ferreira, voltava a amargar a masmorra em Salvador. Nas ruas da capital pernambucana e em Olinda, oficiais e nativos duelavam.

Numa nova investida para ocupar Itaparica, Madeira de Melo mandou uma nova flotilha de guerra. Às 18 horas do dia 6 de setembro, os barcos dispararam seus canhões. O cais e o casario da ilha sofreram intenso bombardeio das tropas lusas. A batalha se estendeu por duas horas. Ao final do combate, as embarcações portuguesas fizeram o movimento de retorno a Salvador. A tropa portuguesa voltou derrotada. Era prenúncio da queda do governo Madeira de Melo.

A incorporação da Bahia, de Pernambuco e de províncias ainda mais distantes do Rio, como Ceará, Piauí, Maranhão e Grão-Pará, tinha a barreira do aparato português montado ao longo de décadas contra os inimigos holandeses, franceses e espanhóis. No Norte, Lisboa tinha sua maior estrutura militar e sua maior comunidade de negociantes da América. Era esse cinturão bélico e comercial que o jovem regente tinha por desafio e obstáculo.

7

A GUERRA DOS SEM-OURO (1821)

No Reino Unido, o Policial Economy Club, um grupo de pensadores, propõe ao Parlamento Britânico propostas de livre-comércio. Começa em Londres campanhas pela redução de impostos e tributos.

A NOMEAÇÃO DE generais para postos de governador das armas nas províncias era só o começo da estratégia das Cortes Gerais para esvaziar a regência de Dom Pedro. Na tentativa de sufocar o movimento pela independência da antiga colônia, o parlamento em Lisboa aumentou o efetivo militar nas vilas e cidades do litoral brasileiro e, ao mesmo tempo, criou mais normas para limitar o poder do príncipe. Um decreto expedido naquele momento de divergência permitia a formação de Juntas de governo provisórias nas províncias, que passavam a responder diretamente a Portugal.

A estratégia de cortar as relações do regente com o interior do Brasil trouxe efeitos colaterais. Em Goiás, antigos negociantes de ouro e fazendeiros descontentes com representantes da Coroa Portuguesa criaram um governo provisório no norte da província. Aproveitaram a longa distância entre as vilas da região e a capital, Vila Boa, atual cidade de Goiás Velho, para fomentar o movimento separatista.

Travaram-se batalhas ferozes nos povoados decadentes da mineração do ouro de Goiás e Mato Grosso, onde a distância do Brasil da beira do mar era de três meses a cavalo em tempo de seca e o dobro em época de chuva.

O norte goiano, em especial, enfrentava a decadência das minas de ouro em Arraias, Traíras, Natividade e Cavalcante. A tributação tinha taxas mais elevadas que na região sul da província, que avançava com mais rapidez na transição dos velhos engenhos de cana-de-açúcar para a pecuária de currais mais extensos, reclamavam lideranças nortistas.

No auge da mineração de ouro, na segunda metade do século 18, as vilas e povoados entre o Araguaia e o Tocantins escoavam sua produção rios abaixo, rumo a Belém, a São Luís e à Cidade da Bahia, justamente as províncias onde o aparato burocrático e militar dos portugueses ainda era forte e as elites locais tinham laços comerciais mais intensos com Lisboa que em outras províncias da colônia.

Mesmo em Vila Boa, a capital de Goiás, o isolamento do mar, e consequentemente da chamada civilização, ditava o dia a dia. A comunicação oficial com o Rio se dava quatro vezes ao ano, oportunidades em que um militar a cavalo levava e recebia correspondências. Uma viagem entre os dois lugares consumia três meses em lombo de animal pelas estradas, picadas e trilhas quando a água dos rios e das chuvas não impediam o tráfego ou impunha mais tempo de travessia.

O elo com as províncias do Grão-Pará, São Luís e Bahia, ao contrário, podia ter a mesma demora, mas o comércio possibilitado no seu caminho tornava preferível a navegação pelos dois grandes rios do Brasil Central. A vida se movimentava com mais intensidade a partir dos negócios no caminho fluvial dos cursos do Cerrado, da Caatinga, da Mata de Cocais e do começo da floresta amazônica. Por esta trilha se dava o movimento pela independência, mais perto tanto da influência das comunidades portuguesas quanto dos grupos separatistas das cidades do norte – distantes de Vila Rica, São Paulo e Rio.

GOLPE DE VILA BOA DE GOIÁS

Nas primeiras décadas do século 19, as vilas e povoados de todo o corredor produtivo de ouro que movimentou o século anterior de Minas Gerais aos rincões de Mato Grosso enfrentavam a pobreza econômica e os desacertos e guerras entre suas elites. As igrejas barrocas de Vila Rica, onde o português e o paulista se estabeleceram como se a bonança fosse eterna, mantinham congelado o tempo áureo com as esculturas de pedra-sabão e de madeira folheadas a ouro de santos e anjos de olhos amendoados, nas representações bíblicas nos altares e fachadas.

Ao contrário das localidades mineiras, os assentamentos e povoados de Goiás da província vizinha de Mato Grosso tinham desse período no máximo cadeias e casarões de paredes de grande largura construídos com dinheiro da Coroa. Os templos eram primitivos, raramente de duas torres, sem dourado em seus interiores. Nas vilas goianas, os homens ilustres e abastados não fizeram moradias nem deram dinheiro para a Divina Providência. A distância dos portos do litoral, e consequentemente da Europa, parecia dar consciência de que o ouro ia acabar um dia, como de fato ocorreu.

Uma boa parte dos garimpeiros que viviam da extração continuava a arriscar a vida nos trechos encachoeirados dos rios. Outros tentavam a sobrevivência nas roças de milho e mandioca. Vila Boa, Natividade, Arraias, Traíras e Cavalcante não tinham mais renda para manter o movimento do comércio, das boticas e feiras na província bem no coração do território brasileiro.

Os governantes enviados por Lisboa à província que tinha um dia para morrer chegavam sem recursos e sem alternativas de garantir arrecadações suficientes para as vilas respirarem. A intimidação pelas armas era a alternativa desses dirigentes de permanecerem no palácio por algum tempo.

Temperamento bruto quase todos tinham. A fama aumentava de acordo com a disposição de arrecadar tributos e forçar pagamentos de dívidas. O capitão-general português Manoel Inácio de Sampaio, que assumiu o governo da província em 1820, não fugiu à regra.

Nas primeiras semanas no poder, Sampaio foi acusado de ser um déspota. A intelectualidade, os comerciantes, o clero, os fazendeiros e os negociantes que chegavam em tropas de mulas se agitaram contra o presidente. Na realidade goiana, a tirania era a mesma coisa que a cobrança de impostos.

Às críticas aos tributos se somou a fúria de quem mantinha negócios com a Coroa. Nessa época, funcionava em Goiás uma companhia de capital misto de compra e revenda de ouro. Após analisar as regras e as movimentações dos negócios, Sampaio fez mudanças que desagradaram os sócios particulares.

Por volta das oito horas da noite de 14 de agosto de 1821, o governador Sampaio pôs seus soldados nas ruas de pé de moleque da capital Vila Boa de Goiás à caça dos líderes de um movimento político que pretendia derrubá-lo. Soldados entraram nas igrejas dos morros, arrombaram as portas dos casarões, bloquearam a ponte do Rio Vermelho, entraram em comércios, revistaram cavaleiros e tropeiros, assustaram meninos e adultos.

Os padres José Cardoso de Mendonça, Luiz Bartolomeu Marques e Lucas Freire foram os primeiros a serem presos. A repressão chegou ainda aos capitães da força pública Felipe Antônio Cardoso e Francisco Xavier de Barros, dois homens graduados na carreira militar e de famílias de grandes posses de terra.

Sem poder para aplicar penas duras contra representantes de clãs de influência na província, Sampaio decidiu afastar imediatamente os revoltosos de Vila Boa. padres foram mandados para vilarejos dos rincões goianos. O capitão Xavier de Barros teve de aguentar seu desterro em Santa Maria do Araguaia, atual Araguacema. Felipe voltou para Arraias, que hoje também pertence ao Tocantins, onde sua família tinha terras.

MOVIMENTO SEPARATISTA DE CAVALCANTE

A guerra esperava o capitão Felipe Antônio no norte goiano. Ele passou pouco tempo nas lides do Engenho Sumidouro, uma vasta propriedade que produzia cana e trigo e criava gado nas proximidades de Arraias. A vila vizinha de Cavalcante, na Chapada dos Veadeiros, se agitava para garantir a autonomia da região.

O movimento era liderado havia anos pelo padre Joaquim Coelho de Matos. Quando a pressão aumentou por parte de autoridades e fazendeiros fiéis à Corte, o religioso passou a abrir mão do comando para um homem influente. O fazendeiro Joaquim Teotônio Segurado, filho de uma família de posses em Portugal e formado em leis pela Universidade de Coimbra, exercia o cargo de ouvidor da comarca de São João das Duas Barras, que abrangia o norte de Goiás. Mantinha relações com o clero, os comerciantes e os proprietários de terra influentes das vilas. Ninguém como ele conhecia melhor a estrutura da máquina real e suas formas de arrecadar tributos e distribuir poderes entre militares, padres e rábulas.

Sempre leal à Coroa, Segurado levou à frente o movimento pela autonomia da comarca em relação a Vila Boa e ao presidente Manoel Inácio Sampaio. Para isso agora contava com os degredados da capital da província que tinham participado da tentativa de golpe em agosto de 1821, como o capitão Felipe Antônio.

Em Vila Boa, Sampaio era surpreendido com os atos do governo imposto pelo ouvidor. O presidente tentou reforços militares de Portugal para sufocar o movimento.

Em suas cartas a Lisboa, ele descrevia que o governo de Segurado era de "total independência e separação do Reino Unido Brasil e Portugal". Não era bem assim. As lideranças nortistas aproveitaram a queda de braço entre as Cortes Gerais e a regência de Dom Pedro e formaram uma Junta Governativa, algo previsto no decreto português que estabelecia Juntas Governativas provisórias. Ainda pregavam palavras de ordem de defesa do poder constitucional.

O decreto feito para neutralizar o príncipe regente inviabilizava o governo do representante da Coroa em Goiás. Sampaio estava ainda mais enfraquecido para conter as revoltas no norte da província, onde as estimativas apontam 12 mil almas batizadas.

A 14 de setembro de 1821, Joaquim Teotônio Segurado finalmente pôs em prática o plano da separação do norte goiano. Ele criou a província de São João das Palmas. Com contatos e relações com autoridades portuguesas de Belém e do Maranhão, o líder nortista não mantinha relações com a regência de Dom Pedro no Rio.

Com o domínio do norte, Segurado foi um dos deputados eleitos da província de Goiás para assento nas Cortes Gerais. Em janeiro do ano seguinte, ele deixou o comando de seu governo provisório e viajou para Portugal. O movimento separatista continuou tendo no comando aliados do agora parlamentar de oposição ferrenha a Vila Boa nem tanto leais à Coroa.

MOVIMENTO REPRESSIVO NO NORTE GOIANO

Um dos que assumiram o comando do governo separatista da região norte de Goiás, o capitão Felipe Antônio Cardoso nasceu e foi criado em Cavalcante, localidade pertencente a Arraias, um dos antigos núcleos na mineração de ouro na província. O pai era um militar português que trabalhou na força pública da vila. Ali casou-se, criou família e comprou terras.

Felipe Antônio seguiu a carreira do pai. Integrou como soldado a tropa montada de Arraias. Após alguns anos, foi promovido a capitão. Influente nos quartéis da região, mudou-se para Vila Boa de Goiás. Na capital da província, juntou-se a lideranças que contestavam o governo português.

Agora no comando da Junta separatista em Cavalcante, ele acompanhava os movimentos políticos de Lisboa e do Rio de Janeiro pelas tropas e muares vindos da Cidade da Bahia, de São Luís e de

Belém. Entre a Coroa e a regência de Dom Pedro o governo de Felipe Antônio estava com aquele que as notícias apontavam como o de mais perspectiva de poder. Tanto que, a 20 de janeiro de 1823, com o Brasil nas guerras da independência contra os portugueses ainda influentes no norte, Cavalcante jurou lealdade ao novo imperador.

No interior brasileiro onde a história se passava em ritmo diferente que no litoral, ainda em dezembro de 1822, a Junta de Goiás mandou o padre e deputado Luiz Gonzaga Camargo Fleury com uma tropa "pacificar" o norte. À frente de um contingente bem armado, ele prendeu o capitão Felipe Antônio Cardoso. O religioso desmantelou focos separatistas nas vilas da região.

Logo o governo do Rio enviou mensagem a Cavalcante para informar que Dom Pedro desaprovava a separação do norte de Goiás. O imperador buscava apoios de todas as frentes à causa da independência. A lealdade de grupos dos rincões, porém, não era tão importante quanto os conchavos travados na Corte com figuras influentes desses mesmos mundos distantes.

Um dos homens mais destacados dos quartéis e da política do Rio pertencia a um clã tradicional de Meia Ponte, atual Pirinópolis, Goiás. O general Joaquim Xavier Curado, 76 anos, fez longa carreira no exército português. Foi ele quem chefiou as tropas que enfrentaram os espanhóis na Bacia do Prata e garantiu, num primeiro momento, a soberania da Cisplatina, contrariando interesses da espanhola Carlota Joaquina. Tinha experiência em guerra de armas e de política interna da Corte. Estava próximo de Dom Pedro.

8

O CAVALO (1821)

> *Independência do Peru. O general José de San Martín assume o controle político e militar da nova nação. Em Lima, as leis contra indígenas são revogadas.*

NA SUA CAMPANHA pela independência, o rapazinho, como Pedro era chamado pelos liberais portugueses, dispunha apenas de uma casta de funcionários públicos, um grupo de padres e uma parcela de negociantes que viviam das benesses da máquina do governo da regência. Ele não contava com um exército completo, uma frota básica de navios e nem mesmo um corpo diplomático para construir alianças comerciais com a Europa.

As forças de segurança que existiam no Reino do Brasil eram constituídas de oficiais portugueses leais a Lisboa e soldados brasileiros sem farda, botas e salários. No dia a dia de Pedro e de sua Corte, entretanto, a independência era ideia fixa e consumada. O desafio de formalizar de vez a separação política era apenas de ordem econômica e militar. Não havia garantias que os bandos armados dos proprietários de terras formavam uma força capaz de manter uma guerra por meses, como se previa.

Naquele momento o Brasil dispunha do velho sistema militar português dividido pelas três tropas de linha: a força permanente do exército, a ordenança que atuava como guarda nas vilas e a milícia sem soldo ou uniforme – a maior promessa de êxito no possível confronto armado com Lisboa.

As guerras na Cisplatina e na Guiana contra espanhóis e franceses, respectivamente, e a presença das tropas nas repressões às revoltas nativistas tinham aumentado o poder de fogo do exército português no Brasil. A luta pela independência, entretanto, iria reverter o jogo e fracionar o poder da cúpula da força.

A situação de cada uma das três tropas de linha naquele momento era assim:

Chefiada por oficiais geralmente portugueses, a primeira linha, isto é, o exército português permanente, com as unidades das armas da infantaria, da cavalaria e da artilharia de terra e de costa, se dividiu a partir da volta de Dom João para Portugal e início da regência de Pedro entre os independentes e os contrários à separação política. Nesse tempo, o exército ainda contava com três legiões, semelhantes a divisões de infantaria, sediadas na Bahia, em Mato Grosso e em São Paulo. Ainda integravam a tropa legal duas grandes unidades que tinham voltado da Cisplatina e se mostravam leais a Lisboa: a Divisão de Voluntários Reais e a Divisão Auxiliadora.

A milícia, tropa de segunda linha, contava com unidades em todas as províncias. Esses grupos eram chefiados por proprietários de terra que ganhavam os títulos de coronel ou capitão de milícias, sem ter formação militar. Os contingentes se constituíam de homens livres, muitas vezes agregados aos fazendeiros, e boa parte das vezes escravizados, convocados em tempos de guerra, mas com hierarquias bem definidas. Os milicianos não recebiam soldo. É essa força que mergulhou na campanha da independência.

Na terceira linha, ou ainda na segunda como descrevem alguns, estavam as ordenanças, companhias integradas por moradores das vilas que atuavam como guardas da ordem pública e dos processos eletivos. Esses corpos também eram chefiados por senhores de terra que recebiam a patente de capitão. Os seus membros também não eram remunerados. A maior parte atuou junto às tropas fiéis a Dom Pedro.

Os recrutamentos pouco tinham mudado desde o tempo dos donatários. Soldados eram jogados à força dentro dos navios que zarpavam para as guerras. Havia também o recrutamento voluntário – nessa classe estavam os praças escravizados, entregues por "livre vontade" de seus senhores aos militares.

A vida nos quartéis e postos de guarda era regida por oficiais de poderes ilimitados. O castigo, a humilhação e mesmo a morte estavam normalizados naquilo que se convencionou chamar de hierarquia e disciplina militar.

A violência extrema na caserna foi um dos motivos da viagem de Dom Pedro em agosto e setembro de 1822 a São Paulo, quando ele proclamaria a independência. O regente se deslocou para acalmar a elite paulistana, que duelava por conta do comando do governo local, pedir apoio de suas milícias à causa da autonomia e serenar os ânimos da população revoltada com sentenças de morte de soldados que participaram de motins no ano anterior.

MOTIM DA POLÍCIA DE SANTOS

Numa noite de junho de 1821, com ventos soprando do mar, soldados brasileiros do Primeiro Batalhão de Caçadores de Santos se amotinaram. Eles reclamavam de atraso de cinco anos dos vencimentos. Pediam isonomia em relação aos portugueses, que recebiam em dia, e uniformes iguais aos dos colegas. O movimento paredista foi inspirado numa revolta, no começo do mês, no Batalhão de São Paulo, que terminou com reivindicações atendidas pelas autoridades.

Cabeça da revolta na cidade litorânea, o capitão José Olinto de Carvalho e Silva perdeu o controle do movimento. Os amotinados renderam os comandantes e entraram em confronto com oficiais e marinheiros portugueses. Chegaram a atirar na direção de um navio atracado no porto. Diante de uma sequência de mortes, Olinto se refugiou no Forte Itapema.

O capitão estava fora do *front*. O cabo Francisco das Chagas, o Chaguinhas, e o soldado Joaquim José Cotindiba assumiram a liderança do motim. Após dias de confrontos, o governo enviou a mesma tropa que tinha se amotinado em São Paulo para sufocar os colegas de Santos. Os rebeldes foram presos na cadeia da cidade. No julgamento, sete dos 33 réus receberam pena capital.

Cinco condenados nascidos em Santos acabaram executados no convés do navio *Boa Fé*, que havia sido atacado por eles durante o motim. Por decisão das autoridades, Chaguinhas e Cotindiba seriam mortos em São Paulo, onde tinham família.

Uma multidão aglomerou-se no Largo da Forca, área da atual Praça da Liberdade, para assistir a execução dos condenados. Cotindiba subiu no patíbulo e, com mãos amarradas às costas, foi morto. Na hora do suplício de Chaguinhas, o algoz retirou a tábua que segurava o corpo do prisioneiro, mas a corda arrebentou. As pessoas em volta pediram a libertação dele, como era comum nesses casos. As autoridades não atenderam ao clamor.

Numa segunda tentativa, o laço de couro arranjado num açougue também arrebentou. O cabo teria morrido numa terceira tentativa. O padre Feijó, figura pública de São Paulo, relatou, anos depois, que estava no momento da execução, e viu Chaguinhas ainda vivo no chão quando acabaram de matá-lo.

Os moradores da cidade demoraram para esquecer a morte de Cotindiba e, especialmente, a de Chaguinhas. Uma capela dedicada à Santa Cruz das Almas dos Enforcados e uma Igreja dos Enforcados foram construídas para lembrar os militares mortos.

CERCO AO CASTELO

No Palácio de São Cristóvão, na Quinta da Boa Vista, no Rio, Dom Pedro governava com apoio especialmente do ministro do Reino e dos Estrangeiros, José Bonifácio, auxiliar de primeira hora, e de Dona Maria Leopoldina.

Aos 58 anos, José Bonifácio era um acadêmico e estudioso em meio às intrigas e murmurinhos da Corte. O "Velho Jequitibá", como era chamado na Corte, era um político sem experiência. Filho de uma família rica de Santos, viajou ainda adolescente para Portugal, onde se formaria em direito, filosofia e matemática pela Universidade de Coimbra. Ainda cursou mineralogia em Paris e Freiburg.

De volta ao Brasil após mais de três décadas no velho continente, Bonifácio assumiu, em junho de 1821, a vice-presidência da Junta Governativa de São Paulo.

Em janeiro do ano seguinte, encontrou-se no Rio com Dom Pedro. Ele entregou ao príncipe regente uma representação do governo paulista que deixava muito claro que o retorno a Lisboa representaria a separação do Brasil de Portugal.

O documento não economizou palavras para incitar a virilidade do jovem regente a rejeitar o decreto das Cortes Gerais para seu retorno. Com "ternura" e "respeito", o texto, de 24 de dezembro de 1821, enfatizou que o poder de Pedro foi concedido por seu "augusto" pai e que os portugueses o queriam levá-lo de volta para a Europa como um "pupilo". Observou que a Irlanda, separada apenas por um braço de mar da Inglaterra, tinha seu governo próprio, mesmo com território infitamente menor que o do Brasil.

Se VAR (Vossa Alteza Real) estiver (o que não é crível) pelo deslumbrado e indecoroso decreto de 29 de setembro, além de perder para o mundo a dignidade de homem, e de príncipe, tornando-se escravo de um pequeno número de desorganizadores, terá também de responder perante o céu, do rio de sangue, que de certo vai correr pelo Brasil com a sua ausência, pois seus povos, quais tigres raivosos, acordarão de certo do sono amadornado, em que o velho despotismo os tinha sepultado, e em que a astúcia de um novo maquiavelismo constitucional os pretende agora conservar.

A Junta de Minas fez o mesmo para forçar o príncipe a rejeitar a ordem das Cortes Gerais. No Rio a Câmara também pressionou para ele desacatar Lisboa.

Os dirigentes ressaltaram ainda nas representações o despotismo de um decreto, de 31 de dezembro, que abolia os tribunais de Justiça criados por Dom João que funcionavam no Rio. Os brasileiros, enfatizaram, tinham que resolver seus problemas judiciais a duas mil léguas e ainda enfrentar os ministros "caranguejos" e os magistrados "corruptos" que formavam o judiciário português. Não era mais "tempo de engana-meninos", escreveram.

Ainda em janeiro de 1822, o regente nomeou José Bonifácio, o emissário dos políticos paulistas, ministro do Reino e dos Estrangeiros e, levando em conta a orientação dele, resolveu contrariar as Cortes Gerais e permanecer no Brasil.

A reação ao "Fico" de Dom Pedro foi imediata. No litoral do Rio, militares portugueses sintonizados com o governo da metrópole se movimentaram.

O major Jorge de Avillez Zuzarte de Sousa Tavares, depois de voltar com uma tropa da província da Cisplatina, procurou reorganizar as tropas portuguesas aquarteladas no Rio e agitar a caserna nas ruas para manter a soberania de Lisboa.

De imediato, Avillez viu que o 3º Batalhão de Caçadores, em São Cristóvão, próximo ao palácio do governo da Regência só atendia ordens do príncipe. Dom Pedro tinha ido além. Com ajuda de um seleto grupo de oficiais, ele agrupou em volta do Quartel do Campo de Santana o grosso da tropa na cidade.

Uma multidão correu para a unidade militar com intuito de entrar no exército do príncipe.

Avillez procurou Dom Pedro em São Cristóvão para levar uma notificação formal da desobediência de militares portugueses. Ao sair do palácio, percebeu que o clima tanto de militares quanto de civis era em defesa do movimento separatista. Ele, então, retornou ao príncipe para se colocar à sua disposição. O general goiano Joaquim

Xavier Curado já era o comandante militar escolhido pelo príncipe para fazer a transição do poder dos quartéis.

A força do velho general não demoveu Avillez do propósito de incomodar a autoridade de Pedro. Ele tramou um sequestro do príncipe regente numa sessão de teatro no Rio e levá-lo para a Fortaleza de São João, na Baía de Guanabara, onde seria embarcado na fragata *União*, ancorada no cais do forte, para Lisboa.

Pedro estava no teatro quando recebeu a informação que um contingente de Avillez se aproximava. O príncipe regente saiu às pressas para São Cristóvão disposto a organizar a resistência.

Sob ameaça, Pedro retirou a família do centro do Rio e a levou para a Fazenda Santa Cruz. Leopoldina, grávida de Januária, e os filhos menores Maria da Glória e João Carlos foram obrigados a viajar à noite, em condições de perigo.

O menino, que passava mal na ocasião, morreu dias depois. João Carlos era criado como príncipe herdeiro, integrante da linha de sucessão do trono do Reino. A tragédia familiar deixou a Corte e todo o Rio de Janeiro ainda mais conturbados.

Em carta ao pai, Dom Pedro atribuiu a Avillez a morte do filho. "Este infortúnio é o fruto da insubordinação e dos crimes da Divisão Auxiliadora", escreveu.

Avillez ocupou o Morro do Castelo, na região do Centro do Rio, reunindo no motim os oficiais que não tinham aderido ao comando do general Curado. A Divisão Auxiliadora do Exército de Portugal, chefiada por Avillez, contava com algumas centenas de homens e uma fragata, a *Carolina*.

Em frente ao quartel do Campo de Santana, o general Curado leu um manifesto de Dom Pedro. O imperador chamava a tropa de Avillez de "insubordinada" e "anárquica" e convocava os cariocas a pegarem em armas contra Portugal.

A tropa de elite de Curado era a Imperial Guarda, criada por Dom João para proteger a família real. Mas o exército do general ganhou forma mesmo com os milhares de milicianos recrutados nos dias anteriores.

A força brasileira forçou Avillez e seus homens deixarem o Castelo e se refugiarem num quartel em Praia Grande, em Niterói, do outro lado da baía.

Dali, o oficial divulgou uma mensagem para pedir aos militares em atividade nos trópicos e aos brasileiros fidelidade a Portugal. "Nossos antepassados frustraram o poder colossal do Império Romano", lembrou em tom épico.

Na crítica ao príncipe, ele afirmou que antes morrer que desviar da "Sagrada Causa". "Desgraçadamente, todos os homens tendem ao despotismo."

Avillez ainda escreveu que os brasileiros eram "puros e sensíveis", mas tinham sido iludidos pela classe política e jogados do mais "horrível" precipício. A transferência da tropa portuguesa para Niterói foi negociada com o príncipe regente. Dom Pedro, porém, não demorou para saber que o oficial queria ganhar tempo, à espera de reforço de Lisboa. Tanto que tentou ocupar também a Fortaleza de Santa Cruz, também no Rio.

O príncipe regente se deslocou pessoalmente a Niterói para dar um ultimato a Avillez. Dom Pedro ameaçou bombardear a tropa portuguesa se o oficial não deixasse o Brasil. Dias depois, Avillez finalmente deixou o Rio. A fragata *Carolina* de 44 canhões e 894 homens ficou.

A pretexto de se abastecer de alimentos, um barco com 219 soldados e oficiais da Divisão de Avillez aportou, semanas depois, em Salvador. Os negociantes portugueses, contrários a qualquer separação do Brasil, festejaram, os defensores de Dom Pedro se incomodaram.

A pressão de Lisboa continuou. Uma divisão chefiada pelo almirante português Francisco Maximiano de Souza, formada por 1.200 homens, chegou às águas da Guanabara para neutralizar o movimento de barcos e das fortalezas militares que estavam nas mãos dos brasileiros. A tropa não desembarcou. Dias depois, Souza decidiu não avançar e retornou à Europa.

Nas Cortes Gerais, em Portugal, parlamentares contrários à independência brasileira avaliaram que era preciso enviar mais tropas para salvar o governo do general Madeira de Melo na Bahia. O preconceito racial, termo talvez anacrônico nessa narrativa sobre 1822, e a tese de classes inferiores inflamaram ainda mais a campanha pela separação política.

Oliveira Lima relata que Moura, por exemplo, defendeu um "viveiro" militar na colônia para chamar à ordem uma população de "cores variadas". Os brasileiros eram tratados como "gente inferior". Um outro parlamentar luso, Borges Carneiro, afirmou que Portugal soltaria um "cão de fila" na América para garantir a obediência. Antônio Carlos de Andrada, representante do Brasil, respondeu que o "cão" seria tratado com "pau", "ferro" e "bala".

MOVIMENTO DO IPIRANGA

Desde que assumiu a regência, Dom Pedro só tomara medidas pelo rompimento com Lisboa. Como apoio, tinha de um lado os liberais, bacharéis, funcionários públicos e padres, e, na outra ponta, os conservadores e comerciantes, sempre contra os impostos.

Desbocado, o príncipe recomendou em carta a seu irmão Miguel, que estava em Portugal, em junho de 1822, mandar os deputados das Cortes Gerais irem "beber da merda". E, no mês seguinte, escreveu para Dom João que as relações entre pai e filho eram só "familiares". O rei pedia cautela na linguagem. "Lembra-te que és um príncipe."

Ainda em agosto, Pedro publicou manifesto público contra as Cortes Gerais para reclamar que os brasileiros tinham de pagar até o ar que respiravam e a terra que pisavam. "Sórdidos interesses", acusou o regente do Reino do Brasil. O movimento separatista era de um herdeiro contra seu futuro trono.

No final daquele mês, ele mandou os cuidadores de animais da Quinta da Boa Vista conferirem as ferraduras e possíveis feridas dos cavalos e selecionou alguns auxiliares para acompanhá-lo numa viagem à província de São Paulo. A mulher, Maria Leopoldina, grávida, permaneceria no Rio, onde comandaria a regência.

O príncipe pretendia segurar o ímpeto separatista do exaltado magistrado José da Costa Carvalho, juiz de paz de São Paulo, um baiano formado em direito na Universidade de Coimbra, e buscar uma harmonia no movimento independente na cidade.

Ao sair do Palácio de São Cristóvão, na Quinta da Boa Vista, no dia 14 de agosto de 1822, Dom Pedro contava com um grupo formado pelos auxiliares e ajudantes mais próximos.

Na primeira noite de viagem, a comitiva dormiu na Fazenda Santa Cruz, da família real, ainda no Rio de Janeiro. Em ritmo imposto por Pedro, o grupo não demorou a passar pelo Vale do Paraíba Fluminense e atingir as terras de São Paulo pela antiga estrada de Santos. Em Bananal, vila que crescia com a expansão da lavoura do café, o príncipe e seus homens pousaram na Fazenda Três Barras, do capitão Hilário Gomes de Almeida. Na vizinha São José do Barreiro, Dom Pedro apostou corrida para ver quem chegava primeiro à Pau D´Alho, do coronel João Ferreira. Chegou tão à frente dos demais que os empregados e escravos não imaginaram a identidade do jovem esbaforido. Pedro pediu comida. As mulheres mandaram ele ir para a cozinha, pois a sala principal da casa onde um banquete seria servido estava reservada ao príncipe regente.

A viagem prosseguia. A comitiva, agora reforçada por homens que iam se incorporando ao gupo ao longo do caminho, passou por Porto Cachoeira, atual Cachoeira Paulista, e Lorena, onde o pouso foi na vasta propriedade do capitão Ventura José de Abreu. A Fazenda Bocaina tinha 130 escravos e plantação a perder de vista. Mais à frente, em Guaratinguetá, o capitão Manoel José de Melo ofereceu hospedagem a Dom Pedro.

No dia 20, o príncipe subiu o Morro do Monte Carmelo, a alguns quilômetros de Guaratinguetá, para orar numa capela dedicada a uma imagem da Imaculada Conceição, encontrada em dois pedaços por pescadores no Rio Paraíba. É o primeiro registro de uma autoridade política em Aparecida, como se chamaria o principal ponto de peregrinação religiosa do país.

A comitiva prosseguiu rumo a São Paulo. Os guinchos dos cavalos e das mulas mostravam a fadiga dos animais. O barulho dos cascos dos bichos nos pedregulhos das trilhas e estradelas indicava só desconforto.

Em Pindamonhangaba, os moradores saíram às ruas ao ouvirem os guinchos e sopros dos animais. Dom Pedro pernoitou no sobrado do padre Ignácio Marcondes e seu irmão Manuel. Os dois eram sócios de fazendas e começavam a plantar café. O lugar vivia de pequenos engenhos de açúcar, roças de subsistência e criações de animais. O clã tinha sua própria milícia, integrada por parentes, escravos e criados, desde as batalhas contra mineiros pelas terras de Campos do Jordão.

Os Marcondes ofereceram sua milícia para o príncipe regente. Eram homens da terra que se incorporaram à expedição e à história oficial da independência construída no futuro Império por escritores e artistas plásticos.

A comitiva ainda passaria por Taubaté, Jacareí, Mogi das Cruzes até chegar, na noite de 24 de agosto, em Penha de França, área hoje no perímetro urbano da cidade de São Paulo. Tinham sido percorridos 634 quilômetros desde o Rio.

Ao chegar à cidade de São Paulo na companhia da milícia dos Marcondes, no começo de setembro, Dom Pedro recebeu o reforço do Corpo de Polícia, o regimento que no ano anterior tinha se amotinado por conta de baixo soldo.

Ele ainda esticou a viagem a Santos, descendo a Serra do Mar pela velha estrada dos primeiros tempos da colonização.

Na volta para São Paulo, próximo ao perímetro urbano, na tarde de 7 de setembro, nas margens do Riacho Ipiranga, hoje um bairro da capital paulista, o príncipe recebeu cartas trazidas por um mensageiro.

José Bonifácio recomendou a Paulo Emílio Bregaro "arrenbentar uma dúzia de cavalos" para levar o mais rápido possível a correspondência. Eram mensagens do ministro e de Dona Leopoldina escritas no dia 2 e cartas de autoridades portuguesas pressionando o príncipe a retornar a Lisboa. "Senhor! O dado está lançado e de Portugal nada temos a esperar senão escravidão e horrores", escreveu Bonifácio.

Na sua carta, Leopoldina disse que o Brasil estava como um "vulcão". "Meu coração de mulher e de esposa prevê desgraças, se partirmos agora para Lisboa. Sabemos bem o que tem sofrido nossos pais. O rei e a rainha de Portugal não são mais reis, não governam mais, são governados pelo despotismo das Cortes que perseguem e humilham os soberanos a quem devem respeito", escreveu.

Na carta, Leopoldina disse que se ele não quisesse ouvir o conselho da "amiga" deveria levar em conta o do "ministro fiel". A independência, avaliou a princesa, ocorreria com o apoio ou não do marido. "O pomo está maduro, colhei-o já, senão apodrece", disse. "Pedro, o momento é o mais importante de vossa vida", ressaltou. "Tereis o apoio do Brasil inteiro e, contra a vontade do povo brasileiro, os soldados portugueses que aqui estão nada podem fazer."

Na chefia do Conselho de Estado, Leopoldina assinara decreto que tornava o Brasil separado de Portugal. A norma ainda dependia de resolução do príncipe.

Com dores no estômago, Pedro confidenciou ao padre Belchior Pinheiro, da sua comitiva, no Ipiranga, que se sentia perseguido pelas Cortes Gerais e estava farto de ser atacado.

"Pois verão agora quanto vale o rapazinho."

Às quatro e meia, o príncipe comunicou à sua comitiva a decisão de tornar o Brasil independente. Na prática, o ato negava a volta às antigas condições de Colônia, anteriores à transferência da família real e da sede do Reino de Lisboa para o Rio.

Diante de sua guarda, Dom Pedro arrancou do chapéu um laço azul e branco – cores da nação portuguesa – e jogou no chão.

"Laço fora, soldados! Viva a independência, a liberdade e a separação do Brasil."

Com a espada desembainhada, ele observou que protagonizava apenas uma parte de uma longa batalha:

"Pelo meu sangue, pela minha terra, pelo meu Deus, juro fazer a liberdade do Brasil."

Na sequência, repetiu uma frase muito usual na época entre os críticos de Lisboa:

"Brasileiros, a nossa divisa de hoje em diante será independência ou morte."

Dom Pedro, então, rumou a galope para o centro da cidade, em meio ao relincho dos animais e a sensação de euforia dos homens. O clima festivo em São Paulo pelo gesto do príncipe estava longe de representar uma separação de todo o Brasil de Portugal, mas o processo de independência tinha seus primeiros beneficiados diretos. A força paulista que acompanhava a comitiva foi transformada num esquadrão da Imperial Guarda de Honra.

O retrato da viagem

Anos depois, o pintor Pedro Américo enfrentou comentários ácidos ao retirar de seu ateliê, em Florença, e expor ao público o óleo sobre tela "Independência ou Morte". Historiadores e críticos de arte identificaram na pintura de Dom Pedro com espada na mão, à margem do Riacho Ipiranga, traços de Napoleão erguendo seu bicórnio, na batalha da Rússia, do quadro de Ernest Meissonier. Outra parcela da crítica apontaria a decisão de Pedro Américo de colocar o povo à margem do acontecimento, dando um caráter glorioso a um episódio meramente prosaico. Observaram que a comitiva andava em mulas e não em vistosos cavalos e seus homens não usavam vestimentas pomposas. Fantasia maior teria sido a inclusão de soldados com fardas brancas, capacetes de dragões dourados e penachos vermelhos.

A identidade dos homens armados que acompanharam o príncipe regente na viagem que anunciaria a independência, porém, nunca despertou interesse dessa mesma crítica. As figuras retratadas no quadro realmente não constituíam uma tropa legal para vestirem fardas. Eram milicianos com experiência em sangrentas disputas agrárias, donos de propriedades mantidas pelo trabalho de indígenas arrancados de aldeias ou negros escravizados. Só mais tarde uma parte desses homens integraria o Regimento dos Dragões da Independência e usaria essa mesma indumentária branca e dourada.

Décadas depois, Pedro Américo esteve em Pindamonhangaba para buscar informações sobre o episódio e conversar com os Marcondes. Na tela exposta hoje no Museu Paulista, o artista distribuiu 53 personagens numa composição singular. As posições deles no quadro formam um coração de copa. Por esse ângulo, a obra apresenta num mesmo patamar o príncipe, os auxiliares e serviçais, os integrantes da Guarda de Honra (milicianos), um carregador de toras de madeira, um tropeiro negro, um cavaleiro branco, fazendeiros de cartola e uma mulher e uma criança que espiam atrás de uma cerca. É um olhar possível da obra. Pela interpretação mais recorrente, no entanto, o pintor apenas retratou a elite no centro e o povo à distância. Ao ignorar a complexidade, essa leitura acaba por esconder a origem da camada superior da pirâmide brasileira e a presença de gente da base dela no momento histórico.

Há quem diz que a pintura feita por Pedro Américo não tem compromisso com a verdade. Não é bem assim. O que há na tela é uma guerra pelas posições sociais e políticas mais confortáveis no passado. Se as cores exatas da História fossem aplicadas, o quadro revelaria índios e negros que tiveram suas identidades desbotadas e descendentes de europeus remediados e homens da terra que só teriam posição de nobres anos depois, quando o café começou a dar frutos, colhido por braços escravos no Vale do Paraíba. O país independente surgia escravocrata e com grupos armados particulares. À frente dele estava um príncipe que vivia desde os nove anos no

Brasil, adquirira modos e linguagem de criados dos palácios do Rio, segundo os cronistas indispostos, que ruborizaram os altos burocratas e funcionários da Corte. A Sua Alteza, no entanto, nunca esquecera o presente que ganhou do pai, Dom João, no tempo de criança, um uniforme de soldado francês.

Na viagem Dom Pedro fez elogios a um cavalo de Domingos Marcondes, o chefe miliciano que o acampanhava. Queria ganhar o animal de presente. Era daquele tipo de animal que bufafa com realeza, limpando as narinas como senhor absoluto. O dono tentou desconversar. Diante da insistência, Marcondes, então, disse temer que seu nome servisse de batismo ao cavalo como Pedro costumava fazer com seus ofertantes. Um Marcondes jamais podia ser cavalgado.

O episódio prosaico contado por Octávio Tarquínio de Souza, na obra *Os fundadores do Império*, de certa forma ilustra a relação do clã com o Estado que se formava nos trópicos. A família rural e miliciana oferecia seus cavalos e seus homens, mas exigia independência para atuar nas querelas que lhe interessavam.

Fez-se uma revolução separatista e o Brasil continuou sob controle da mesma gente, registrou Manoel Bonfim, no livro *O Brasil na história*. Talvez essa visão se encaixe mais na casta portuguesa do Rio, Salvador, Recife e São Luís, que agora escolheria entre a máquina pública portuguesa e a brasileira para se escorar.

No interiorzão, uma elite surgia, de tez mais escura, arraigada a valores do patriarcado, do escravagismo e do latifúndio, mas sobretudo verde e amarela, cores da nova pátria, as mesmas da família de Pedro. Na bandeira, havia espaço para galhos de café.

O coronel Manoel Marcondes, chefe da Guarda de Honra, foi agraciado com o título de Barão de Pindamonhangaba. O irmão dele, Monsenhor Marcondes, virou presidente, praticamente um dono, da Câmara de Vereadores, usufruindo da condição de quem cedeu a própria milícia ao príncipe num momento decisivo. O sobrinho deles, Domingos, recebeu o emprego de cuidador de cavalos do imperador no Rio. Ficaria encarregado da tosa, do asseio das crinas, prender ferradura na parte morta dos cascos. Uma parte dos capangas dos Marcondes ganhou cargos no novo contingente legal.

A Imperial Guarda, mais tarde batizada de 1º Regimento de Cavalaria ou Dragões da Independência, impôs sua força com a junção entre a milícia dos Marcondes e a polícia paulista.

Um olhar mais atento à tela de Pedro Américo revela que nem todos os militares do quadro usam uniforme branco. Há fardas de outras cores. Este detalhe derruba a visão de que o artista priorizou em absoluto a ficção. É possível enxergar a pintura num corte histórico da evolução das forças do Estado, ilustrada pelos Dragões.

O quadro mostra um tempo em que cada fazendeiro tinha sua milícia, o período da estruturação dos regimentos do novo Império, incluindo aí a Guarda de Honra, que aproveitou os capangas do Vale do Paraíba. Tanto na alma do artista quanto na memória coletiva, as forças privadas e legais estão imbricadas.

No mês seguinte, a milícia dos Dragões vestia seu uniforme branco e vermelho, o mesmo pintado no quadro de Pedro Américo e que hoje diverte turistas nos palácios de Brasília. Era a festa, no Rio, da aclamação do novo imperador. Montava cavalos robustos.

Sob chuva, a guarda formada pelos milicianos do Vale do Paraíba puxava o cortejo do Palácio da Quinta da Boa Vista ao Campo de Santana, onde uma multidão se concentrava. Logo atrás vinham três batedores: um índio, um mestiço e um negro para representar a nova nação. Eles abriam caminho para a carruagem que transportava Dom Pedro, Dona Leopoldina e a filha Maria da Glória.

A ideia de exibir a "variedade" de brasileiros na cerimônia era do ministro José Bonifácio, o mestre de Pedro disposto a pensar na face do novo Império. Teria sido dele também a ideia de usar o título de imperador ao invés de rei. Em conversas bem-humoradas, dizia que o povo estava acostumado com o primeiro termo por conta da tradicional Festa do Divino, conduzida por um imperador, um costume ibérico enraizado no Brasil.

Naquela que talvez seja a primeira carta ao pai desde a independência, Pedro lamentou que Dom João era um "preso" das Cortes

Gerais, em Lisboa. "Se Vossa Majestade me permite, eu e meus irmãos brasileiros lamentamos muito e muito o estado de coação em que Vossa Majestade jaz sepultado", escreveu em 22 de setembro. Não escondeu a irritação com o termo pejorativo em que era tratado e as críticas sobre sua formação. "O Brasil será escravizado, mas os brasileiros não; porque enquanto houver sangue em nossas veias há de correr, e primeiramente hão de conhecer melhor o – *Rapazinho* – e até que ponto chega a sua capacidade, apesar de não ter viajado pelas cortes estrangeiras", disse. "... que mandem tropa aguerrida e ensaiada na guerra civil, que lhe faremos ver qual é o valor brasileiro."

Nas províncias do Norte, a guerra pela independência só estava no início. Com o regime colonial português ainda sólido na região, famílias adversárias uniram forças diante do novo momento político.

MOVIMENTO INDEPENDENTE DE ICÓ

No Cariri, o poder do capitão-mor de milícias José Pereira Filgueiras, Napoleão da Caatinga, sempre fiel à Coroa, era incontestável. Algoz da família Alencar na última revolução, ele foi procurado por Bárbara e os filhos. O clã propôs uma aliança pragmática em defesa do movimento separatista. As marcas da humilhação e da tortura em Fortaleza tinham ficado para trás.

Filgueiras aceitou pôr sua milícia na campanha pela independência.

O movimento pela separação política no interior do Ceará, província ainda sob controle dos portugueses, foi deflagrado em outubro de 1822, um mês após o movimento do Ipiranga. Eleitores das vilas do interior cearense, reunidos em Icó, proclamaram a independência. Sob clima de tensão, o ato era uma afronta ao governador da província.

Tristão de Alencar Araripe, filho de Dona Bárbara, um dos idealizadores da votação no Icó, organizou um governo provisório na Vila do Jaguaribe. O lugar era um importante centro de comércio do interior cearense, ponto de pouso de tropeiros que percorriam o semiárido, de uma fazenda a outra.

Um contingente militar português prendeu eleitores e líderes do ato. A notícia da repressão chegou ao Crato e atiçou os brios de Filgueiras, que deslocou homens armados para dar apoio aos Alencar na cidade vizinha. Os eleitores foram soltos. Crato decidiu, por fim, eleger o capitão como membro do governo independente.

A aliança entre Filgueiras e a família Alencar estava sacramentada. Os dois grupos manteriam as milícias unidas para outras guerras no sertões.

A cerimônia de coroação de Dom Pedro foi marcada para o dia 1º de dezembro de 1822, na Capela Imperial, a Igreja de Nossa Senhora do Carmo, na atual Praça XV, onde seu pai tinha sido sagrado Rei de Portugal, Brasil e Algarves oito anos antes.

O ainda príncipe de 24 anos usava um uniforme militar, botas com esporas, manto de veludo verde com estrelas e répteis alados desenhados a ouro e uma murça no peitoral de penas amarelas de tucanos caçados nas matas das encostas do Rio. Era uma mistura de fazendeiro miliciano, rei indígena e o que ainda pudesse lembrar realezas europeias.

O arcebispo da Bahia e primaz do Brasil, o português Dom Vicente da Soledade, rejeitou participar da cerimônia. Ele ainda tinha esperança que as tropas de Portugal vencessem em Salvador. Na ausência dele, Dom José Caetano da Silva Coutinho, capelão imperial, assumiu a função.

Bispo do Rio, Dom José tinha 40 anos e uma longa experiência de batina. Exerceu o sacerdócio na Índia e em Portugal. Com a invasão napoleônica entrou numa das embarcações que trouxeram a realeza e a nobreza para o Brasil. No Rio, ele deu a extrema-unção a Dona Maria, a rainha interditada, realizou as núpcias de Pedro e Leopoldina e batizou os filhos do casal.

Na cerimônia de sagração de Pedro na Capela Imperial, o sacerdote ofereceu a espada ao príncipe regente.

Accipe gladium.

Pedro desembainhou a arma, fez movimentos e a passou pelo braço esquerdo, como se a limpasse.

Dom José pôs, então, a coroa na cabeça do novo imperador.

Accipe coronam imperii.

Uma parte da família de Dom José tinha posses de terra e engenhos nas vilas de São Francisco do Conde e Santo Amaro, na Bahia, onde o movimento independente enfrentava duras batalhas contra tropas portuguesas. O major Antônio Maria da Silva Torres, primo do sacerdote, era um dos oficiais mais destacados das forças do general francês Pierre de Labatut. A elite econômica e política do Recôncavo resistia.

9

GUERRA DA BAHIA (1822)

> *Portugal encerra o período da inquisição da Igreja Católica. No Rio, Dom Pedro inicia seu reinado e enfrenta dificuldades econômicas.*

As BATALHAS PELA independência incendiavam matas e cerrados Brasil afora. Após perder as províncias do Sul, Lisboa concentrou seus esforços para manter o controle do Norte, área de mais movimentação comercial com a metrópole. Embora contasse com uma comunidade influente no Rio, a antiga capital do Reino, a Coroa Portuguesa estava disposta mesmo a manter o domínio do Maranhão, do Piauí, do Ceará, do Pará e do Rio Negro, o Amazonas, províncias por demais estratégicas no Atlântico.

Dom Pedro não tinha uma força marítima para varrer os portugueses do litoral norte nem um corpo diplomático capaz de frear as investidas de Portugal nos fóruns externos. Ele precisou alugar um corpo naval estrangeiro e um grupo de negociadores políticos para abrir caminho especialmente ao dinheiro da praça de Londres.

A necessidade do imperador em proteger o Império o aproximou de um conhecido vassalo dos negócios privados e do comércio internacional. O negociante e militar Felisberto Caldeira Brant Pontes, algoz ou defensor de revoltas políticas no Norte, a depender de seus interesses particulares, foi enviado por Dom Pedro a Londres como uma espécie de chanceler para negociar apoio britânico ao Brasil. Brant tinha a oportunidade de voltar a fazer o que mais sabia: ganhar dinheiro no espaço entre o poder público e o privado.

A guerra interna pela consolidação da independência estava longe de acabar. Até ali, o imperador só tinha contado com movimentos militares terrestres e as ações das milícias no interior para impor a autonomia política. Lisboa, entretanto, mantinha seu comércio intenso e seu poder com as províncias do Norte. Dom Pedro e seu ministério tinham consciência que só o bloqueio dos portos poderia sufocar os portugueses. O Império precisava buscar na Europa uma força naval terceirizada. Nos portos do velho continente não faltavam marujos ociosos e navios de guerra entregues à maresia dos portos desde as batalhas entre franceses e ingleses.

Brant, então, aproveitou a estadia na Europa para comprar barcos a preços baixos e contratar oficiais da Royal Navy, a Real Marinha Inglesa. Não foi difícil. Com o continente em paz, após a era napoleônica, uma geração de ousados e desempregados "lobos do mar" ingleses procuravam serviço no Novo Mundo em conflito com suas antigas metrópoles.

Um dos nomes mais conhecidos da temida esquadra britânica operava na América do Sul havia algum tempo. O oficial escocês Thomas Cochrane, então com 48 anos, ganhou fama na juventude por atuar de forma ousada contra franceses e espanhóis. O então capitão liderou os aliados britânicos e portugueses nas batalhas navais da Guerra Peninsular. Em pequenas embarcações, conseguiu neutralizar barcos maiores e saquear cargas de ouro e prata.

O almirantado britânico se incomodava com o personalismo de um homem de um metro e oitenta e dois, alto demais para os padrões da época, e que não economizava nos relatos dos seus feitos contra os marinheiros de Napoleão. Ficou tão conhecido nas ruas do Reino Unido que ganhou título nobiliárquico e elegeu-se deputado. Na tribuna, o bufão atacava oficiais. Acabou preso por seus embates.

Após sair da prisão, Cochrane deixou a Inglaterra para dar início à carreira de mercenário. Na primeira experiência nos mares do sul, ele trabalhou com o líder revolucionário San Martín na separação do Peru da Coroa Espanhola. Depois foi para o Chile, país liderado por

Bernardo O'Higgins. Lá ajudou a destruir a frota da Espanha que resistia à independência de mais uma colônia.

Em novembro de 1822, ele estava em sua fazenda na região de Quintero, nas proximidades de Valparaíso, quando recebeu telegrama do cônsul brasileiro em Buenos Aires. Antônio Manuel Correia o convidou em nome de Dom Pedro para atuar na guerra contra a esquadra portuguesa. O diplomata fez a promessa em dar patente e soldo não inferiores ao que ele tinha no país vizinho. Era um bom negócio para Cochrane. O conflito contra os espanhóis havia terminado e o almirante passava horas a reclamar de pagamentos ao governo chileno.

O almirante decidiu vir para o Brasil ao receber a notícia de um decreto, no final daquele ano, que permitia ao Império sequestrar propriedades de portugueses que se opunham à independência. Mais tarde, Cochrane seria acusado de fazer uma interpretação livre da norma e piratear qualquer barco de cidadãos lusitanos.

Tratado como um clássico mercenário, pirata, avarento e rabugento por parte da historiografia, Cochrane alegava em seus escritos que era impulsionado pela defesa da liberdade nas diversas partes do globo. Na descrição do historiador Oliveira, era um "valente marinheiro", mas de "espírito sórdido". Entre o corsário sem escrúpulos e o libertador de nações, o escocês pode ser considerado ainda como um oficial que tinha muito a contribuir a um país sem cultura de marinha de guerra.

A esquadra imperial sofria com a burocracia, a falta de experiência de seus marujos e o poder dos "almirantes de terra", com bons salários nos palácios do Rio, longe da vida no mar.

Tratava-se de uma força de uma dúzia de embarcações, a maioria delas imprópria a movimentos bruscos nos mares, e marinheiros que se dividiam entre "fidalgos" e "pretos". Os primeiros, de origem portuguesa, se sentiam como senhores absolutos dos barcos, recusando-se até mesmo a limpar seus beliches, anárquicos e indisciplinados. Os segundos, por sua vez, viviam nas águas uma vida talvez tão difícil e indigna quanto nas senzalas das fazendas. Havia poucos meses que deixaram o cativeiro para entrarem num mundo que mal conheciam. Não tinham experiência de bordo, ondas nem de canhões. Além disso, eram considerados velhos para a função. Foram despejados na esquadra sem nada entender de guerra.

Pedro estava de mãos atadas. Era chefe de um governo sem recursos para ações de impacto, comandante de um Estado falido e limitado à atuação de um quadro de funcionários ineficiente e patrimonialista, e líder de uma jovem nação próxima da guerra civil – tanto portugueses quanto brasileiros podiam estar de um lado e outro do conflito, a favor da independência ou contra.

Ao chegar ao Rio em março do ano seguinte para conhecer os barcos e marujos que tinha à disposição para guerrear, Cochrane perturbou o ministro José Bonifácio e toda a hierarquia que o separava do imperador com pedidos intermináveis de um bom soldo e a garantia de poder dentro da esquadra.

O governo concedeu uma patente de almirante em grau menor que a de outros dois militares que atuavam em terra. O oficial escocês infernizou Bonifácio até obter a posição de primeiro almirante. No Chile, não havia passado de vice-almirante.

O que pesa a favor de Cochrane, uma figura obcecada por patentes e dinheiro, é que ele dependia de honras e recursos para manter sua tropa pessoal, gente da Europa que vivia a aventura do mundo em guerra sem Napoleão ou Nelson.

Além do mercenário Thomas Cochrane, o Império contratou os comandantes navais David Jewett, dos Estados Unidos, e o inglês John Taylor, também da Inglaterra.

Na viagem à Europa, Brant adquiriu os brigues *Maipu* e *Nightingale*, que se incorporaram à frota de velhas embarcações tomadas dos portugueses. A principal delas, a nau *Martim Afonso de Freitas*, foi rebatizada de *Pedro Primeiro*, e a fragata *Carolina*, usada por Avillez no motim de 1822, *Paraguassu*. Dona Leopoldina e a filha Maria da Glória também viraram nomes de barcos.

Eram embarcações de médio e pequeno porte, que ainda estavam nos mares graças a reparos constantes no Arsenal da Marinha no Rio. Algumas delas não conseguiam sair do porto, como o brigue *Reino Unido*, usado por Dom João ainda na fuga de Lisboa em 1808.

As embarcações animaram o jovem imperador. Todas as manhãs, às 6 horas, Dom Pedro estava a bordo de uma delas para conferir as provisões, ver as condições dos tanques de água. Subia nas cordas do convés e descia aos porões. Mais parecia um oficial que um monarca, registrou Maria Graham, uma pintora inglesa que chegou ao Rio no barco de Cochrane.

O imperador pôde oferecer a Cochrane uma tropa formada em sua maioria por marinheiros portugueses, considerados inconfiáveis, e brasileiros sem experiência em guerra no mar. Um total de 160 oficiais da Marinha de Portugal tinham se estabelecido no Brasil. Destes, 94 estavam em condições de participar de uma guerra. O inglês, no entanto, avaliou que faltavam militares de patentes inferiores.

O Império conseguiu embarcar 130 negros recém-libertos do cativeiro no *Pedro Primeiro*, o navio capitânia de Cochrane, completando uma tripulação de seiscentos homens.

O governo aumentou suas promessas para garantir que o almirante inglês entrasse no barco rumo à guerra da Bahia. Ele daria suporte no mar à tropa do mercenário francês Pierre de Labatut, encarregado pelo imperador de organizar uma força terrestre com os nativos. Um lado e outro da guerra na Europa contra Napoleão eram contratados para sufocar os portugueses.

A complexidade da guerra na Bahia ficou nítida na saída da esquadra de Cochrane do Rio. Uma parte dos cariocas fez festa. Outra torcia contra o êxito do almirante na guerra contra conterrâneos. O inglês ainda se surpreendeu com a ordem dada pelo imperador aos marinheiros:

"Atacar a força parlamentar portuguesa!"

A guerra de Dom Pedro não era necessariamente contra Portugal ou ao reino governado pelo pai. Dom João e seu filho tinham em comum, de certa forma, a luta por um poder absolutista, ou quase isso, tolhido pelos parlamentares portugueses, e o paradoxo de guerrear sem causar danos à coroa de um ou de outro.

O velho monarca tinha dado ordens para que sua esquadra no litoral baiano não atacasse os barcos brasileiros. Contava com o apoio da maioria dos comerciantes e produtores de cana de origem lusa na província. Assim como de quem estava em cargos públicos. Mas uma parcela, há tempo radicada no país, apoiava a autonomia. Pelos engenhos, fazendeiros da terra e uma geração filha de portugueses se animava com a figura do jovem imperador.

A luta da independência era fragmentada por interesses econômicos e sociais diversos em Salvador e nas cidades do Recôncavo. O movimento ia muito além de uma disputa entre dois reinos.

MANOBRA DO MORRO DE SÃO PAULO

A Esquadra Brasileira era formada por nove embarcações, que transportavam cerca de 2 mil homens. Cochrane, no entanto, seguiu para a Bahia com apenas quatro navios – *Pedro Primeiro*, *Piranga*, *Maria da Glória* e *Liberal* – e duas embarcações, *Guarani* e *Real*, destinadas a brulotes – carregadas de explosivos que poderiam ser lançadas sem gente nos barcos inimigos. O *Niterói* se juntaria mais tarde ao comboio. A viagem iria durar 38 dias.

No mar, marujos ingleses roubaram um português e receberam cinquenta chibatadas nas costas. Cochrane estava preocupado em garantir o poder especialmente entre os não-brasileiros. Em São Mateus, vila sob controle da Bahia e reivindicada pela província do Espírito Santo, último porto antes de entrar no litoral da região de Caravelas e Porto Seguro, o almirante inglês foi recebido de forma fria. Os comerciantes do porto não demonstraram interesse em contribuir com charque, farinha e fumo.

O fogo amigo estava dentro da própria embarcação do lorde inglês. A 4 de maio, em águas baianas, a bordo do *Pedro Primeiro*, Cochrane avistou 13 velas portuguesas. Era para ele o início de fato da guerra. As demais embarcações de sua esquadra, entretanto, não atenderam seus sinais para avançar.

No navio capitânia, ele sofreu sabotagem dos marinheiros portugueses. Dois deles foram encarregados de buscar a pólvora que abasteceria os canhões. Os homens não apenas descumpriram a ordem como prenderam os brasileiros que foram fazer o serviço.

Cochrane se retirou da área de combate para o Morro de São Paulo, na costa, sendo perseguido por barcos portugueses.

O motivo da sabotagem não era necessariamente patriótico. Havia dias que os marinheiros portugueses reclamavam da falta de pagamentos por parte da Marinha.

BATALHA DE PIRAJÁ

Pierre de Labatut fora encarregado pelo Império de liderar as forças na Bahia contra o governador das armas Madeira de Melo, representante de Lisboa em Salvador. Com militares de Pernambuco e milicianos do Recôncavo Baiano, a maior parte deles, negros e indígenas, o oficial organizou o Exército Patriótico.

Uma legião de homens, mulheres e meninos esfarrapados, escravos ou mesmo livres, entrou nas milícias organizadas pelos proprietários de terra.

No esforço de guerra, os senhores de engenho ainda forneceram carros de boi para levar víveres, armas e munições e servir de apoio nas possíveis baixas. Os combatentes se jogaram nas trincheiras de lama no caminho de Cachoeira para a Cidade da Bahia.

Em São José das Itapororocas, hoje distrito de Maria Quitéria, município de Feira de Santana, cavaleiros com fitas verdes e amarelas no peito montados em animais enfeitados com ramos de café chegavam às fazendas para propagar a causa da independência. Tentavam convencer os proprietários de terra a ceder seus filhos ou escravos à luta da separação política.

Na Serra da Agulha, o português Gonçalo Alves Almeida, criador de bois, plantador de algodão e dono de alguns escravizados, abriu a casa e ofereceu aguardente de cana para os emissários. À mesa de jantar, ele disse que aceitava ser súdito de quem vencesse a guerra. A um pedido se podia ceder homens, Gonçalo respondeu não ter filhos com idade para lutar. Num canto, a filha mais velha, Maria Quitéria de Jesus Medeiros, ouvia a conversa.

Ela teria buscado a viola para tocar naquela noite animada.

Não há nada mais bonito
Que o céu do nosso Brasil

Embora de pais portugueses — a mãe morreu quando ela era pequena —, Maria Quitéria tinha olhos e feições indígenas, registrou a viajante inglesa Maria Graham, que a conheceu. A jovem não aprendeu a ler e a escrever, mas era uma moça inteligente, de modos delicados e alegres, relatou.

Quando os independentes foram embora, a jovem teve vontade de acompanhá-los.

À noite, se aproximou do pai, que fumava cachimbo.

"Pai, e se eu fosse, também, um dia com eles, a cavalo combater para o Recôncavo?

Ele riu:

"Mulheres cosem, tecem, fiam, bordam, mas não vão para a guerra."

Maria Quitéria procurou a irmã Josefa para comentar sobre a visita repentina:

"Senti o coração arder e pressionar o peito."

Josefa foi categórica:

"Se eu não tivesse marido e filhos, eu me juntaria às tropas do imperador."

Eufórica, Maria Quitéria pediu emprestado as roupas do cunhado, José Medeiros, e foi para Cachoeira se alistar no Batalhão de Voluntários do Príncipe.

Caçadora, sabia atirar com a espingarda.

A crônica histórica costuma dizer que ela fugiu de casa a cavalo e se apresentou como homem no destacamento dos independentes. A própria Maria Graham contou que demorou para que os demais combatentes soubessem o sexo da jovem. Fato é que não se dispensava quem quisesse lutar contra os portugueses.

Logo passou a usar saia no estilo escocês, a patente de cadete e uma espada.

Lá foi a filha do fazendeiro atravessar os rios com água até o peito, andar léguas, viver a odisseia da independência. Maria Quitéria e outros milhares de baianos enfrentaram os infernais bichos-de-pé, carrapatos, impaludismo e cobreiros na conquista de cada palmo de terra.

Não tinham fardas nem armas potentes para lutar. Também estavam em número inferior ao da força portuguesa. Estima-se que chegavam a 10 mil combatentes, 2 mil a menos que o número de soldados fiéis a Lisboa.

Na madrugada de 8 de novembro de 1822, a tropa brasileira se encontrou com a Legião Constitucional, de Madeira de Melo, em Pirajá, uma área de canaviais, hoje bairro populoso de Salvador. Após cinco horas de combate, duas dezenas de mortos de cada lado ficaram nos canaviais. O governador português teve de concentrar suas forças na Cidade da Bahia, que ficou cercada pelos brasileiros.

Um homem de confiança do ministro José Bonifácio furou o bloqueio português e aportou sigilosamente em Salvador, num barco enviado pelo cônsul dos Estados Unidos no Recife. Vasconcelos de Drummond, de 28 anos, filho de uma família portuguesa radicada na Corte, fez contatos com lideranças independentes do Recôncavo antes de procurar um velho conhecido.

O jovem espião bateu à porta do quartel onde Madeira de Melo despachava. Haviam se conhecido em Santa Catarina, numa missão militar do general pela Ilha do Desterro, hoje Florianópolis. Madeira de Melo e sua mulher, Joana, se surpreenderam e se entusiasmaram com a aparição de Drummond.

Num jantar reservado com Joana, ele pôs seu plano de convencer Madeira de Melo a vender sua saída da guerra. O espião aproveitou que a mulher disse sentir saudades da filha que tivera num casamento anterior e que estava vivendo em Santa Catarina. Foi a deixa para Drummond propor que persuadisse o marido a embarcar o grosso da tropa para Lisboa e se aliar, juntamente com seus oficiais mais próximos, ao Império Brasileiro. Em troca, ganharia o posto de tenente-general. Assim, o casal ficaria livre para viver no Sul, e ela teria a companhia da filha.

Joana sondou o marido, que não aceitou a proposta. O governador, entretanto, aceitou conversar com Drummond.

No dia seguinte, "sereno" e "pacífico", segundo descrição do espião, o governador agradeceu pela confiança que se fosse limitada não seria possível fazer tal proposta. Com timbre forte e sonoro, Madeira de Melo disse não se iludir sobre os rumos da guerra e sabia perfeitamente a posição que estava de vítima de uma contenda entre pai e filho – no caso, Dom João e Dom Pedro. Qualquer que fosse o resultado, ressaltou o general português, iria sucumbir. Mas, na condição de militar, jamais fugiria de sua sorte à custa da honra.

As promessas de Drummond ao general teriam sido feitas por sua conta e risco. Entretanto, ao chegar ao Rio e relatar o encontro a José Bonifácio, o ministro mandou outro emissário para confirmar essas promessas e fazer outras. Madeira de Melo voltou a recusar.

ATAQUE DE ITAPARICA

A tomada da capital baiana pela resistência do exército do Recôncavo virou questão de dias. A chegada de reforço militar a pedido do governador Madeira de Melo foi, sob certa medida, vista com tranquilidade pelo comando dos separatistas. A avaliação era simples. Com mais homens na cidade, o problema da escassez de alimentos se acentuaria.

O preço da carne, do ovo, do milho e da farinha dispararam nas quitandas e nas barracas dos largos e ruas. Sem médicos e estrutura, doentes se amontoavam nos hospitais e igrejas. A fome e, agora, as epidemias desmobilizavam por completo famílias portuguesas que se mantinham leais a Lisboa.

No final de dezembro de 1822, Madeira de Melo preparou uma ofensiva para retomar Itaparica. Agora, o objetivo era apenas abrir caminho para a busca de alimentos e abastecer a capital. Uma esquadra de 39 embarcações foi enviada para a ilha. No dia 7, a expedição foi recebida por forte fuzilaria. Itaparica resistiu. A tropa militar voltou a Salvador sem parte de seus soldados.

A vitória dos independentes aumentou o clima de euforia na ilha e nas vilas do Recôncavo. A realidade nas ruas, porém, estava longe de apontar dias tranquilos. Nos ofícios enviados ao Rio e ao governo provisório estabelecido em Cachoeira, oficiais deixavam claro que não bastava o cerco naval e terrestre às forças de Madeira de Melo. Os portugueses, mesmo oriundos da caserna, estavam presentes no dia a dia dos povoados e vilarejos. Tratava-se de uma relação mais complexa que as divergências expostas pela política e pela guerra.

O coronel Salvador Pereira da Costa, diante do problema da falta de armamento de seu contingente, o 2º Regimento de Infantaria, propôs à Junta Governativa a retirada de todos os europeus solteiros da Vila de Nazareth e levados para Itaparica, Morro de São Paulo ou "qualquer lugar distante". Ele tinha receios que, diante de um ataque o grande número de europeus da povoação, "quase todos marinheiros e homens robustos", pudessem fazer um "grande mal" para os brasileiros, perderem a "existência" nos momentos de risco ou ficarem como "senhores da terra" com a marcha da tropa para se defender.

O oficial comentou o drama de encontrar novos soldados para substituir os mortos e feridos. Como o problema entre a cúpula militar do movimento da independência enfrentava dificuldades para garantir que os filhos e principalmente os escravizados dos donos de engenho entrassem nas fileiras da tropa, sargentos e capitães, sob vista grossa dos mais graduados, recrutavam jovens das camadas mais pobres ou marginalizadas.

Salvador demonstrou não ser militar de correr riscos com problemas de hierarquia. Tanto que aproveitou a correspondência para contar que dois sargentos, Caetano Maurício Roiz e Antônio Frutuoso Dória, tinham tanto "jeito para o serviço" que conseguiram listar "muitos rapazes", a seu contento. Os recrutados, porém, tinham origens complicadas. "Estando porém feita esta nomeação, muito a contento meu, (...) consta-me serem os ditos rapazes filho de um cigano, o que me obriga a fazer esta participação a V. Exc., para me salvar de qualquer emprestação de ser pouco observador da lei, esperando que V. Exc. me declare tem ou não lugar a dita nomeação, o que exige brevidade pela despesa que estão fazendo."

Pela mensagem, o coronel sugere que os "rapazes" já estavam incluídos na sua tropa, causando despesas com alimentação e fardamento. Ele ainda deixa quase explícito que não havia tempo para uma troca de soldados. A guerra estava intensa.

MOTIM DOS PERIQUITOS

Convencer os donos de engenhos e currais do Recôncavo a cederem homens e bois era um dos principais desafios do comandante Pierre de Labatut na guerra contra os portugueses. As cartas e mensagens trocadas entre oficiais das tropa e autoridades civis das vilas tomadas pelos independentes relatavam dramas que iam além da falta de armas de fogo, calçados e fardamento.

No começo de janeiro de 1823, a Brigada de Pirajá, relatou um oficial, não recebia ração havia três dias. Os bois prometidos para esse e outros contingentes não chegavam para garantir que os soldados permanecessem de pé. Os cavalos estavam cansados, sem força para possíveis avanços ou recuos.

O Exército Patriótico de Labatut colecionava, porém, vitórias e feitos ousados. No extremo norte da Ilha de Itaparica, os brasileiros tomaram o Forte de São Lourenço, uma construção do tempo das invasões holandesas fundamental no monitoramento da entrada do Recôncavo e do sertão.

Sem um sinal dos portugueses quanto ao fim da guerra, Labatut escreveu a Madeira de Melo. Na carta do dia 30 daquele mês, ele "apelou" aos sentimentos de humanidade do governador para entregar o poder e deixar a Cidade da Bahia. Lembrou que tinha sob seu controle um contingente de 20 mil nativos dispostos paraa guerra.

A 22 de fevereiro, um batalhão imperial comandado pelo coronel José Joaquim de Lima e Silva, vindo do Rio, chegou ao litoral da Bahia após mais de três semanas de viagem. Do outro lado do *front*, Lisboa decidiu dobrar a aposta. Mais 2.500 praças portugueses foram despachados para reforçar o plano de resistência do governador das armas Madeira de Melo.

O êxito de Labatut na Bahia provocou estranhamentos na rede de elites que estavam no movimento da independência, representadas por oficiais na tropa dos "patrióticos". Ele resolveu escrever um "Manifesto ao Exército" para propor o fim das divergências e reclamar que era "vítima de mil intrigas" e estava cansado de testemunhar choques entre as autoridades de Cachoeira. "Recomendo por isso a harmonia que deve reinar entre cidadãos brasileiros, escreveu. "União e tranquilidade, sem eles os nossos inimigos achando-nos divididos triunfarão", ressaltou. "Não baianos, somos brasileiros, temos por divisa independência ou morte."

Se o Recôncavo era o embate entre baianos e brasileiros, como reclamou o comandante francês, os termos iam além de gentílicos.

Senhores de engenho, portugueses contra a Coroa, religiosos, militares descontentes na guerra, mestiços, negros, indígenas, pobres, ricos, forasteiros, ciganos e muitas outras camadas formavam a sociedade nas trincheiras pela independência.

A guerra pela separação acentuava paradoxos e divergências do lado brasileiro. O mosaico de sobrenomes, peles e posições sociais nos batalhões dos periquitos, nomes dados aos agrupamentos que enfrentavam os portugueses, não demorou para apresentar fortes conflitos internos.

Por "patriotismo" ou força, senhores de engenho entregavam a Labatut escravos e servos de suas propriedades. O francês tinha agora um grande exército formado por negros e indígenas.

Labatut se desentendeu de vez com senhores de engenho. A princípio, havia ali disputa entre o mercenário francês e os proprietários de terra pelo controle da massa de escravos incorporada ao movimento separatista. Muitos teriam sido entregues pelos senhores por pressão do comandante dos independentes.

O francês ainda teria usado joias e moedas desenterrados nos engenhos de portugueses para manter seu exército. A Junta que governava Cachoeira, formada por gente da elite do Recôncavo, exigia que os recursos de guerra fossem para o caixa do Conselho de Fazenda criado pelo governo provisório da vila.

Internamente, o general teve também sua liderança questionada por militares brasileiros que reclamavam de prisões de oficiais atuantes nos combates pela independência. Os detidos pelo comandante eram de famílias ricas da zona dos engenhos.

Em maio, Labatut prendeu dois dos oficiais de seu exército suspeitos de conspiração. O coronel Felisberto Gomes Caldeira e o tenente-coronel Joaquim D'Ávila Pereira eram filhos de clãs influentes da Bahia. Caldeira foi trancafiado no Forte de São Lourenço. Ficou lá apenas três dias e três noites.

Um motim na tropa dos periquitos libertou tanto Caldeira quanto Pereira e prendeu Labatut. Com uma trajetória de invencibilidade na guerra, o francês foi enviado para julgamento no Rio, onde foi solto. A luta pela independência era comandada agora apenas por militares brasileiros – a distinção entre senhores e escravizados estava preservada, independentemente de quem vencesse a disputa.

Em maio de 1823, o coronel José Joaquim de Lima e Silva, um dos que conspiraram contra Labatut, assumiu o Exército Patriótico. Nas batalhas nas cercanias da Cidade da Bahia estava seu sobrinho e assessor, Luís Alves, um soldado em início de carreira, mais tarde Duque de Caxias e patrono do Exército.

BATALHA DE CARAVELAS

Com extensa folha de serviços prestados à Coroa na repressão a movimentos nativistas, o tenente-coronel Antônio Gomes Loureiro seguiu na escuna *Mariana*, uma embarcação tipo pesqueiro, com homens armados da Marinha Portuguesa do 1º Regimento de Infantaria da Paraíba para Caravelas, no extremo sul da Bahia. Diante do cerco a Salvador pelos independentes, o oficial tinha o plano de tomar o comando militar da vila e de São Mateus, mais abaixo, e a partir dali formar uma frente de apoio ao general Madeira de Melo e pressionar as forças separatistas do Recôncavo.

Por volta das três da tarde de 10 de maio de 1823, a embarcação fundeou na barra de Caravelas, a pouca distância do porto. Uma guarda formada por um sargento e oito soldados, do comando independente da vila, aproximou-se para inspecionar. A recepção aos militares por parte da tripulação foi pouco amistosa. O capitão e o piloto da escuna não aceitaram se identificar. Os homens, então, retornaram à terra.

O tenente Manoel Ferreira Paiva, comandante da vila, decidiu ir até a escuna. De sobrecasaca, boné de galão branco e espada, ele foi acompanhado de mais de vinte homens armados. Na escuna, intimou o capitão desembarcar sua tripulação no porto. O marinheiro disse que não deveria amarrar sua embarcação e não conhecia as condições de navegabilidade da área. Deixou claro ainda que só aceitava levar o barco até o porto com uma ordem escrita. O clima ficou ainda mais tenso. Paiva percebeu que se forçasse no esvaziamento do barco poderia ser fatal. Saiu sem nada dizer.

No porto, ele deu ordens para seus homens prepararem o canhão e apontarem rumo ao mar. Primeiro, ordenou a disparada de um tiro de metralha, depois uma descarga cerrada de mosqueteira, que encobriu a escuna de fumaça e fuligem. A tripulação suspendeu o ferro e o piloto da embarcação manobrou para fugir contra a forte maré nas águas de Caravelas. O barco fundeou, numa ponta chamada Quitungo, a poucas léguas da vila.

Paiva não desistiu de combater a escuna. Nas primeiras horas da manhã seguinte, a tripulação do pesqueiro sofreu uma nova bateria de tiros. Mais cinco tiros de canhão foram disparados agora da Ponta Sul de Caravelas. O comando da *Mariana* fez fogo. A escuna ficou imersa em novo mar de fumaça e pólvora. O capitão e o piloto foram atingidos mortalmente. Um contramestre, o tenente Loureiro e um marinheiro foram atingidos.

Os independentes se aproximaram de lancha e subiram no convés da escuna. Houve ainda luta corporal. Dois outros tripulantes morreram. Após um enfrentamento, com número maior de soldados, Paiva prendeu os marinheiros e mais quatro escravos que levavam na embarcação.

O tenente Loureiro, chefe do grupo, foi amarrado como um papagaio, nos pés, e depois no pescoço e nas mãos. Foi escoltado pela vila para o olhar eufórico dos moradores. Ficou ainda alguns dias preso na cadeia de Caravelas até a chegada de um barco imperial que voltava da Bahia para Vitória. Viajou amarrado no mastro.

Da capital da província do Espírito Santo, Loureiro foi transferido para o presídio da Ilha das Cobras, no Rio. Num julgamento na Corte, ele disse que o grupo não se identificou por não saber quem eram os homens da escolta. Ainda negou qualquer plano militar de ocupação do sul da Bahia. O tenente acusou os brasileiros de pilhar a escuna – Paiva teria tomado seu relógio –, de tortura e de se comportarem mal diante dos corpos das vítimas. As suíças e até a pele teriam sido arrancadas dos rostos dos soldados mortos por serem portugueses.

Quando assentou praça e jurou as bandeiras portuguesas na margem esquerda do Rio Minho, disse o réu ao júri brasileiro, não foi para ser perjuro, nem traidor.

Dois anos depois, o tenente foi mandado de volta para Lisboa. No porto do Tejo, ele teve recepção de herói, sendo recebido com todas as honras da Marinha Portuguesa.

Levado ao palácio real, o tenente contou a Dom João VI a experiência na Batalha de Caravelas e nas cadeias fétidas de Vitória e do Rio. Após um longo relato, o rei disse para ele procurar o comando militar para receber uma promoção.

"E se eu não receber?", perguntou Loureiro.

"Volte cá", respondeu o monarca.

O oficial português passou meses para garantir parte da promessa feita no palácio. Ao menos conseguiu que a Imprensa Régia publicasse um livreto sobre sua atuação contra movimentos separatistas da antiga colônia.

O sul da Bahia manteve-se sob o domínio dos independentes. Tanto que o governo da província do Espírito Santo, um dos primeiros a jurar lealdade a Dom Pedro, decidiu resolver uma pendência histórica e mandar um barco para ocupar São Mateus, no extremo sul baiano, que séculos antes fazia parte da capitania do donatário Vasco Fernandes Coutinho. O porto, onde Lorde Cochrane não teve boa recepção no seu caminho para Salvador, ficou para sempre com os capixabas.

Na Cidade da Bahia, o governador português Madeira de Melo enfrentava cada vez mais dificuldades de acalmar a população diante dos problemas criados pelo cerco dos independentes. A fome e as doenças atingiam boa parte das famílias portuguesas que resistiam a deixar suas casas.

Uma boa parte dos comércios da Cidade Baixa estava fechada. Os donos tinham fugido ou não possuíam mais mercadorias para vender nem clientes para comprar. Nos estabelecimentos das ladeiras da parte Alta, ainda de portas abertas, não havia gêneros nem bebidas nas prateleiras.

Nos quintais das grandes residências, o mato cresceu — muitos escravizados tinham fugido —, e os galinheiros ficaram vazios. Os portões dos gradios de ferro estavam trancados. Mulheres e crianças passavam manhãs e tardes em choro compulsivo. As orações e velas nas igrejas de brancos e negros não diminuíam o drama das famílias abastadas ou que viviam em situações que nunca foram das melhores nos sobrados da cidade.

CERCO DE SALVADOR

A tropa brasileira aumentou o asfixiamento de Salvador e preparou a ofensiva de invasão da capital da província. Semanas depois de assumir a força brasileira, o coronel José Joaquim de Lima e Silva, novo chefe do Exército Patriótico, deu ordem a seus subordinados para o ataque decisivo à cidade. Madeira de Melo estava cercado não apenas pela tropa terrestre, mas pela força de Lorde Cochrane no mar.

O almirante inglês mantinha a retaguarda com sua frota ancorada na Baía de Todos os Santos. Essa força foi providencial ao movimento da independência em terra. Por sua fama, Cochrane exerceu forte pressão sobre os comandantes dos navios de guerra e mercantes portugueses. Até ali, com sua esquadra pífia, Cochrane tinha apreendido e atacado apenas quatro barcos dos inimigos.

Na madrugada de 2 de julho, o governador Madeira de Melo, seus oficiais e soldados e famílias de comerciantes e funcionários públicos portugueses entraram em barcos de uma esquadra no porto. Tentaram jogar nos navios o que podiam.

Cochrane estava à espreita, mas tinha número inferior de embarcações para arriscar um ataque. Ele, então, esperou pelos barcos retardatários e fez deles suas presas.

Ao meio-dia, os periquitos entraram no centro de Salvador. A cidade estava praticamente deserta. Não houve disparos de canhões nem resistência nas ruas e ladeiras. Os soldados portugueses tinham deixado os fortes e posições de sentinela e ataque.

Em um embate próximo a Salvador, a cadete Maria Quitéria teria rendido dois portugueses, conduzindo-os até o acampamento do Exército Patriótico, e caído nas graças do comandante. José Joaquim de Lima e Silva não economizou elogios à jovem nos relatos das batalhas enviados a seus superiores no Rio.

REVOLTA DA CIDADE DA BAHIA

Diante da sociedade de Salvador, Lorde Cochrane postou-se como a autoridade máxima do Império. Com as autoridades portuguesas no alto-mar, ele transformou o *Pedro Primeiro* num palácio flutuante no porto da cidade da Bahia. Na embarcação, recebia comerciantes, donos de engenho, religiosos e servidores do antigo reino.

Nos primeiros dias da conquista da cidade, Cochrane teve de intervir para abafar uma conspiração. Um grupo tomou o palácio do governo e anunciou que não iria prestar juramento ao imperador nem aderir à independência.

Avisado da revolta, o inglês mandou para terra seiscentos homens armados de espadas, pistolas, chuços e espingardas com baionetas. Dentro do barco, o capelão militar Frei Manoel Moreira da Paixão e Dores ficou preocupado em ter que ir para o campo de batalha. Cochrane logo acabou com sua preocupação. Com ar de riso, ele disse:

"Nosotros nos quedaremos aqui em la Nau, guardando-a."

"Eu agradeço a Vossa Excelência toda a honra que me fez, querendo me ter em sua companhia", respondeu o capelão.

Cochrane agradeceu pelo apoio "religioso" e o orientou que, depois, descesse e levasse ofícios a pessoas ainda ligadas ao governo português para deixar claro quem mandava ali. Sob o som de tambores e pífanos, Dores foi à tarde cumprir sua missão. Agora, a cidade estava em paz, num profundo silêncio.

REVOLTA DOS PERIQUITOS

A vitória dos independentes na Bahia não era a chegada ao poder de todos os brasileiros que derrotaram os portugueses. É bem verdade que o Império buscou incentivar a libertação dos escravizados que tinham participado das batalhas. Senhores de engenho do Recôncavo nem sempre aceitaram propostas de indenização ou tomar à frente o gesto de alforriar os veteranos da guerra.

Um problema adicional enfrentado pelo Império era o Batalhão dos Periquitos, o bravo contingente de negros, mestiços e indígenas decisivo nos combates de Pirajá e Itaparica. Autoridades e moradores brancos de Salvador queriam dissolver a tropa. Muitos reclamavam de bebedeiras e arruaças dos soldados.

A concentração de homens negros armados em plena capital da Bahia era um fator de risco para uma classe econômica e social que chegava agora ao poder político e que tinha enfrentado a árdua luta pela independência na mesma trincheira da gente de cor sem querer, entretanto, se misturar.

Mais de um ano depois da conquista de Salvador pelos brasileiros, a 21 de outubro de 1824, chegou a notícia de que os periquitos iriam ser removidos para o Recife, onde o Império pretendia sufocar uma revolta republicana. Era a deixa para a sociedade da capital se ver livre dos veteranos da independência.

Os soldados periquitos fizeram um motim. Eles tomaram as ruas de Salvador. Uma legião de mestiços e brancos pobres se juntou aos combatentes. Comércios e casas de portugueses foram atacados e saqueados pelos revoltosos.

O governador das armas da Bahia, o coronel Felisberto Gomes Caldeira, primo de ninguém menos que Caldeira Brant, um dos auxiliares mais próximos do imperador, foi capturado pelos amotinados. Não foi poupado com vida. A morte do coronel assustou a elite branca de Salvador e do Recôncavo.

Ao longo do mês de novembro, os periquitos mantiveram o controle absoluto da capital. O movimento foi alimentado por uma crise social sem precedentes. Após a independência, a população da cidade estava ainda mais empobrecida e sem perspectivas.

As milícias brancas da Bahia se uniam agora à elite portuguesa que permaneceu na província para retomar o controle de Salvador. Um esforço de guerra, com dinheiro e homens, levou uma tropa repressiva à cidade. Em dezembro, após enfrentamentos, os revoltosos se renderam. Os "cabeças" do movimento foram presos.

Um conselho militar extraordinário se uniu para julgar duas lideranças da revolta. O major Joaquim Sátiro da Cunha e o tenente Gaspar Lopes Vilas Boas foram sentenciados à morte. O Império quebrava a espinha de um dos mais aguerridos grupos armados que derrotaram os portugueses.

A asfixia do Batalhão dos Periquitos pelas forças legais do Império não intimidou o movimento de ódio aos portugueses nas ruas das cidades da Bahia. Militares e civis de origem lusa viviam o temor de linchamentos e pedradas. A expressão "mata-maroto", termo pejorativo usado para se referir a quem tinha origem lusitana, provocava tensão e medo. Negros, pardos, brancos pobres e caboclos se sentiam alijados da nova ordem de poder conquistada com sua participação nos campos de batalha.

A luta pela independência tinha sido sangrenta especialmente no interior do Nordeste, onde vivia uma parte da abastada elite portuguesa. Ali, as batalhas tiveram um tom ainda mais dramático pela decisão de Dom João de reforçar as suas tropas.

Disposto a não perder a parte mais importante da antiga colônia, o rei de Portugal mandou à província do Piauí um militar influente. O major João José da Cunha Fidié, veterano da Guerra Peninsular, esteve sob as ordens do Duque de Wellington, nos embates contra Napoleão, de 1808 a 1814, que resultaram na saída dos franceses dos territórios ocupados da Europa.

10

O VAQUEIRO (1821)

O general António José Sucre derrota os espanhóis na Batalha de Pichincha e proclama a República no Equador.

O PEQUENO NÉ veio ao mundo numa casa de estuque num sítio na Serra Vermelha, próximo à Vila dos Paulistas, hoje Paulistânia, no Piauí. Naquele ano de 1767, Ana Rodrigues, mulher do imigrante açoriano Manuel de Sousa Martins, deu à luz um menino, que recebeu o nome do pai. O garoto foi criado como um cabra do sertão, entre boiadeiros e jagunços, nas divisas estabelecidas por bacamartes e mourões de aroeira.

A planície entre os rios Parnaíba, Poti e São Francisco era território de uma gente anárquica, que vivia nos ranchos e sítios dos carnaubais. As casas-fortalezas, geralmente sem janelas para garantir proteção nas chuvas de fogo das disputas sangrentas, uma aqui outra a léguas, eram construídas de adobe, técnica que usava o estrume de jumento e o sangue de boi para dar liga às paredes.

O sertão de vaqueiros das antigas fazendas jesuíticas, indígenas de aldeias arrasadas, negros de quilombos destruídos e portugueses aventureiros como o pai de Né era um mundo de hierarquias sociais mal definidas. Na terra vasta e sem dono, onde mandava quem tinha mais balas, não havia dinheiro em circulação.

Ser dono de escravos muito menos indicava uma posição elevada. Afinal, os negros das propriedades tinham sido comprados a troco de pouca coisa de bandeirantes que andavam pelo semiárido para destruir quilombos. No Piauí, o sertanista Domingos Jorge Velho montou fazenda no caminho para a comunidade negra de Palmares, em Alagoas. Criou gado, fez filhos, ajuntou servos, transformou índios em soldados e, depois, partiu para a guerra.

Naquelas paragens, pertencer a uma família numerosa era a única distinção humana.

O avô materno de Né, Valério Coelho Rodrigues, foi quem deixou para a filha Ana a terra em que a família morava. Um primo do brigadeiro, Marcos de Araújo Costa, tinha ido ao Recife estudar em seminário, talvez o único indicativo de que pelo menos parte do clã aproximava-se da elite do boi.

Na adolescência, Né ficou órfão de pai. Trabalhava nos currais das fazendas vizinhas para ajudar na sobrevivência da mãe viúva e dos irmãos menores. O trabalho era árduo. Nesse lugar do mundo não existia o civilizado, o homem de palavra, o certo, o direito, o honrado, a igreja, a fé. O homem correto e o não correto desapareciam na espera, na tocaia, na emboscada, na batalha em campo limpo. Tropas saqueavam sertão adentro, matavam, defloravam moças, tiravam sangue de pescoços de homem feito e ainda a crescer.

Ainda adolescente, Né conseguiu ser aceito soldado de um destacamento que se formava no sertão. Na Vila da Vaca Mocha, rebatizada de Oeiras em homenagem ao Conde de Oeiras, mais tarde Marquês de Pombal, ele aproveitou todas as oportunidades na milícia arregimentada pela Coroa Portuguesa.

O jovem baixinho, cabeça grande, cabelo crespo, fala enrolada e olhos que pareciam cair do rosto achatado recebeu a patente de capitão. Ganhou fama de valente, aproximou-se de fazendeiros em serviços extras. Em paralelo à atividade militar, virou negociante de gado. Foi ocupando palmo a palmo da Serra Vermelha. Tomou espaço de bravos nos negócios e nas armas, fuzilou um por um. Era o senhor da ordem pública – e privada.

Né destacava-se entre os soldados, embora, como todos eles, tivesse apenas noções rudimentares de escrita. As patentes de capitão, coronel e brigadeiro vieram quando ele estava mais astuto, claro, mais maduro, ciente da política da caserna. Alcançou as patentes no charquear de boi e gente, e com alguns ensinamentos de português e álgebra. Era um sobrevivente. Não se descuidava de mostrar serviço ao Estado Português. O diferencial dele é que fazia questão de exibir sua origem vaqueana nos círculos de poder na capitania.

Ele conseguiu o emprego de tesoureiro-geral da Junta. Dali, fez caminho rápido pelo poder.

Cansado e doente, o governador Elias José decidiu, em 1821, não se candidatar a um novo mandato. Em outubro, uma nova Junta liderada pelo ouvidor Francisco Zuzarte Mendes Barreto, aliado de Elias, tomou posse no governo da capitania. Pelos serviços prestados até ali, Né foi escolhido vice.

Lisboa não reconheceu a formação do novo governo. O Ministério de Estado dos Negócios da Marinha e Ultramar convocou um novo pleito. Numa postura ousada, Né se lançou presidente. Iria concorrer com o padre Matias Pereira da Costa, religioso sem experiência política.

Na campanha eleitoral de abril de 1822, Né teve dificuldades de garantir apoio das forças políticas do Piauí. As câmaras e juntas governativas procuravam escolher apenas os "homens bons", integrantes de uma nobreza forjada dos sertões. Uns descendiam, sim, de famílias tradicionais e mesmo nobres migradas de Portugal.

A maioria dos que ascendiam na vida social a partir da ampliação de currais, entretanto, pagava linhagistas por brasões de estrelas do oriente, leopardos e mares bravios. Nas capitais das províncias, os profissionais desenhavam para seus clientes linhas frágeis de parentesco, passados imaginários. Ainda que reais, as ligações de famílias tinham, ao menos, hiatos em que seus clãs viveram apenas tempos de pobreza e dificuldades. Era o caso de Né.

Contra o brigadeiro, os pasquins oposicionistas, folhas anônimas distribuídas nas ruas de madrugada, lembravam da morte de Antônio Maria Caú na cadeia e propagaram que mãos sujas de sangue manchariam as paredes do palácio do governo.

Né pôs o gibão de couro macio do veado capoeiro, as perneiras de pele de bode, o guarda-peito de couro mais fino, do veado-mateiro, o chapéu de cuitituto, um porco menor que uma capivara, e foi pedir votos aos homens que tinham direito a escolher os representantes da Junta. O brigadeiro apresentava-se como um legítimo vaqueiro. Tentava garantir, assim, a empatia da elite do boi que se formava.

Na sacristia da Igreja de Nossa Senhora do Rosário, em Oeiras, os proprietários de terras, o clero e os altos funcionários da Coroa escolheram padre Matias.

Homem que perde uma luta no sertão se levanta, reconhece que o adversário tem sua importância e força. Mas o brigadeiro não enxergava no religioso, um corcunda, raquítico, olhos esbugalhados, sem dinheiro para comprar alpacartas, um adversário maior.

Né esforçou-se em tentar encontrar a traição em cada rosto dos ricos. Por dentro, ele se enxergava como um homem que não era do gosto de muita gente. E isso, para ele, era pior que cair do cavalo, se estrepar nos mandacarus, ver espinhos entrando na pele da barriga, perder os dentes na piçarra, rolar no cascalho da estrada.

Num esforço de reduzir o sofrimento, lembrava, nas conversas, que era um vaqueiro, uma vítima dos coronéis, dos padres, dos ricos, enfim, paradoxalmente daqueles para quem sempre serviu. O brigadeiro segurou seu ódio, sem esvaziá-lo, atenuando sua dor de não ser querido pelos homens ricos. Avaliou que o preconceito não era contra ele e sua família, mas contra a sua vestimenta.

O brigadeiro foi espezinhado pelo novo governador, que escolheu o irmão dele, Joaquim de Sousa Martins, como comandante das armas do Piauí, uma espécie de secretário de segurança. Né e Joaquim eram desafetos desde a infância. O brigadeiro foi reformado, retirado à força da Mocha. Mais tarde, deram para ele a apagada chefia da Tesouraria-Geral da Junta da Fazenda. Neste posto, começou a conspirar contra a Coroa Portuguesa, para quem sempre atuou.

MOVIMENTO DO DOUTOR CAÚ

No semiárido, o movimento pela independência seguiu o caminho das boiadas. Ao longo do século 17, os animais foram retirados das caravelas e levados em tropas pelas trilhas do litoral baiano e pernambucano e das margens do Rio São Francisco. Assim ocorreu com os movimentos separatistas das vilas e cidades da beira do Atlântico que alastraram-se para o sertão.

O fiscal da Junta do Piauí Antonio Maria Caú organizou, ainda em maio de 1821, um grupo político refratário às ordens de Lisboa. Antes que a revolta eclodisse, no entanto, ele foi denunciado ao governador português Elias José, que mandou prendê-lo na cadeia de Parnaíba, no litoral.

Caú foi delatado pelo brigadeiro Manuel de Sousa Martins. Ao denunciá-lo, Né argumentou que ele era um preposto, na verdade, do cirurgião Francisco José Furtado, um adversário político. Um médico no sertão era a única coisa que realmente importava ao povo. O brigadeiro não temia homem algum, à exceção de um doutor que abria barriga de gente. Né tinha desentendimentos políticos com Caú desde o tempo em que, no cargo de tesoureiro-geral da Junta, enfrentava a resistência do funcionário público a seus desmandos.

Numa situação nunca esclarecida, Caú morreu na cadeia. O grupo dele atribuiu a morte a Né. De qualquer forma, foi a partir do possível assassinato que o brigadeiro aproximou-se do governador Elias José e tornou-se aliado fiel de Lisboa.

Assim, Né passava da seara militar sertaneja à vida política da capitania. A origem dele é singular nos círculos de poder e da nobreza do Brasil, casta a que pertenceria anos depois. O homem nasceu vaqueiro, numa família de tradição de sangue, mas isolada nas terras sertanejas, nas lidas dos currais e nos campos abertos. Só deixou o gibão quase na vida adulta para ser soldado raso.

MOVIMENTO DE PARNAÍBA

A 19 de outubro de 1822, os homens ricos da Vila de São João da Parnaíba, no litoral do Piauí, gritaram independência e aclamaram Dom Pedro imperador. A cidade era domínio de um triunvirato formado pelo comerciante Simplício Dias da Silva, o fazendeiro Leonardo Castelo Branco e o juiz João Cândido, uma gente refinada, diferente da elite do boi do sertão.

Na Europa, Simplício conviveu com iluministas europeus, liberais que participaram da independência dos Estados Unidos e conspiradores da Revolução Pernambucana. Percorreu a Itália, a França, a Inglaterra. Falava línguas distintas daqueles aboios arrastados da Mocha.

A Vila de Campo Maior, entre Oeiras e Parnaíba, também aderiu à separação proposta por Dom Pedro. No lugar, o doutor Lourenço de Araújo Barbosa recebeu ordem de prisão por tentar fabricar pólvora e apoiar pasquins conspiradores.

Na Mocha, o major português João José da Cunha Fidié, escolhido por Lisboa como novo governador do Piauí, preparou-se para reagir ao movimento separatista. Né se dava bem com ele. Era jogo duplo. O velho vaqueiro ficou quieto na vila, à espera do que o tempo lhe reservava.

Fidié se pôs na estrada rumo a Parnaíba com seus oficiais, todos montados a cavalo. Os praças seguiram a pé. Um comboio de carros de boi, tocado pelos carreiros de longa vivência nos caminhos sertanejos, foi atrás como apoio. Em Campo Maior, no meio do caminho, a tropa foi saudada pelos portugueses perdidos naquele rincão. O povo e os soldados deram vivas a Dom João. O comandante percebeu a Câmara da vila amedrontada. Mas a situação era diferente na Parnaíba. Pela notícia recebida pelo governador, os moradores cavaram trincheiras. Estavam decididos a resistir. Fidié solicitou jagunços e animais a representantes da Coroa em Brejo e Caxias, no Maranhão, para reforçar seu contingente.

Antes do governador alcançar Parnaíba, Simplício Dias e os outros revoltosos fugiram para Granja, no Ceará, onde amigos separatistas tinham o domínio do lugar.

Fidié entrou com seus soldados em Parnaíba. A cidade caiu sem um tiro de bacamarte. Nos armazéns de Simplício, os militares saquearam arroz, sal, pimenta, aguardente e charque. Invadiram a Igreja de Nossa Senhora das Graças e do Rosário. Tiraram as coroas dos santos e limparam as caixas de esmola.

MOVIMENTO DA VACA MOCHA

Nesse tempo, Manuel de Sousa Martins, o Né, morava numa casa espaçosa, a poucos metros da Igreja de Nossa Senhora das Vitórias, na Vila da Vaca Mocha. Era uma residência de um pavimento e uma dúzia de cômodos, com janelas na parte da frente. Toras de carnaúbas e adobe formavam a estrutura das paredes. As telhas fabricadas nas canas, nas pernas dos negros, eram sustentadas por ripas amarradas nos troncos com tiras de couro cru. Circundava o telhado uma beira-seveira, formada por três camadas de telhas superpostas, a beira eira, a beira e a bica, que impediam que a água da chuva caísse direto nas paredes. O piso era de ladrilhos de barro cozido.

De uma das janelas da residência, Né viu a Mocha abandonada, entregue a bêbados, a meninos e a cachorros. Os militares portugueses estavam longe. Notícias trazidas por viajantes diziam que o movimento de independência de Dom Pedro ganhava força no litoral.

Diante da certeza de que Fidié perdera a guerra, Né chamou os irmãos, os filhos, os sobrinhos. Percebeu que podia reunir em sua casa quem tinha ideias separatistas, quem não tinha morrido por suas ordens. Então, com os sobreviventes da luta pela independência que tanto combateu, achou que, agora, era um bom negócio defender a separação de Portugal.

Enquanto isso, Fidié e seus homens enchiam o estômago com a carne de gado abatido ainda nos currais das charqueadoras de Simplício. Tomavam vinho do Porto das adegas da casa do comerciante. As moças mais lindas que viviam de mucamas na residência foram violentadas.

Na noite de 23 de janeiro de 1823, Né reuniu em sua casa os separatistas – os parentes e a jagunçada. A casa do brigadeiro virou um reduto dos rebeldes. Era a casa dos vaqueiros, a casa da resistência. Os caboclos, os jagunços, todos os homens dos currais, alguns doutores e pasquineiros se juntaram.

De madrugada, o brigadeiro deu ordens para seus homens prenderem todos que se opunham à independência, fossem eles militares, religiosos ou fazendeiros.

Capitães e alferes que atuavam em Oeiras foram capturados pelos rebeldes e presos. A cidade ia sendo tomada. Os antigos amigos de Né viraram prisioneiros, os adversários que sobreviveram às suas investidas, companheiros.

Pela manhã, com sol a pino, o brigadeiro saiu à praça para dar vivas ao imperador. Representantes civis da Junta fugiram, os guardas da Casa da Pólvora, erguida sobre uma rocha com marcas que o povo dizia serem dos passos de Jesus e do cão no seu percalço, levaram chibatadas e correram.

Sob os arcabuzes dos vaqueiros, a Câmara elegeu uma nova Junta, com o brigadeiro no comando dela. Um ofício foi enviado às vilas de Valença, Parnaguá, Jerumenha, Marvão, Campo Maior e Parnaíba.

Em uma carta, o brigadeiro mandou Fidié retirar-se do Piauí. Longe de ser um ato de coragem, Né sabia que o português não conseguiria retornar a Oeiras. Pelo caminho, teria de encontrar fazendeiros dispostos a atrapalhar sua travessia, gente simpática à independência.

A 30 de janeiro, a Junta determinou que os cidadãos piauienses não saíssem em fuga para o Maranhão nem levassem animais para lá. A capitania vizinha estava unida ao Pará na resistência à separação de Portugal. "Habitantes do Piauí, não exportai por hora para o Maranhão os vossos gados", destacava o comunicado. "Quem não ama sua pátria com horror deve ser olhado pelos seus patrícios."

BATALHA DO JENIPAPO

Em fevereiro, rebeldes piauienses internados no Ceará e no Maranhão atravessaram as divisas das províncias e chegaram ao Piauí para tentar sufocar as tropas portuguesas.

À frente de 180 homens, o capitão cearense Luis Rodrigues Chaves marchou rumo a Campo Maior, onde uma tropa de 220 homens chefiada pelo comandante de armas do Crato, José Pereira Filgueiras, e Tristão de Alencar, filho de Dona Bárbara, os aguardava. Os dois enfrentaram dificuldades para arregimentar combatentes. Filgueiras viu até seu braço direito, Joaquim Pinto Madeira, desertar. Para os antigos aliados, não fazia sentido guerrear na província vizinha.

Tanto o exército de Chaves quanto o dos milicianos do Crato eram formados por vaqueiros, lenhadores, garimpeiros, sitiantes, gente sem ocupação nas vilas dos sertões, descalça, sem perneiras ou galões.

Mais abaixo, na Mocha, o brigadeiro Manoel de Sousa Martins estava aflito com a possibilidade de invasão da vila por parte de tropas do governo do Maranhão pelo Rio Parnaíba. Leal a Portugal, o governo maranhense havia enviado armas e homens para Itapecuru, Caxias e Pastos Bons.

Né não respondeu às mensagens que o capitão Chaves enviava pedindo reforços. O brigadeiro preferiu mandar seus homens ficarem enfileirados na praça da Mocha à espera da guerra.

Diante da falta de apoio do brigadeiro, Chaves contava apenas com o pessoal arregimentado nas fazendas de Campo Maior.

Com facões, espadas enferrujadas e machados, piauienses e cearenses se entrincheiraram nas margens do Riacho Jenipapo, à espera dos portugueses, que desciam da Parnaíba justamente para retirar o traidor Né do poder em Oeiras.

Na noite de 12 de março, Chaves recebeu a notícia da aproximação de Fidié. O major português repousava com seus homens numa propriedade ali perto.

Bem alimentado, com onze peças de artilharia e no comando de 1.600 homens, Fidié chegou ao Jenipapo na manhã seguinte. A tropa de Chaves foi ao encontro dele. Os rebeldes entraram no leito seco do rio, ajeitaram-se por trás dos arbustos e do mato crescido na baixa das águas. O líder separatista fechou as duas pontas da bifurcação da estrada que ligava a Oeiras, para impedir que os portugueses passassem.

Oficiais de Fidié a cavalo foram para a direita, outra parte do grupo, liderado pessoalmente pelo major, vieram à esquerda. Às nove horas, iniciou-se um tiroteio. Os cearenses dispararam fogo na cavalaria portuguesa, que recuou. Os maranhenses, no flanco esquerdo, saíram de seus postos para ajudar os cearenses, possibilitando que Fidié passasse por ali.

A tropa portuguesa parou alguns quilômetros depois para repousar. Os homens de Chaves avançaram no campo aberto, ignorando a presença de milhares de soldados armados. Estourou mais uma vez a batalha, tiros, disparos de canhões.

Em número inferior de homens, Chaves mandou a sua tropa atacar em todas as direções. O exército de Fidié estava bem municiado. Centenas de rebeldes tombaram nos primeiros minutos.

O comandante separatista deu ordens para um recuo pelos carnaubais. Às 14 horas, o combate terminou. Fidié mandou recolher suas dezenas de mortos. Cinco buracos foram abertos na margem do Jenipapo para enterrar os corpos.

Ao juntar seus soldados, o major percebeu que parte da bagagem de guerra, armas e munições, tinha sido roubada. As lideranças do contingente cearense, experientes nas batalhas de campo nos sertões, foram hábeis em carregar os pertences dos inimigos, inclusive ouro roubado por Fidié dos independentes da Parnaíba.

O oficial português passou dois dias enterrando seus mortos nas margens do Jenipapo. Vencera a batalha, mas teve de repensar a estratégia de continuar a viagem a Oeiras. Fidié decidiu marchar para um sítio distante a um quilômetro de Campo Maior. Ele avaliou que era um risco tanto perseguir os cearenses que voltaram derrotados para o Crato quanto os rebeldes da Vila da Mocha.

Chaves enviou ao governo do Ceará um pedido de demissão do comando das forças auxiliares. Ele foi acusado de levar à morte centenas de rebeldes. A tática deveria ser de fustigamento e guerrilha e não uma batalha em campo aberto, reclamaram autoridades de cidades que tinham aderido ao movimento da independência.

A notícia do massacre nas margens do Jenipapo chegou a Oeiras seis dias depois. O mito do implacável e invencível Fidié aumentou. Espalhou-se na praça da cidade que os moradores seriam mortos e ficariam insepultos, com as vísceras arrancadas pelos urubus. Fidié, porém, estava longe, no rumo de Caxias, onde portugueses poderiam ajudá-lo.

Na casa de Né, os serviçais e escravos embalaram a prataria, as louças e as peças de bronze. Ele mandou a mulher e os criados mais chegados jogarem nas canastras os patacões que recolhera nos últimos dias no palácio do governo e no Tesouro e as poucas joias da família. Assim que os portugueses se aproximassem, fugiria pelos carnaubais na direção do Crato. Mas, da janela, vestido de gibão, o brigadeiro erguia as mãos para os vaqueiros, as mulheres, as mucamas, os escravos e as crianças na rua, como se não tivesse plano de fuga, propondo resistência e demonstrando segurança.

Dias após a Batalha do Jenipapo, Chaves chegou a Oeiras. A farda de sua tropa estava estropiada. Pesavam sobre ele as acusações da mortandade da guerra. Só os meninos, sempre interessados em quem vinha de longe, correram para recepcioná-lo.

Sem dar um tiro, Né ocupou o papel de herói da consolidação territorial do Brasil. Ele, entretanto, não era a primeira escolha do imperador para comandar a província do Piauí.

Com a debandada dos portugueses, o revolucionário Simplício Dias, da Parnaíba, retomou seus negócios na vila. Ao comandante de um barco ancorado no porto, pediu que entregasse um cacho de bananas de ouro com pontas de pedras preciosas a Dom Pedro, num sinal de reverência. É o que se espalhou na vila. O imperador o nomeou presidente da província do Piauí.

Né não escondeu a inveja e escreveu a Dom Pedro que o rival havia dado um "intempestivo grito da independência" na Parnaíba e não era a melhor escolha.

Independente de primeira hora, Simplício era bem diferente de Né. O revolucionário não era o voluntarista, o homem bruto que usava a rudeza para ganhar espaço. Tinha outra formação, recebida do pai, Domingos Dias da Silva, negociante de origem portuguesa, que implantou a indústria de charque no Piauí.

Uma passagem pelo Rio Grande do Sul permitiu ao velho Domingos conhecer o processamento da carne bovina. Exportava para Lisboa, Porto e Rio. Seus bois iam para o charque e a produção de couro, e suas vacas para novas fazendas que abria. Possuía cinco navios. Pelas contas da época, matava mil cabeças de gado por mês.

Com a morte do pai, Simplício resolveu, aos 20 anos, viver o que o mundo tinha de melhor antes de assumir a herança. Era um fidalgo que encantava viajantes cansados da falta de civilização da América. A experiência e as memórias da Europa estavam em cada canto do palacete da Parnaíba, das louças inglesas, da prataria impregnada pela maresia. A banda de música que tocava na mansão fora instruída no exterior. Ele pouco se importou em colocar a fortuna em risco ao aderir à causa da independência.

Né não tinha a finura de Simplício nem o apoio dos pasquins e da fina flor da intelectualidade piauiense.

Mesmo com a incumbência de assumir a província, Simplício não saiu de seu palacete na Parnaíba. Não subiu para Oeiras. O poder ele já tinha ao olhar dos escravos, dos empregados e serviçais de suas fazendas, das centenas de negociantes, que tudo por ele faziam em prol das relações comerciais.

Oeiras, a antiga Vila da Vaca Mocha, esperava seu príncipe. Enquanto ele não chegava, Né tocava o governo. O brigadeiro sabia que os olhos do dono engordavam o boi. Não era um entendido de Corte, mas de curral tinha conhecimento.

Quem levantou o gado na independência foi Simplício, com seu gesto amalucado de colocar tudo a perder. Foi o brilho dos lustres do palacete da Parnaíba que cegou seus olhos e atraiu Fidié para Parnaíba como se atraísse uma mariposa. Se Fidié não tivesse saído da Mocha, os homens dos sertões não poderiam gritar pela separação de Portugal e jurar lealdade a Pedro.

Simplício, entretanto, não podia deixar Parnaíba. A guerra pela independência lhe fora feroz. Os armazéns estavam arrombados, as charqueadeiras destruídas. Fidié levou o ouro, as louças da Índia, as roupas, os fraques e, relataram alguns, tijolos dourados dos pisos. O industrial tinha de reconstruir a fortuna deixada pelo pai e o poder da família no imaginário das ruas.

Na disputa pelo comando da província, Né misturava suas obrigações de autoridade do país independente com a obsessão de aumentar o patrimônio pessoal.

Em pleno processo de independência, ele procurava portugueses no Piauí e no Maranhão para propor a segurança e a integridade de suas famílias. Foi acusado de extorquir e ameaçar quem não lhe pagasse bem pela ajuda. Uma de suas vítimas, o comerciante João Manuel Gonçalves Dias, de Caxias, perdeu os bens que acumulara no tempo da Colônia. Naqueles dias de guerra, extorsão e medo, a mulher de João, a cafuza Vicência, ganhou uma criança em condições precárias num sítio afastado da vila. Era Antônio Gonçalves Dias, o poeta indigenista autor do poema "Canção do Exílio".

O processo de independência no Maranhão foi um dos mais violentos do Norte. A luta pela autonomia política estava associada a demandas por liberdade e igualdade. Historicamente, a província não estava ligada às demais regiões brasileiras.

11

JOÃO BUNDA (1822)

> *Em Benguela, antigo centro de tráfico de escravos na Costa da África, militares, colonos e também salteadores oriundos do Brasil deflagram a Confederação Brasílica, com intuito de fundir Angola ao país recém-independente no outro lado do Atlântico, mas, sem apoio do governo brasileiro, são reprimidos pelos portugueses.*

DESDE O FRACASSO do sistema de capitanias hereditárias, quando todo litoral brasileiro foi distribuído entre famílias lusitanas influentes, a Coroa Portuguesa por bem decidiu dividir, em 1571, sua extensa posse na América em duas unidades distintas. Um governo foi estabelecido no norte, com sede na Cidade da Bahia, Salvador, e outro no sul, no Rio de Janeiro conquistado dos franceses.

Com a ascensão de Filipe II e a união dos reinos de Espanha e Portugal, a América passou a contar, em 1621, com dois estados coloniais ibéricos, o Estado do Maranhão, a capital São Luís, e o Estado do Brasil, controlado a partir de Salvador.

Daí em diante, o Maranhão, uma referência ao Rio Amazonas, que no trecho peruano recebe, entre muitos nomes, a designação de Marañon, águas revoltas, o Grão-Pará, São José do Rio Negro (Amazonas), Piauí e Ceará formaram um Brasil nunca totalmente integrado ao restante do território do país. O Norte, termo ainda mais simples para definir uma faixa vasta das terras brasileiras, tinha ventos mais favoráveis que o encontrado no Estado do Brasil para as embarcações que faziam o comércio com a metrópole.

Lisboa fica a 7,7 mil quilômetros do Rio, 1.500 a mais que de São Luís.

Os dois Estados seguiram afastados um do outro.

Distante culturalmente e economicamente, uma elite surgiu em São Luís e Belém, formada a partir da cultura do algodão e do arroz e de um projeto do Marquês de Pombal de reproduzir um Portugal de dimensões romanas na calha do Amazonas, repetindo até mesmo nomes de cidades e povoados – Alenquer, Óbidos, Santarém, entre outros.

Integrante dessa mesma elite, a Igreja maranhense, força fundamental do período na Amazônia, não fazia nem mesmo referências às atividades clericais de capitanias do sul. Respondia diretamente ao patriarcado de Lisboa.

A geografia, a falta de comunicação e a história de mais de duzentos anos de separação acomodaram a elite comercial e a incipiente elite agrária de São Luís e Belém, mais que as do Ceará e do Piauí – a do Rio Negro nem contava –, a não forçar aproximações. As relações com as autoridades de Lisboa seguiam o ritmo do vaivém, das eternas divergências. Para os homens de posses da Amazônia, o movimento separatista de Dom Pedro não tinha atrativos.

O Estado do Maranhão, representado especialmente pela elite de portugueses e filhos de portugueses, entretanto, para manter sua vida ligada exclusivamente a Lisboa, teria agora de enfrentar duas frentes de ataques. Uma externa: lideranças filhas de famílias ricas que estudaram na Europa liberal e revolucionária ou mestiças, dispostas a um protagonismo político e social, dos vizinhos Piauí e Ceará. Outra interna: uma legião de negros livres que formavam uma frágil estrutura, gente que vivia do trabalho de escravizar outros negros, gerenciava currais, comandava tropas de animais nas Matas de Cocais e na Caatinga. Não estavam só. Portugueses havia muito tempo radicados no interior da província, negociantes que formaram fortunas em cidades como Caxias e Itapecuru, grandes proprietários de terra sem vínculos diretos com São Luís estavam em campanha pela independência.

O movimento do jovem imperador do Rio e seus mercenários era uma porta na luta pela abolição completa para esses negros livres ou da libertação das correntes do cativeiro para a maioria – massas entraram no conflito entre reais e imperiais. A campanha pela independência atraía sobretudo a elite formada nas cidades distantes da capital maranhense, que dependia da economia do boi, mais ligada às cidades e vilas baianas, cearenses e piauienses que a São Luís conectada a Lisboa e à Europa.

A guerra da independência tinha motivações econômicas e também identitárias, para usar um termo contemporâneo. Dela faziam parte senhores de terra e também agregados nas fazendas e currais e apoiadores políticos.

Nas vilas do interior do Maranhão, lideranças negras e mestiças inseridas na economia dos currais e do algodão, com influência entre as massas de pretos e mestiços, formavam a linha de frente das milícias de defesa da independência.

TOMADA DE MANGA

Aos 70 anos, João Bunda, no registro de cartório João Ferreira Couto, tinha conquistado respeito entre jagunços de propriedades e fazendeiros das margens do Rio Itapicuru, no Maranhão. Detratores apontavam uma vida dedicada à captura de escravizados fugidos. Não há registros que detalham sua atuação nas propriedades de terra da Mata de Cocais. É certo que tinha influência nas milícias que atuavam na região.

Na luta da independência, João estava ao lado dos líderes separatistas. É tanto que, em meados de maio de 1823, ele formou uma força de quarenta homens a cavalo e armados e entrou, numa madrugada, em Manga do Iguará. O distrito era ponto de pouso de boiadeiros e tropeiros e comércio da zona do gado.

O contingente do capitão Manoel José de Magalhães, chefe do distrito, tentou resistir à investida do grupo dos independentes. Os tiros atingiram portas e janelas de casas e vendas. Na defesa do povoado, Magalhães e outros sete homens morreram.

Ao deixar o distrito, João Bunda levou armas, munições e o que sobrou da milícia do capitão Magalhães. A notícia da vitória do chefe popular da independência no Manga correu ligeiro pelas estradas do interior, repercutindo nos mais diversos cantos do Maranhão, das pequenas cidades à capital.

Em São Luís, uma das vozes mais contundentes contrárias à independência usava batina. O português José Antônio da Cruz Ferreira Tezo, o padre Tezinho, publicava na capital *O Conciliador*. Ao contrário do que o título possa sugerir, o jornal criado para divulgar a Revolução do Porto fazia uma defesa enfática da repressão aos independentes e a todos os movimentos liderados por negros e mestiços.

O ataque exitoso do grupo de João Bunda ao Manga ganhou nas páginas do jornal de padre Tezinho contornos de massacre. A pena do religioso descreveu o líder independente como chefe de um bando de salteadores e assassinos.

O herói do distrito de Iguará é um preto capitão do mato de idade de 70 anos, por nome João Bunda!! Este miserável facínora uniu a si outros que tais em número de 40 e à sua frente na madrugada do dia 23 de maio marchou ao lugar da Manga do Iguará, onde chegou às cinco horas para as 6 da manhã. Os destacamentos avançados, que se lhe podiam opor estavam de acordo e massacraram o comandante que pretendia fazer o seu dever. Logo que aqueles malvados entraram na povoação, onde não se lhe opôs resistência, cercaram as casas daqueles moradores em que supuseram oposição. O capitão Manoel José de Magalhães foi acutilado e morto, sem que tivesse tempo de se levantar da rede onde dormia. Um fiel escravo que se aproximou para defendê-lo foi a segunda vítima e até a esposa deste desgraçado cidadão — e a sua família — esteve a ponto de ser assassinada por aqueles desalmados verdugos, por que ao seu pranto e desolação respondiam com tiros.

Anos depois da independência, padre Tezinho voltaria à cena política do Maranhão para, desta vez, defender o imperador. Na volta ao tabuleiro do jogo da província, o religioso procurou enaltecer o "libertador" da pátria.

COMBATE DE ITAPECURU-MIRIM

Após o ataque de Manga do Iguará, João Bunda e seus homens buscaram refúgio na localidade de Jacu, uma região de babaçus e bacabas no Baixo Itapecuru. Lá esperou pela chegada de uma das principais lideranças do movimento de independência no Maranhão.

O chefe político Salvador de Oliveira arregimentou comandantes de milícias influentes nos quilombos e nas aldeias tapuias para a causa contra os portugueses. A Coroa ainda dominava a capital e áreas estratégicas do interior da província.

Disposto a atacar Itapecuru-Mirim, vila de comércio movimentada, que contava com uma Câmara e um pelourinho, a 100 quilômetros de São Luís, ele dividiu a tropa em quatro colunas. João Bunda ficou no comando de uma delas. O indígena Matroá recebeu o comando de outra. Os chefes locais Sismando Magalhães e Joaquim de Carvalho ficaram responsáveis pelas demais.

De forma preventiva, a Junta Governativa de São Luís mandou 33 praças bem armados para Itapicuru-Mirim. A vila ainda contava com uma milícia formada por quinhentos homens para impedir a invasão dos independentes.

Em junho, as colunas de Salvador de Oliveira atacaram a vila. O combate entre separatistas e reais durou mais de quatro horas. Com menos munições, os independentes recuaram.

No livro *Cidadania no Brasil: o longo caminho*, o historiador José Murilo de Carvalho avalia que não seria correto afirmar que a campanha da independência foi fruto de uma "luta popular" pela liberdade. "O papel do povo, se não foi de simples expectador, como queria

Eduardo Prado, que o comparou ao carreiro do quadro *Independência ou morte!*, também não foi decisivo, nem tão importante como na América Espanhola", destacou o autor. "Sua presença foi maior nas cidades costeiras; no interior foi quase nula."

A atuação de João Bunda, ainda que um homem absolutamente da engrenagem do poder escravagista, por supostamente ser ele um capitão do mato, como apontavam seus detratores, e do contingente de negros e mestiços que comandava não deixava de ser um movimento popular significante, mesmo ligado ao processo desencadeado por elites. Ao menos no interior do Maranhão, exércitos de mestiços, negros e índios tiraram uma classe mais abastada da zona de conforto.

CERCO DE CAXIAS

Os embates com os defensores da independência no interior e a derrota de tropas portuguesas no Piauí pressionavam o governo da Ilha de São Luís leal a Lisboa. Em fevereiro de 1823, a Junta havia pedido reforço de mil praças para atuarem em Caxias, no Meio-Norte, do Maranhão, vila cobiçada pelos revoltosos.

Para comandar a resistência em Caxias, os portugueses chamaram o experiente general João José da Cunha Fidié, que tinha perdido armamentos e munições na Batalha do Jenipapo e saído do Piauí. O general português improvisou um quartel-general no Morro da Taboca, nas proximidades do centro da vila.

Com armas e munições repassadas por São Luís, Fidié treinou uma milícia de setecentos homens para garantir a segurança de Caxias.

No Ceará, o comandante independente José Filgueiras, agora com o título de general, e Tristão de Alencar Araripe receberam carta de Dom Pedro para "livrar" o Maranhão dos portugueses. Eles chegaram a Caxias no final de julho de 1823 com um exército de mais de 3 mil homens, a cavalo e a pé, e grandes carros de boi.

De forma cortês, Filgueiras mandou chegar até Fidié uma carta para propor a rendição da tropa inimiga. O general português ainda recebeu uma outra correspondência da Junta de São Luís de que era impossível resistir. O movimento da independência tinha se alastrado pela província. No final de julho de 1823, Fidié se demitiu. Era a capitulação do principal nome militar português nos sertões.

ASSALTO A SÃO LUÍS

O cerco à capital da província do Maranhão pelos independentes se fechava. A vitória do movimento separatista contra a Coroa Portuguesa era questão de dias. Ainda a 26 de julho de 1823, a fragrata de Lord Cohrane fundeava na barra de São Luís. Autoridades portuguesas e a colônia lusitana entraram em pânico com a aproximação do mercenário inglês na costa.

Cochrane mandou emissários à terra para ordenar que os militares portugueses deixassem os seus postos nos fortes da cidade e as autoridades anunciassem à adesão imediata ao Império do Brasil. As ordens foram imediatamente obdecidas. A elite da capital vivia do comércio e para seus negócios, sem uma tradição bélica.

A partir das primeiras conversas com lideranças de São Luís e a percepção de que elas estavam dispostas a não fazer guerra, o almirante inglês passou a propagar que havia liberado todo o Maranhão e cobrar uma dívida elevada pela conquista. O saque anunciado por Cochrane incluía desde escravos de particulares ao dinheiro do governo da ilha.

As autoridades que atuaram na transição, tanto do lado português quanto do lado dos independentes, argumentaram que o dinheiro público deveria passar da Coroa para o novo Império. Cochrane não se deu por vencido e passou semanas exigindo todas as moedas que consideram parte da suposta dívida. O mercenário irritou os maranhenses. Ele ainda voltaria meses depois para cobrar mais recursos.

Depois do saque na província, Thomas Cochrane mandou um subordinado, o inglês John Pascoe Grenfell, de apenas 21 anos, entrar no brigue *Dom Miguel,* rebatizado de *Maranhão,* e partir para reforçar o movimento separatista em Belém. Era um jovem que entrou para a marinha ainda menino. Deixou a Europa arregimentado para lutar na guerra da independência do Chile e depois do Brasil. Nenhum homem exerceria o poder bélico e político com a mesma força sem limites de Grenfell na Amazônia brasileira.

O Norte estava em chamas. A floresta vivia com intensidade a guerra da independência, um conflito que envolvia não apenas suas elites, mas especialmente as camadas mais pobres como nenhuma outra região do Império.

A propósito, a mudança de letra do Hino Nacional nos primeiros anos da República foi ilustrativa. A nova letra incluiu o hoje pouco piscoso Riacho Ipiranga, de São Paulo, onde Dom Pedro anunciou a separação do Brasil de Portugal, e cortou a estrofe que citava rios caudalosos, cenários decisivos das guerras mais intensas travadas pela independência. Era o caso do Amazonas, que no país recebe também o nome de Solimões.

> *Da Pátria o grito*
> *Eis se desata*
> *Desde o Amazonas*
> *Até o Prata*

12

A CONQUISTA DA AMAZÔNIA (1823)

> *O presidente dos Estados Unidos, James Monroe, implanta a doutrina da América para os americanos, contrária aos interesses coloniais da Europa. País consolida a liderança do continente.*

A DERROTA DAS forças portuguesas em São Luís e no interior do Maranhão abria o caminho do governo do Rio de Janeiro para a conquista do Rio Amazonas e seus afluentes, da divisa com o Peru à foz no Atlântico, nas ilhas do Arquipélago do Bailique, onde hoje é o Amapá. Todo o trecho brasileiro do grande rio e seu estuário estavam dentro do território do Grão-Pará, província formada pelas comarcas do Pará, Marajó e Rio Negro – atual estado do Amazonas.

Ainda que essa região Norte do país se limitasse a memórias de expedições de busca de ouro fracassadas e povoações formadas de casas de barro e palha, com um ou outro forte com velhas peças de artilharia, de cerca de 150 mil habitantes batizados na Igreja Católica, sem campos de agricultura ou pastagens, a conquista do Grão--Pará, maior província territorial do Brasil, tinha a força simbólica de sua extensão. Com mais de 4 milhões de quilômetros quadrados, a Amazônia Portuguesa possuía um território equivalente ao do Império Romano.

Ali, a elite comercial portuguesa, sediada sobretudo em Belém e na Vila de Cametá, na beira do Tocantins, vivia de costas não apenas para as elites e províncias do Sul como para legiões de indígenas e mestiços que viviam no interior da floresta, nas margens dos rios e igarapés e nos povoados e cidadelas da Baía do Guajará e do Baixo Amazonas. O que unia indígenas e os não indígenas era a Língua Geral falada na Amazônia, criada pelos jesuítas a partir do tupinambá. Belém falava tanto o português como a Língua Geral.

Os tapuias, como eram chamados genericamente os índios do Grão-Pará, independentemente de etnia e grau de interação com as vilas de traços portugueses, formavam a maioria da população da província. Embora os indígenas fossem considerados um só povo pela elite de Belém, as aldeias mais distantes das vilas estavam sempre sujeitas a ataques de grupos em busca de escravos. Para evitar problemas com autoridades, os chefes dessas expedições diziam que os capturados nas matas eram botocudos, uma forma de aproveitar a Carta Régia de Dom João, de 1808, que decretava guerra aos indígenas do Rio Doce nos longínquos Espírito Santo e Minas e permitia a escravidão deles.

Uma sociedade distante de Lisboa e de hierarquias afastadas entre si formou-se no Grão-Pará. A economia quase primitiva, que exportava cacau, arroz, açúcar e madeira, e uma estrutura de Estado precária, onde a morte era sempre o rumo da Justiça e da moral, compunham um sistema social fragmentado em todos os seus aspectos, uma complexidade de interesses tratada pelas autoridades portuguesas quase como uma anarquia incontrolável e sem fim. A Coroa mantinha com dificuldades a repressão estatal.

O contingente e a burocracia militares mantidos pelos portugueses em Belém se esforçavam para garantir, sob certa medida, a ordem pública e a asfixia de qualquer movimento social e político que eclodisse na cidade. Essa força acomodada se constituía no principal desafio enfrentado pelos defensores do movimento pela independência no Grão-Pará que corria sem laços estreitos com separatistas do Rio. Dela dependia não necessariamente a elite de comerciantes portugueses, mas a de famílias de oficiais e praças.

O foco de apoio a Dom Pedro na Belém dominada pela Coroa Portuguesa era um jornalzinho impresso por um padre. João Batista

Gonçalves Campos, de 40 anos, nasceu na Vila de Barbacarena. Agitador político, pôs o *Paraense* para publicar manifestos do imperador pela independência. Por conta da militância, foi preso e era vítima de constantes ataques nas ruas.

Em setembro de 1822, o governo português prendeu Batista. Influente na cidade, o religioso saiu da cadeia dias depois. Estava ainda mais disposto a incendiar de vez Belém.

Meses depois, em fevereiro, a Câmara Municipal convocou eleições para integrantes da Junta Governativa. Apenas partidários da independência foram eleitos. O coronel português João Pereira Villaça, à frente de uma tropa, prendeu um por um os novos membros, restituiu a composição anterior, aliada de Lisboa, e promoveu uma caça a líderes independentes. Ele decidiu desterrar o Cônego Batista para um lugar distante do Solimões. O religioso fugiu antes pela mata.

TRAGÉDIA DO *ANDORINHA*

As notícias da Corte de Dom Pedro no Rio, das lutas separatistas da Bahia e do Piauí e da anexação do Maranhão ao novo Império aumentavam o clima de tensão política no Grão-Pará. Nos primeiros meses de 1823, tropas passaram a ficar de prontidão para coibir qualquer movimento de insubordinação dos imperialistas.

Com o afastamento do Cônego Batista de Belém, os independentes passaram a se reunir na casa do italiano Giovanni Battista Balbi, de 29 anos, há apenas quatro na cidade. Negociante, tinha vivido em Malta, Lisboa, Bahia e Rio antes de chegar à Amazônia e se casar. Balbi e companheiros que defendiam a separação se preocuparam em cooptar oficiais de baixa patente para as conversas secretas na calada da noite. Na província, o movimento contra Portugal dependia deles.

Em meados de abril daquele ano, um número considerável de militares estava incluído na conspiração contra a Junta pró-Lisboa que voltava a governar o Grão-Pará. Era uma gente que não via perspectivas dentro dos quartéis. Vivia em situação econômica mais difícil que a de colegas arregimentados nos grupos de milícia pagos pelos comerciantes portugueses para manter a segurança de suas famílias e de seus negócios.

Na madrugada do dia 14, Balbi e seu grupo, todos com fardas, se foram para o quartel da capital, onde militares conspiradores estavam à espera. Imitando a voz do coronel Villaça, Balbi conseguiu que o sentinela abrisse o portão. Dentro, o independente e seus companheiros recolheram armas e balas. Com novos adeptos e bem municiados, foram para as ruas anunciar a independência.

A adesão à causa da separação estava longe de ser completa dentro da caserna. Quando o capitão Boaventura Ferreira da Silva deu vivas à Sua Majestade Dom Pedro e à independência, no Largo das Mercês, o major Franciso José Ribeiro retrucou que não deveriam "desprezar" o "pai" pelo "filho" e se opor a Dom João VI. As frases do oficial calaram por alguns instantes o grupo. Não houve confronto no local, mas estava claro a divergência interna do setor militar.

De manhã, um tenente-coronel revoltoso abriu fogo contra um sentinela e um sargento e depois de matar o primeiro foi fuzilado por militares leais à Coroa Portuguesa. Ainda naquele dia, o governador das armas do Grão-Pará conseguiu reunir força suficiente para sufocar os rebeldes e prender cada um deles. O brigadeiro José Maria de Moura foi nomeado governador das armas da província.

Por semanas, autoridades portuguesas em Belém discutiram o destino dos 271 presos na insurreição pela independência. À frente da Junta, o padre Romualdo Antônio de Seixas, de 36 anos, se postou contra a adoção da pena de morte. Ele pertencia a uma família influente na Igreja e era bem quisto na elite paraense. Quando Dom João chegou ao Brasil, foi enviado ao Rio como representante do Grão-Pará para o beija-mão do príncipe real.

De estatura baixa e corpulento, Seixas usou um argumento para tocar na alma da elite de Belém. Observou que a Revolução Francesa foi mal sucedida ao decapitar os reis, que a prática da pena de morte teve consequências nefastas no Caribe e que os réus da independência eram brancos, alguns oficiais. "Onde é que se faz esta execução? É em uma província onde nunca se viveu iguais espetáculos, senão nos escravos mais facínoras, e onde sempre se evitou praticá-las em pessoas brancas pelo perigo de enfraquecer a consideração desta classe dos habitantes no espírito e na opinião escravocrata", disse. "Que respeito terão os escravos à força armada quando virem militares graduados e seus próprios senhores nivelados com eles mesmos na infâmia do suplício?"

O governador de armas, José Maria Moura, insistiu para que os condenados tivessem a pena, isto é, a morte, cumprida em Belém. A maioria dos membros da Junta, no entanto, aceitou a proposta de Seixas de enviá-los para Lisboa, onde teriam a sorte decidida pelas autoridades portuguesas. O governador das armas ainda tentou desviar os presos para responderem por seus crimes em Lisboa, para evitar "consequências" no Grão-Pará.

O governador das armas chamou à sua casa os oficiais mais influentes para tentar apoio à proposta da pena de morte de todos os independentes implicados na insurreição. Não conseguiu.

No começo de junho, os presos partiram na gaiola *Andorinha do Tejo* com destino a Portugal. Doenças, frio, fome, comida estragada, ratos e fungos. A viagem ocorreu em situação degradante. Muitos morreram. Os sobreviventes só chegaram a Lisboa em setembro. Após alguns dias presos, foram soltos pela Coroa.

SAQUE DO RIO TEJO

Depois de despachar John Grenfell para Belém, Lorde Cochrane rumou para o Rio. O oficial escocês desembarcou na Corte em meados de setembro de 1823. Queria agora receber pelo serviço na guerra contra os portugueses nas províncias do Norte. O imperador foi num escaler recepcioná-lo. Até ali, o almirante calculava ter apreendido ou tirado do mar 76 embarcações inimigas.

Agora em guerra para conseguir a adesão da colônia de Portugal residente no Brasil, Dom Pedro tinha em Cochrane um foco de problema. Não possuía dinheiro para pagar pelo trabalho do mercenário, que a cada momento aumentava o valor do serviço prestado, nem podia manter o apoio público a apreensões de barcos. Do lado de lá do Atlântico, Dom João reduzia o poder dos adversários e sugeria uma reaproximação com seu filho e imperador da nova nação americana.

No Palácio da Quinta da Boa Vista, Dom Pedro recebia visitas de negociantes portugueses que iam reclamar de perseguições dos piratas promovidos pelo imperador. Os homens de Cochrane não respeitavam, diziam eles, nem mesmo as embarcações que traziam produtos comprados na Europa pelos comerciantes defensores da independência para vender nas lojas do Rio.

Os piratas do lobo britânico continuavam atuando nos mares. Ainda naquele mês, a fragata *Niterói*, que partira da Bahia, em perseguição ao barco *Paquete de Setúbal*, conseguiu se aproximar da embarcação portuguesa na Foz do Rio Tejo, em Lisboa.

Num conflito da independência em plena Europa, os mercenários entraram no convés do iate português e renderam seus tripulantes e passageiros. Tomaram mantimentos, roupas e o que mais havia nos porões e camarotes, sem ser repreendidos por autoridades portuárias do país.

Na volta ao Brasil, os piratas fizeram uma escala no Arquipélago de Açores. Eles aprisionaram os iates *Santo Antonio do Triunfo* e *Harmonia* e a escuna *Emília*. A fragata *Niterói* chegou ao Rio carregada de pilhagens, reduzindo a pressão de Cochrane para receber do governo imperial.

MOVIMENTO DA INDEPENDÊNCIA NO MARAJÓ

Uma parte dos líderes da insurreição separatista de abril em Belém conseguiu escapar da prisão. Mas não desistiu do movimento para expulsar os portugueses do Grão-Pará. Um grupo entrou numa canoa no porto e rumou para o Marajó. Após enfrentar tempestade e a revolta das águas do Amazonas, chegou à Vila de Muaná, na costa ocidental e mais selvagem da ilha.

O fazendeiro José Pedroso de Azevedo acolheu o grupo em sua propriedade, na margem do Rio Muaná. Ali, os independentes planejaram uma revolta com o intuito de se espalhar pela ilha e chegar ao continente.

A 28 de maio, João Pocidônio, um dos principais líderes dos separatistas, fez a proclamação da independência em Muaná. Com os homens armados disponibilizados por Azevedo, o movimento contava com mais de duzentos integrantes.

A maioria absoluta do contingente revoltoso era formada por indígenas. Os relatos sobre o movimento expunham a identidade étnica dos seus integrantes e chocavam as autoridades portuguesas. Por esses relatos descritos pelos representantes da Coroa, os homens gritavam "viva Dom Pedro e "viva os tapuias", além de pedirem as cabeças das autoridades brancas nas estacas.

O governador das armas enviou de Belém um contingente para acabar com a insurreição. O major Francisco José Ribeiro, o mesmo que capitaneou a reação aos independentes em abril na capital, foi escolhido para chefiar a repressão. O pesquisador André Roberto de Arruda Machado, que estudou esse período de tensão política no Pará, constatou que a força do poderio disponibilizado na repressão no Marajó levava em conta o receio de uma propagação do movimento dos tapuias.

Com um efetivo maior que o dos independentes, Ribeiro teve dificuldades para neutralizar o grupo. O campo de alagados da ilha impossibilitava o avanço da tropa. Só depois de quatro horas de fogo, ele conseguiu prender os cabeças do movimento. Pocidônio e seus companheiros foram jogados numa embarcação e levados a Belém. Na cidade, tiveram de enfrentar o ódio e a fúria dos contrários ao Império. Contra eles foram atirados paus e pedras, numa das cenas mais humilhantes do movimento separatista até ali.

A 10 de agosto, fundeou no porto de Salinas, na Baía de Guajará, o brigue *Maranhão* comandado pelo inglês John Pascoe Grenfell, braço direito de Lorde Cochrane.

Grenfell adotou a estratégia de blefe do chefe para facilitar a entrada em Belém. Mandou avisar às autoridades portuguesas que Cochrane estava com sua embarcação em águas do Pará, acompanhado de outros barcos, a algumas léguas de Belém, para garantir a adesão da província ao Império do Brasil. Foi o suficiente para a Junta se reunir em tempo recorde e decidir, quase que por unanimidade, se sujeitar às ordens de Dom Pedro. A adesão ao "sistema" do Rio, avaliaram os membros do grupo, era o meio mais eficaz de salvar a província dos "horrores" da anarquia.

O governador das armas foi um dos poucos que não aceitaram a ideia, mas não se movimentou para uma reação. Ao ser informado da decisão da Junta, Grenfell exigiu que José Maria de Moura fosse preso num dos barcos portugueses ancorados na baía. Assim, no dia 12, o jovem inglês desceu de sua embarcação para assumir o comando político e militar da província. Com uma esquadra naval imaginária, o jovem inglês tomou a Amazônia de Portugal.

FUZILAMENTO DOS CINCO

O blefe do primeiro-tenente John Grenfell indignou portugueses que resistiam à anexão da província do Grão-Pará ao Império. A insatisfação da elite e de setores populares de Belém era latente. O oficial inglês chegou a sofrer um atentado. Numa noite de agosto, ele descia do escaler quando foi atacado pelas costas por um marinheiro português de um navio ancorado no porto. O homem conseguiu fugir na escuridão.

Em Belém, uma Junta Governativa foi eleita sob pressão de Grenfell, a primeira depois da adesão ao Império. A equipe era presidida pelo coronel Geraldo José de Abreu e tinha como secretário outro militar, José Ribeiro Guimarães Conin. Dos quatro demais integrantes, apenas o Cônego Batista Campos era civil. A presença de oficiais dos batalhões no grupo provocou desconfiança entre os participantes do movimento pela independência.

Na noite de 15 de outubro, soldados do 1º, 2º e 3º Regimentos de Infantaria e do esquadrão da cavalaria se juntaram a moradores de Belém numa manifestação de rua contra a Junta. Eles saíram em marcha pelas ruas da cidade para exigir substituição do presidente da Junta por Batista Campos. Houve quebra-quebra, arrombamentos de casas e saques nos comércios dos portugueses.

Pressionadas, as autoridades entregaram a presidência da Junta a Batista Campos. No cargo, o religioso demitiu portugueses de cargos estratégicos do governo, como desejavam os revoltosos.

No dia seguinte, Grenfell mandou a força que dispunha cercar as ruas e acossar os insurgentes. Em número maior, os imperialistas prenderam mais de duas centenas de manifestantes. Os homens foram levados para a cadeia pública da cidade.

Batista Campos foi derrubado do poder na província. A antiga Junta foi restituída. Um dos oficiais que tinham sido demitidos pelo cônego prendeu o religioso e o escoltou até o largo do palácio, onde mais de duzentos manifestantes estavam detidos.

O líder independente foi amarrado na boca de um canhão. O morrão chegou a ser aceso para que ele confessasse a autoria da organização do movimento insurgente.

A muito custo, aliados de Batista Campos conseguiram convencer Grenfell a libertar o religioso.

Colérico, o jovem mercenário decidiu, entretanto, endurecer com os demais prisioneiros. Grenfell deu ordens para que cinco militares presos fossem fuzilados e servissem de exemplo à corporação. De forma aleatória, os sargentos Manoel Raimundo e Felipe, dois soldados e um paisana que trabalhava na portaria do Arsenal da Marinha tiveram as mãos amarradas e os olhos vendados. Levados para frente de uma linha de tiro, os revoltosos passaram por julgamento em que nem tiveram defesa.

Por sua vez, Batista Campos, o nome de maior destaque do movimento pela independência no Grão-Pará, foi jogado numa embarcação e enviado preso para o Rio. Ao mesmo tempo, antigos representantes da Coroa assumiam agora o poder na província na condição de súditos do novo imperador.

Os aliados de Batista Campos ficaram perplexos com o rumo que o processo de independência tomava. Havia uma convergência de insatisfações nas ruas de Belém, tanto dos defensores da adesão ao Império quanto dos portugueses e de quem queria afastamento também da Corte de Dom Pedro.

MASSACRE DO *PALHAÇO*

A execução de presos no largo do governo em Belém pouco alterou o clima de fúria e ódio entre os demais revoltosos recolhidos na cadeia pública da cidade. A turba batia nas grades e gritava, para desespero dos sentinelas encarregados de manter a ordem.

A pedido da Junta Governativa, John Pascoe Grenfell ordenou, a 20 de outubro de 1823, a transferência de 256 prisioneiros para o porão do brigue *São José Diligente*, conhecido na zona portuária como *Palhaço*, ancorado na Baía de Guajará, próximo ao centro da cidade. Assim, afastava os rebeldes dos praças lotados nas cadeias e quartéis, numa forma preventiva de evitar novas rebeliões.

Um parêntese: o barco era um símbolo da luta nativista pela independência. Pela embarcação vieram de Portugal jovens estudantes dispostos a propagar a campanha pela autonomia política e econômica e enfrentar a máquina burocrática da Coroa na capital do Grão-Pará.

No palácio do governo da província, uma mulher pediu clemência pelo filho e o marido que estavam na lista dos presos levados para o brigue amarrados de dois em dois, numa procissão de horror pelas ruas de Belém. O destino deles parecia ter sido traçado pelos militares do comando da província.

"Eu não protejo ladrões", respondeu o presidente da Junta, Geraldo José de Abreu. "Brevemente ficaremos livres desses malvados."

A área do porão do barco tinha 12 metros de altura e apenas 30 palmos de comprimento e 20 de largura. Só uma pequena fresta permitia a entrada de ar naquele lugar fétido e pequeno para mais de duas centenas de homens. As condições eram das mais degradantes. Superlotação, calor, fome, falta de água, sujeira, detritos, urina. Uns se acotovelavam nos outros. A todo momento alguém se exaltava com a sensação de asfixia. O desespero tomou conta dos homens, que se enfrentavam a qualquer esbarrão.

Na noite do dia seguinte, os presos gritavam ainda mais desesperados, agora por pedidos de socorro. A boca e a garganta estavam secas, os olhos ardiam, os braços e pernas não respondiam ao cérebro. Ainda tinham força para pedir água. Com a aflição dos prisioneiros, os soldados da sentinela jogaram um balde de água sobre eles. A poça formada no chão imundo do porão foi disputada com socos e empurrões.

Os gritos e a briga entre os homens deixaram os vigilantes tensos. Com o intuito de acabar com o alvoroço, soldados dispararam tiros para dentro da embarcação. Minutos depois jogaram uma pá de cal virgem sobre os homens.

Há ainda a versão de que os soldados colocaram uma tina no porão com água envenenada. É certo apenas que, a partir desse momento, os prisioneiros passaram a gritar com mais desespero, sufocados. Uns se batiam contra os outros, em guerra por um espaço nas gretas que garantiam um pouco de ar.

Pelas escotilhas do lado de fora, o primeiro-tenente da Marinha Joaquim Lúcio de Araújo, chefe da guarda, dava golpes de espada nas cabeças e mãos dos que suplicavam pela vida. Em acesso de loucura, os presos se debateram e se atacaram uns aos outros, com mordidas, cabeçadas e golpes com as forças que ainda restavam dos braços. Em duas horas, não se ouvia mais barulho vindo da embarcação.

Por volta das sete horas da manhã, soldados abriram o porão. Corpos aparentemente sem vida se amontoavam entre detritos, sangue e cal. Eles tentaram encontrar alguém vivo. Apenas quatro deles apresentavam sinais de que ainda respiravam. Destes, três morreram antes de chegarem ao hospital. Um dos presos, João Tapuia, escapou da morte, mas levou do brigue marcas que afetaram sua sanidade mental.

No exame de corpo de delito, o ouvidor da cidade e o seu escrivão registraram que os cadáveres estavam inchados, muitos deles mutilados a golpes de sabre e com marcas de tiros.

Ao ser cobrado por autoridades do Rio pela barbárie, Grenfell disse que não deu ordens para ninguém matar os presos.

Belém jamais esqueceria das narrativas da brutalidade daquela noite de agonia, contadas no comércio e nas calçadas. Sob guarda do novo Império, os massacrados eram em sua maioria jovens dos quartéis e das ruas da capital da província, vítimas da covardia e não da guerra.

O capitão de artilharia Florentino Ignácio, o escravo Germano José, o bombeiro Manoel Joaquim Gomes, o soldado da cavalaria Manoel Luiz, o paisano Francisco José, o soldado do 1º Regimento Maurício dos Santos, o cabo do 2º Luiz Felipe, o soldado do 3º Joaquim José e dezenas de outros prisioneiros tiveram sua memória e sua tragédia relatadas por parentes e amigos.

Os corpos do mortos no massacre foram transportados por homens do Arsenal da Marinha num batelão até o outro lado da baía. Os militares abriram uma vala de pouca profundidade, jogaram nela os cadáveres e depois acenderam uma fogueira de panos, longe dos olhos da cidade.

A Junta divulgou uma proclamação para se eximir da carnificina no porão do *Palhaço*. Na mensagem, os seus integrantes acusaram os próprios mortos pela tragédia. Ao longo da noite, os prisioneiros do barco teriam "rompido" laços com a natureza, matando-se uns aos outros, num "sentimento" típico de feras.

Um relatório divulgado na época por opositores observava que o governo do Pará tinha aprovado a mortandade numa proclamação onde dizia que "alguns dos principais chefes de salteadores e da rebeldia já expiaram com a vida seu horroso crime". Numa outra mensagem ressaltou que "entregaram-se os públicos e principais reconhecidos autores de anarquia e desordem a um castigo, como o crime próprio, público e violento".

Ao saber do massacre de Belém, o Império cobrou explicações de Grenfell e dos representantes da Junta Governativa. Tanto que o oficial voltou ao Rio para ser julgado por sua atuação na repressão. Os crimes, entretanto, passaram a ser encobertos pelo novo governo da província. José de Araújo Roso, que assumiu a presidência meses depois das mortes do *Palhaço* e do fuzilamento dos cinco militares em Belém, se esforçou para livrar amigos que comandavam a Junta Governativa na época dos assassinatos, os oficiais Geraldo José de Abreu e José Ribeiro Guimarães Conin.

GUERRA CIVIL DE CAMETÁ

Ao saber das mortes no brigue, milícias de independentes saíram às ruas nas vilas das margens da Baía de Guajajara e dos Rios Amazonas e Tocantins. Grupos armados e revoltados fizeram concentração em Baião, Oeiras, Anapú, Melgaço, Mojú, Conde, Beja e Cametá e na Ilha de Marajó.

Em Cametá, o capitão José Franciso Alves, principal líder independente na vila da margem do Rio Tocantins, pôs em ação sua tropa de milicianos. Dezenas de homens foram colocados em pontos estratégicos. Nenhum barco desceu para Belém ou subiu o Tocantins, de passageiro, bois ou especiarias dos sertões.

No final de outubro, a Junta mandou um grupo de trinta marinheiros e quarenta milicianos na escuna *Andorinha* e numa barca para sufocar o movimento. Ao chegar à pequena localidade, o capitão Joaquim José Jordão, comandante da tropa, deu ordens para disparar tiros contra a vila, pegando os moradores desprevenidos.

Em terra, um destacamento de 22 homens atacou cerca de quinhentos independentes que se concentravam na vila. Num primeiro embate, sete militares morreram, o restante fugiu.

Uma multidão foi para a beira do rio enfrentar os milicianos e marinheiros. Os moradores de Cametá acabaram matando um número considerável de militares.

Cametá tinha experiência de guerra. A localidade abrigava o Mola, maior quilombo de negros do Tocantins. Décadas antes, a líder Maria Felipa Aranha formou uma comunidade na beira do Igarapé Itapocu, que deságua no Tocantins, e ainda organizou uma confederação com outros quilombos das margens do rio. A força dela era tamanha que as autoridades portuguesas tiveram de reconhecê-la como súdita do rei.

No final de janeiro de 1824, Grenfell enviou ofício à Câmara de Cametá para avisar que a Junta, em Belém, esgotou todos os meios de moderação para garantir a pacificação da vila. Ele cobrou respostas sobre o motivo do descontentamento que levara à guerra civil.

Dias depois, a Câmara respondeu que o clima de insatisfação começou com ataques das barcas a canoas, casas, plantações e animais. A solução para encerrar o conflito era a eleição de uma nova Junta, agora de integrantes do movimento original pela independência. A vila não se intimidava.

Ao pedir a Grenfell para combater os revoltosos de Cametá, a Junta se surpreendeu com o anúncio de que o oficial inglês deixaria Belém. Pesava contra ele a responsabilidade pelas mortes no brigue *Palhaço*. A história do morticínio chegara ao Rio. Ele deixou Belém no começo de março. Com a saída do oficial inglês, portugueses que tinham atuado em defesa da Coroa durante a independência perderam cargos públicos no Grão-Pará.

BATALHA DO RIO AMAZONAS

Revoltosos tapuias de Cametá subiram o Rio Amazonas e levaram com eles, em canoas a remo, o movimento de independência do Brasil. Os indígenas defendiam o afastamento das autoridades portuguesas do governo do Grão-Pará, chanceladas por Dom Pedro, sem deixar jamais de dar vivas ao imperador.

O destino dos revoltosos era Monte Alegre, a margem esquerda do rio. Fundada por padres-jesuítas nas terras do antigos guaratubas, a vila ficava no sopé de montanhas de cavernas de inscrições rupestres, numa posição privilegiada no monitoramento de quem descia e subia para o Rio Negro, hoje Manaus.

A Câmara de Monte Alegre tinha aderido ao Império do Brasil e e jurado fidelidade a Dom Pedro ainda em outubro de 1823, no auge da repressão de John Grenfell em Belém, a mais de 600 quilômetros de distância, alguns dias de navegação.

Um novo presidente tinha sido nomeado para a província pelo imperador, mas o movimento indígena se mantinha ativo. Em setembro de 1823, o coronel José de Araújo Roso, representante da Junta provisória que dirigia o Grão-Pará, viajou pelo Rio Tocantins rumo à Corte para se encontrar com Dom Pedro. Ao chegar ao Rio, na última semana de novembro, depois de uma cansativa viagem por barcos e a cavalo, foi nomeado presidente. Ele só voltou a Belém no final de abril do ano seguinte. Nesse seu período de ausência a emancipação política não tinha sido assimilada nos igarapés e vilarejos da floresta.

Em pleno inverno amazônico, a 13 de março de 1824, os tapuias atacaram o corpo miliciano de Monte Alegre e aprisionaram o capitão-mor Aniceto Francisco Malcher. Relatos feitos por autoridades do lugar descreveram que os revoltosos retalharam corpos e amarraram nos rabos dos cavalos, que dispararam pelas ruas.

A vila vizinha de Alenquer logo se esvaziou. Homens e meninos capazes de erguer um bacamarte ou manusear o arco e flecha correram para Santarém, vila maior da região, no encontro das águas do Amazonas com o Tapajós.

Os homens fortes de Santarém formaram uma Junta Militar para impedir o avanço do movimento dos tapuias. Ao receberem informações de que os revoltosos tinham ocupado Alenquer, onde havia apenas mulheres e crianças, a Junta decidiu formar uma expedição para combater o grupo.

No dia 29 daquele mês, oitenta praças foram deslocados para Alenquer. A tropa de Santarém abriu fogo contra os revoltosos. Após mais de duas horas de combate, os independentes santarenos derrotaram os independentes tapuias. Pelas estimativas da época, um combatente santareno morreu e do outro lado, quinze perderam a vida na batalha.

A conquista de Alenquer pelo exército de Santarém animou a Junta Militar, que não demorou para formar uma outra expedição, desta vez para Monte Alegre, foco maior dos revoltosos. Os integrantes da Junta solicitaram à Vila de Rio Negro o envio de reforços. Diante do temor de que a revolta tapuia pudesse se alastrar, a Câmara de lá deslocou uma barca artilheira e um contingente para ajudar no ataque.

A Junta de Santarém, no entanto, decidiu não esperar pela barca. A 10 de abril, três embarcações com mais de duzentos homens rumaram para Monte Alegre. A batalha não estava ganha como pensavam. A Monte Alegre tinham sido atraídos indígenas das comunidades vizinhas. Guerreiros estavam de prontidão nas galharias transformadas em trincheiras das ilhotas e das margens do Amazonas.

O fogo da tropa de Santarém foi incapaz de neutralizar o exército de flecheiros da independência bem municiados que organizou uma chuva de pontas afiadas de tabocas. Quando os comandantes das embarcações se deram conta da derrota tentaram manobrar de volta. Era tarde. Um grande número de indígenas tinha nadado para bem perto dos barcos. Como formigas, subiram pelos cascos para dominar as tripulações e darem vivas ao imperador e a eles próprios, os tapuias.

Muitos dias depois do combate, alguns dos combatentes santarenos chegaram completamente nus, esquálidos, feridos e famintos a Santarém. Além da derrota humilhante, a Junta Militar da vila tinha a preocupação de que a notícia da tragédia atingisse Belém e as vilas mais a montante do Amazonas e, assim, fosse desqualificada pelas autoridades independentes da província.

Com a chegada da barca artilheira do Rio Negro, a Junta Militar de Santarém reorganizou sua força. Mais cautelosa, decidiu não abrir ataque direto. A estratégia era fazer um bloqueio no Amazonas e sufocar Monte Alegre com o isolamento. Também decidiu esvaziar as comunidades ribeirinhas, para impedir que os tapuias cooptassem mais indígenas para seu exército.

O Q.G. dos tapuias não se rendeu. Flecheiros passaram semanas em ataques cerrados às embarcações militares do inimigo. Os combates diários não resultaram na vitória de um lado ou outro. A guerra se prolongou pelo mês de maio e começo de junho, sem uma definição ou mesmo mudança acentuada na ocupação dos pontos estratégicos de ataque e defesa.

A Junta Militar de Santarém, então, enviou uma proposta de paz aos revoltosos de Monte Alegre. Exigiram o recolhimento das armas e munições e a entrega de eventuais escravos que estivessem no movimento a seus senhores. Não há registros sobre o atendimento das exigências. Os tapuias não tinham mais condições de manter o fogo cruzado contra um inimigo que garantia renovação de tropa. Defendiam um imperador que mantinha na província um presidente aliado dos santarenos, embora não ajudasse com força militar – havia muitos outros focos de revolta para serem sufocados. O verão tinha chegado e os independentes indígenas não podiam nem mesmo recolher ovos de tracajás nas praias de areias claras do Amazonas. Os adversários mantinham suas armas apontadas.

É fato que os revoltosos tapuias se dispersaram. O exército adversário recuou. A 30 de junho a Junta Militar de Santarém foi dissolvida e a vila voltou a ser governada por uma Câmara de eleitos. Na região onde o Amazonas tem seu ponto no Brasil mais estreito prevalecia a independência dos não indígenas.

Estava nítido que a adesão do Grão-Pará ao Império do Brasil estava longe de atender às mais diversas camadas sociais da província. A repressão de Grenfell só havia deixado uma memória de violência e barbárie, muito longe de significar o extermínio da revolta e garantir a aceitação de mestiços à nova ordem.

Brasileiros e portugueses eram termos que não distinguiam militantes do movimento da independência ou leais à Coroa Portuguesa. Tanto portugueses de nascença quanto seus filhos, netos, outros europeus, negros e indígenas das mais diversas nações podiam estar de um lado ou outro da guerra, forçados ou não.

O movimento pela autonomia era plural e, na Bacia do Amazonas, expôs uma divergência profunda de classes que a linha predominante da historiografia do período do Império tratou como tempo de anarquia.

Havia guerra também pelo controle do passado. É fato que legiões de tapuias, escravizados, militares de baixa patente, mestiços e descendentes de europeus pobres estavam, nos primeiros anos do reinado de Dom Pedro, num caminho pela independência paralelo ao governo do imperador no Rio e seu representante em Belém.

A campanha separatista foi muito além dos motins dos quartéis e das revoltas de ruas nas vilas do litoral, de Minas e do semiárido nordestino.

Uma matança foi registrada em duelos na calha do Rio Amazonas, nos igarapés do Pará e do Amapá, na secreta Ilha do Marajó, nos povoados ribeirinhos onde ainda hoje, nos nossos dias, é difícil chegar mesmo de barco. No labirinto das águas amazônicas, indígenas das aldeias internadas na mata e negros escravizados ou agregados nas propriedades de cacau participaram de combates que a umidade da floresta e a demora da História tentaram extrair a vivacidade, embora suas marcas estejam presentes nos velhos arquivos da Amazônia, do Rio e de Lisboa.

MOVIMENTO DE TURIAÇU

Uma tropa de sessenta escravizados negros e uma legião de indígenas invadiram a Vila de São Francisco Xavier de Turiaçu, no nordeste paraense, hoje pertencente ao estado do Maranhão. O movimento era chefiado pelo capitão reformado Manoel Nascimento de Almeida, que tinha entre seus homens fortes os capitães do mato José Florêncio e André Miguel.

Naquele final de agosto de 1824, a fúria dos índios em relação aos portugueses era latente. Antes mesmo de chegar à vila, eles mataram os fazendeiros Miguel Joaquim Faial e José da Maia. Um feitor de uma propriedade foi morto por escravos. Os assassinatos e as ameaças de que assassinariam o juiz e o padre deixaram Turiaçu em pânico. Uma boa parte dos moradores deixou o lugar.

As invasões e os saques nas casas dos portugueses resultaram em divergências internas no movimento. Os capitães do mato que lideravam a revolta provocaram cizânia ao não distribuírem os roubos entre os demais combatentes.

O movimento rebelde foi reforçado por levas de índios e negros que deixavam fazendas para entrar na guerra. Aos poucos, os revoltosos ocuparam as vilas de Gurupi, Vizeu e Piriá e o interior de Ourém.

A 21 de setembro, os rebeldes deixaram Turiaçu e foram para Bragança. A estratégia de entrar na maior vila da região era ousada, pois o lugar contava com um quartel militar. O comandante da vila, Pedro Miguel Ferreira Barreto, levou tiros e golpes de facão até a morte. Outros três militares também acabaram mortos. Tinham sido acusados de maltratar um soldado.

Tropas enviadas por Belém sufocaram os revoltosos. Os principais líderes do movimento foram presos. Alguns enfrentaram a "roda de pau", uma roda de carroça à qual o corpo deles era amarrado e, ao passo que girava, provocava intensa dor.

BATALHA DO TOCANTINS

A turbulência social nas vilas das margens do Rio Tocantins se acirrava. Embora as forças políticas do Pará se acomodassem após a adesão ao Império do Brasil e a saída do mercenário John Grenfell da província, Cametá, na margem do Rio Tocantins, permanecia como foco de permanente tensão entre portugueses que trabalhavam no comércio do centro com regatões dos igarapés, mestiços, negros, militares, indígenas e todos os que participaram do movimento de independência.

Na madrugada de 22 de abril de 1826, o soldado Antônio Vieira Barbosa, de um regimento de Belém, desembarcou no porto de Cametá com 138 homens armados. Ele não teve dificuldades para tomar o quartel militar, se apossar das armas e munições da vila e prender o comandante Domiciano Ernesto Cardoso.

A Câmara Municipal de Cametá não tardou abrir negociações com o revoltoso. Nas conversas com os dirigentes da vila, Antônio Vieira Barbosa procurou demonstrar sua força militar e seu vocabulário ainda mais bélico pela expulsão dos portugueses.

Barbosa era uma figura que estava longe de ser um mero desertor ou bandido como descreviam os relatórios do governo da província. A ação óbvia contra a ordem estabelecida pelo Império e a bandeira de expulsão e execução de portugueses do Tocantins mostrava um movimento de independência que se arrastava na província, ainda mais afastado do processo imposto pelo imperador por meio de Grenfell e depois pelos presidentes nomeados.

De seu palácio em Belém, José de Araújo Roso mandou a escuna *Carolina* com um contingente de doze oficiais e 166 praças de infantaria e 38 de artilharia para combater os revoltosos de Cametá. Pelas notícias recebidas, o comandante do movimento era um dos soldados que, no Natal anterior, tinha se embriagado no palácio e participado de um motim logo sufocado, episódio contado à exaustão na estratégia de desqualificar o líder rebelde.

De forma espalhafatosa, o major Antônio Ladislau Monteiro Baena, chefe da expedição, fez proclamações épicas ao se aproximar da Ilha de Pindobal, próxima à vila. Numa manhã de final de abril, ele pediu garra aos seus soldados na guerra contra os "homens sem lei, sem monarquia e sem Deus".

"Salve Cametá e viva a nossa honra!"

Antes de uma ação de Baena, autoridades da vila conseguiram entregar ao governo da província, no dia 2 de maio, um pedido para que a expedição fosse abortada. O risco de uma mortandade era iminente.

Após oito dias de saída da capital, a expedição militar avistou Cametá. Barbosa e seu grupo saíram da escuna em botes para tomar a vila. A recepção à tropa revoltosa estava preparada.

Em terra firme, os imperiais foram recebidos com tiros. Uma batalha foi deflagrada nas águas do Tocantins. A resistência dos revoltosos se impôs. Após duas horas de fogo, a expedição não tinha mais munições para continuar em combate. A escuna com canhões estava afastada e assim permaneceu sem ajudar na retaguarda.

Baena decidiu voltar para o porto. Ao chegar lá, não encontrou mais os botes que poderiam levá-lo até a *Carolina*. Ele e o que restou de seu grupo avistaram duas canoas a alguns metros da margem. Quem sabia nadar se lançou no rio para alcançá-las, quem não sabia foi preso e levado para a cadeia da vila.

O comando da revolta endureceu a repressão. Cinco portugueses que estavam presos foram fuzilados. Os imperiais tornados prisioneiros após a tentativa de ocupar a vila corriam o mesmo risco.

Os assassinatos, os saques e as invasões de casas e comércio e, sobretudo, a situação de ameaça dos militares rendidos criaram uma divergência interna no movimento revoltoso, que atingiu a cúpula do grupo. Barbosa estava cercado por praças descontentes com o rumo da insurreição. Essa cizânia se acirrou quando ele decidiu marcar o fuzilamento de soldados presos na cadeia da vila.

"QUERO DANÇAR ANTES DE MORRER"

A 12 de maio, véspera do dia marcado para as execuções, o sargento revoltoso Manoel João de Poeira disse ao seu chefe que um dos presos na cadeia de Cametá queria fazer um pedido antes de morrer, uma situação comum entre sentenciados nos grandes centros e que foi recebida com surpresa por Barbosa naquele canto da Amazônia. Poeira estava do lado dos prisioneiros num plano de fuga.

À noite, o comandante da revolta aproximou-se da grade onde estava o soldado sentenciado José Olímpio Pereira.

"Queres falar-me?"

"Como sabeis, a última vontade dos condenados são e devem ser religiosamente satisfeitas", disse o preso.

Pereira continuou:

"Esta noite tendes de dar um revira. Eu desejo muito assistir. Esta é a graça que vos suplico", afirmou. O revira era como os tocantinenses chamavam os bailes populares das margens do rio.

A um chefe revoltoso estupefato, o preso continuou:

"Quero dançar antes de morrer."

Mais que um gesto de humanidade ou uma situação de extrema surpresa, Barbosa tinha diante de si a sua autoridade e a representatividade de um movimento político e revolucionário na berlinda.

"Será satisfeito o vosso pedido", respondeu a Pereira.

Victorino, irmão de Barbosa, responsável pelas chaves da cadeia recebeu a missão de abrir a cela do preso. Às 20 horas, Pereira foi escoltado por seis homens para uma sala onde estavam diversos revoltosos bem armados – os sentinelas foram escolhidos por Poeira e estavam no motim. Ali assistiria landuns e minuetes, danças que enlouqueciam os ribeirinhos do Tapajós.

Poeira levou licor granada e aguardente para a festa. A chegada do preso ao baile provocou sensação de pena entre os soldados revoltosos. O landum começou. Aos poucos, Poeira suavizou o clima de angústia, jogando bebida goela abaixo dos presentes. Pereira a tudo assistia, amarrado num canto, com semblante teatral de sentenciado à morte.

Por volta das duas horas da madrugada, com um número menor de gente na festa – todos embriagados –, Poeira e seus companheiros renderam os revoltosos ébrios e trôpegos e soltaram o preso. Depois, foram para a cadeia libertar os demais.

Ao saber do ocorrido e ao perceber que o motim atingira a cúpula de seu movimento, Barbosa se embrenhou no mato.

Havia tempo que as guerras da independência na província estavam sendo insufladas e alimentadas por movimentos independentes do vizinho Maranhão e de outras províncias do Norte.

O presidente da província caiu dias após a revolta no Tocantins. O Pará vivia tempo de motins nas ruas e turbulências na seara política, muito por conta da pressão vinda de seus limites.

Por conta da guerra da independência que se arrastou como em nenhum outro lugar, o Grão-Pará foi uma das províncias sem representantes na Assembleia Geral, Constituinte e Legislativa do Império, como passou a se chamar as Cortes Gerais do Brasil, convocada por Dom Pedro após a independência. O grupo de deputados eleitos em paróquias, geralmente homens de renda ou influência política, recebeu a função de legislar e elaborar a primeira Carta Magna do Império.

13

DA CONSTITUINTE À GUERRA (1823)

> *Na Inglaterra, trabalhadores conquistam o direito de se organizarem em sindicatos. Simón Bolívar vence a Batalha de Ayacucho, no sul do Peru, e encerra finalmente a era dos vices-reinados espanhóis na América do Sul. A Bolívia torna-se independente.*

NO TEMPO DE consolidação da independência, as desigualdades sociais entre nativos e descendentes de europeus e o tratamento diferenciado oferecido pelo Estado que surgia nas vilas e cidades do interior motivavam a continuidade da guerra nas províncias mais afastadas da Corte.

A campanha pela autonomia estava imbricada pelos desejos e demandas de seus combatentes pelas coisas mais básicas da vida. O indígena ainda era refém de uma ordem econômica que saqueava seus territórios e rios e eles mesmos eram feitos escravos. Em situação dramática, o negro do Grão-Pará e das demais províncias vivia com intensidade a luta pela abolição, em fazendas e quilombos. Um e outro almejavam terra. E o Império que nascia abria mão do controle do interior, entregando a grandes proprietários até mesmo a exclusividade da ordem.

A presença de indígenas, mestiços e negros nas fileiras das lutas da independência ilustrava um movimento pela libertação que vinha de alguns anos. Antes mesmo de aportar na Bahia, a família real portuguesa vivia sob pressão dos ingleses para abrir o comércio das colônias e adotar medidas contra o tráfico de escravizados.

201

Convencido por José da Silva Lisboa, mais tarde Visconde de Cairu, um baiano formado em Coimbra, o príncipe Dom João assinou, ainda na sua escala em Salvador, antes de se instalar no Rio, decreto que liberava os portos para produtos do Reino Unido, nação que atuava para bloquear o tráfico humano – a medida era cogitada desde Lisboa. Mais tarde, em janeiro de 1815, ele aceitou um tratado que proibia navios com escravos vindos dos portos africanos acima da Linha do Equador fundearem na costa brasileira.

Os gritos dos movimentos de independência, de São Paulo a Amazônia, que tiveram bases formadas por negros, indígenas e mestiços, reunidos em grupos milicianos de proprietários de terra ou de arregimentados nas senzalas pelo Exército incipiente, não mostraram unanimidade na defesa da abolição da escravatura.

Para o latifúndio e seus representantes na esfera pública, liberdade política e liberdade econômica não eram necessariamente liberdade ampla do corpo. Menos visível e talvez mais influente, a elite do tráfico de escravos, com sua grande frota de navios no mar e um vasto império formado por imóveis nas cidades, estava à espreita, para o fluxo do mecanismo do comércio de humanos não sofrer interrupções. Famílias de traficantes vão casar seus filhos com gente da nobreza portuguesa instalada no Rio por Dom João e iniciar a compra de títulos de barão e visconde, passando a compor também a elite política.

Na narrativa predominante, o Império nascia com a contradição entre o liberalismo e a escravidão. O movimento de independência, num certo olhar, pode ser visto como uma luta pelo poder político e econômico dos brasileiros contra a Coroa e, na sequência, a disputa pelo controle do Estado entre os agora brasileiros.

O liberalismo inglês, abastecido pelas ideias da Revolução Francesa, tinha por essência o embate contra a escravidão feudal, sustentada pelo imposto. Mas, desde seu surgimento como teoria econômica, entendia que as colônias dos países europeus eram terras onde direitos como o de circular, comercializar e fazer política tinham gradações.

Sob certo ângulo, os homens de posse do Brasil adotaram esse modelo – sem paradoxos – de entender que os negros viviam nessa terra idealizada em que o liberalismo estava à disposição apenas para alguns setores que estavam melhor situados na estrutura do tecido social e econômico do Brasil às vésperas da independência.

O instrumento para manter esse modelo parece ser o mesmo: o controle da máquina de impostos. O liberalismo que muitos dizem ter sido adaptado aos trópicos e outros enxergam como o puro absolutismo exercido não por reis, mas por senhores donos de terra e escravos, se consolidou a partir das guerras de produtores, comerciantes e uma cadeia de representantes políticos da economia rural e mercantil pelo controle do Estado.

Ministro mais próximo do imperador, José Bonifácio avaliava que a mistura de culturas formaria uma identidade nacional forte. No tempo da independência, a população brasileira chegava a 5 milhões de pessoas, sendo mais de um milhão no cativeiro e quase o mesmo nas aldeias.

Com a convocação da primeira Assembleia Constituinte por Dom Pedro, em 1823, José Bonifácio acumulou o cargo de deputado por São Paulo com o de ministro de Negócios Estrangeiros do Império.

A proposta do parlamentar sobre a formação do Estado passava por uma identidade nacional homogênea, com a miscigenação de indígenas, europeus e negros, o fim da escravidão e, sobretudo, um processo para garantir o acesso à terra a todos, independentemente da cor da pele e da origem.

Ele era um homem nascido no século 18, ainda enxergava diferenças de capacidade intelectual e produtiva entre as raças e acreditava que a abolição tinha entre seus propósitos evitar que vícios dos escravizados propagassem entre brancos. Mas a preocupação em garantir um espaço a negros e indígenas no novo Estado e, sobretudo, na nova nação, evidenciava um pensamento humanista.

O parlamentar considerava o fim do sistema escravagista fundamental para a consolidação do processo de autonomia e o avanço do Estado. "Generosos cidadãos do Brasil, que amais a vossa pátria, sabeis que sem a abolição total do infame tráfico da escravatura africana e sem a emancipação sucessiva dos atuais cativos nunca o Brasil firmará a sua independência nacional", escreveu numa resolução sobre o tema da emancipação.

José Bonifácio logo associou a escravidão à grande propriedade, que se constituía num obstáculo ao poder público. Em seu escrito, enxergou a questão fundiária como fator definidor do modelo de Estado e de país. O poder exercido a partir da concentração de terra, que incluía o controle sobre quem nela estava, o escravizado, o agregado livre, quebrava a exclusividade do Estado no controle da ordem e da vida social.

O latifúndio e sua força miliciana, parceiros da campanha da independência que resultou na criação do Império, bloqueavam a expansão da máquina pública para o interior.

O Estado não conseguia passar pelas cercas levantadas por milicianos e proprietários de vastas extensões de terra. E, dentro dos limites das propriedades, o poder privado fazia o papel desse mesmo Estado: era o governo, o legislativo e o judiciário, a repressão, o definidor da vida e da morte.

O ministro chegou a escrever sobre o fim do comércio de escravos em até cinco anos, facilitava condições de compra de alforrias próprias e acabava com castigos físicos por particulares. Ele ainda defendia que todo senhor que andasse amigado com uma escrava e tivesse filho com ela deveria ser forçado a dar liberdade à mãe e à criança, além de garantir a educação do menor.

Um dos artigos propostos pelo parlamentar previa que os homens de cor livres e sem ofício recebessem do Estado um pequeno pedaço de terra e ajuda de custo para plantar e manter a sua propriedade.

Disposto a pensar o país, inclusive a riqueza de sua paisagem, José Bonifácio chegou a apontar entre os males da relação entre o sistema escravocrata e o latifúndio a destruição do meio ambiente. "Se os senhores de terras não tivessem uma multidão demasiada de escravos, eles mesmos aproveitariam terras já abertas e livres de matos", escreveu.

A floresta era vista por ele como uma parte indissolúvel da nação. "Nossas matas preciosas em madeiras de construção civil e náutica não seriam destruídas pelo machado assassino do negro, e pelas chamas devastadoras da ignorância. Os cumes de nossas serras, fonte perene de umidade e fertilidade para as terras baixas e de circulação elétrica, não estariam escalvados e tostados pelos ardentes estios do nosso clima", destacou. "É pois evidente que, se a agricultura fizer com os braços livres dos pequenos proprietários ou por jornaleiros, por necessidade e interesse serão aproveitadas essas terras, mormente nas vizinhanças das grandes povoações, onde se acha sempre um mercado certo, pronto e proveitoso, e deste modo se conservarão, como herança sagrada para nossa prosperidade, as antigas matas virgens, que pela sua vastidão e frondosidade caracterizam o nosso belo país."

No texto, José Bonifácio avaliou que as guerras na África para captura de escravos e os flagelos dos negros no território nacional eram "crimes" e "valores velhos". Ele propunha a "regeneração" da política e da sociedade, algo só possível, afirmou, sem os ódios de uma parcela dos brasileiros em relação a outras. "Mas como poderá haver uma Constituição liberal e duradoura em um país habitado por uma multidão imensa de escravos brutais e inimigos?"

Bonifácio propôs o fim dos esbulhos de terras que "ainda" restavam às aldeias da floresta. O modelo de Estado e de Brasil proposto pelo parlamentar previa a inserção dos indígenas e reconhecia a violência praticada pela Coroa Portuguesa contra os povos tradicionais. Ele defendia uma política de "civilizar" os indígenas "bravos". Num tempo em que a relação entre as cidades e o mato era quase exclusivamente de armas, esses termos representavam um paradigma elevado de país.

Visões de época à parte, o ex-ministro defendia uma equiparação. "Os índios devem gozar dos privilégios da raça branca", ressaltou.

O posicionamento de José Bonifácio em defesa de uma abolição ainda que demorada submergiria no multifacetado e complexo debate político do Rio.

A Assembleia Constituinte convocada pelo imperador era formada por noventa parlamentares de 19 províncias – mais de trinta não tomaram posse. Ainda em guerra pela independência, Piauí, Maranhão, Grão-Pará e o Estado da Cisplatina que fazia parte da federação ficaram sem representantes. Os deputados da Bahia iriam ocupar seus assentos só após a saída das tropas portuguesas de Salvador. Da composição do grupo faziam parte a elite branca de proprietários de terra, padres, juízes, militares e bacharéis.

Um esboço rápido sobre o perfil da bancada das províncias do Norte, a mais rica do Império, permite uma compreensão do pensamento e dos ideais dos homens reunidos para elaborar a primeira Constituição do país.

O parlamentar era sobretudo um homem branco, de família proprietária de terra ou ligada a dono de engenho, formado em direito em Coimbra ou em teologia no Seminário de Olinda, com carreira nas armas de milícias, na magistratura ou no sacerdócio.

Quase sempre era um veterano da luta pela independência. Nesse ponto do perfil, podia ser o dono de milícia que pôs seus cabras na causa contra a Coroa Portuguesa e seus impostos, com tendência ao conservadorismo, ou um revolucionário com militância no jornalismo panfletário.

O padre Manoel Rodrigues da Costa, de 69 anos, de Minas, representava dois perfis que predominavam na Constituinte. Tinha experiência em revolta e, ao mesmo tempo, era dono de terra. Em 1789, ele abriu a porteira de sua fazenda para Joaquim José da Silva Xavier e outros inconfidentes para a conspiração contra Portugal. Com a queda do movimento, passou dez anos preso, perdeu parte de sua propriedade e escravos.

No grupo de deputados do Norte prevalecia aqueles que se envolveram no movimento de 1817, como os padres Francisco Muniz

Tavares e Venâncio Henrique Resende, que chegaram a amargar a prisão na Bahia, e o jornalista Cipriano Barata, de Pernambuco, e o oficial militar José Mariano de Albuquerque Cavalcanti, do Ceará. Formavam a ala dos que souberam conquistar espaço político no vácuo do poder deixado pelo sistema colonial e na indecisão de parte da elite econômica.

As famílias sertanejas que ainda tinham pólvora de guerras nas mãos ganharam assento na assembleia. Dona Bárbara do Crato era representada pelo filho dela, o padre José Martiniano de Alencar, outro ligado ao movimento revolucionário do Recife sufocado no tempo da colônia. O sacerdote cearense José Joaquim Xavier Sobreira, de Lavras da Mangabeira, era do mesmo grupo político.

As exceções existiam na anatomia da Constituinte. O baiano Francisco Jê Acaiaba Montezuma, que adotou esse nome em homenagem ao grande tronco indígena brasileiro e a um imperador asteca, tinha passado por Coimbra e pela campanha da independência, mas era um mestiço, assim definido na época, para não dizer negro, filho de pai português e mãe escravizada.

Na assembleia, os nomes de mais destaque vinham da política dos estertores da colônia. De São Paulo vieram José Bonifácio e seus irmãos Antônio Carlos e Martim Francisco de Andrada, que formavam a Junta Governativa da província. O ministro tinha tamanha influência que conseguiu nomear para a Constituinte até mesmo representantes de províncias distantes, como Alagoas. O amigo José Antônio Caldas, um padre alagoano que vivia no Rio, assumiu uma cadeira no parlamento – por estar envolvido com republicanos no Norte, chegou a ter a vaga obtida por 55 votos numa paróquia da província do Norte questionada por não ser um "homem bom". José Bonifácio impediu que sua eleição fosse anulada.

A ala dos nomes influentes na assembleia incluía o proprietário de terras Nicolau Pereira de Campos Vergueiro, também de São Paulo, com experiência em cargos públicos, um português que fez fortuna no país. Além de personagens da burocracia da Corte, como o baiano José da Silva Lisboa, futuro Visconde de Cairu, conselheiro de Dom João, e o mineiro Felisberto Caldeira Brant, mais tarde Marquês de Barbacena, auxiliar de Dom Pedro.

Na assembleia havia nomes pouco conhecidos, mas de longa vivência nos meandros e nas intrigas da Corte. O também baiano José Egídio Álvares de Almeida, com traços mestiços, conseguiu ocupar a posição de ajudante de Dom João antes da vinda da família real ao Brasil. Acompanhou de perto as divergências entre o então regente e sua mulher, a espanhola Carlota Joaquina. Sabia como conquistar ou provocar a ira de alguém da realeza.

Reunidos no salão térreo do prédio da Cadeia Velha, onde mais tarde seria construído o Palácio Tiradentes, no Centro do Rio, os constituintes elegeram como presidente da assembleia D. José Caetano da Silva Coutinho, bispo da Corte que coroara o imperador.

Num grupo de homens nem sempre com experiência política e habilidade parlamentar, os irmãos Andrada tomaram à frente das discussões. Ficaram, porém, apenas com o controle do púlpito e do espaço na imprensa que surgia em oposição ao imperador. Dom Pedro tinha em mãos a base da assembleia, o poder de aprovar resoluções e projetos.

O ambiente não era propício a mudanças na estrutura social. Os desafios do Império e as legiões à espera de inclusão foram deixados de lado. Logo no seu início, a Constituinte descambou para questões menores. A forma que a assembleia iria receber o imperador levou os deputados a horas de discussão. Com coroa? Ou sem coroa? No ato seguinte, os parlamentares se envolveram numa discussão que se arrastaria por meses sobre quem podia ser considerado brasileiro de fato.

Na manhã de 3 de maio de 1823, Dom Pedro foi recebido com pompa na assembleia. Ele leu um longo discurso preparado pelo ministro José Bonifácio em que discorreu sobre a presença da família no Brasil, a guerra entre portugueses e brasileiros e o embate, em especial, com a Divisão de Avillez. "Fomos maltratados pela tropa europeia de tal modo, que eu fui obrigado a fazê-la passar à outra banda do Rio; pô-la em sítio, mandá-la embarcar, e sair barra afora, para salvar a honra do Brasil, e podermos gozar daquela liberdade, que devíamos, e queríamos ter", disse.

O imperador questionou a "liberdade" que Portugal prometia. "Ela se convertia para nós em escravidão, e faria a nossa ruína total, se continuássemos a executar suas ordens, o que aconteceria, a não serem os heroicos esforços, que por meio de representação fizeram primeiro que todos, a Junta do Governo de São Paulo, depois a Câmara desta Capital e após destas todas as mais Juntas de Governos, e Câmaras, implorando a minha ficada", disse. "Parece-me que o Brasil seria desgraçado se eu as não atendesse, como atendi: bem sei, que este era meu dever, ainda que expusesse minha vida."

Ressaltou a formação de uma tropa imperial e a luta pela independência que se arrastava no Norte. "O Exército não tinha nem armamento capaz, nem gente, nem disciplina: de armamento está pronto perfeitamente; de gente vai-se completando", afirmou. "Por duas vezes tenho mandado socorros à província da Bahia, um de 210 homens, outro de 735."

Exaltou o fato de a Marinha Imperial contar com dez barcos militares. "A Armada constava somente da fragata *Piranga*, então chamada *União*, mal pronta; da corveta *Liberal* só em casco; e de algumas muito pequenas, e insignificantes embarcações."

Um trecho do discurso provocou polêmica. Ele afirmou que defenderia com sua espada a pátria, a nação e a Constituição. "Se fosse digna do Brasil, e de mim", disse. "Uma Constituição, em que os três poderes sejam bem divididos de forma que não possam arrogar direitos", enfatizou. "Afinal uma Constituição, que pondo barreiras inacessíveis ao despotismo, quer real, quer aristocrático, quer democrático, afugente a anarquia e plante a árvore daquela liberdade, a cuja sombra deve crescer a união, tranquilidade e independência deste Império, que será o assombro do mundo novo e velho."

Uma parte dos constituintes se apresentou como oposição diante do discurso do imperador. Pouco confortável na condição de orador, José Bonifácio procurou acalmar os ânimos e explicar o trecho em que Dom Pedro exigiu uma Constituição digna do imperador – o discurso lido pelo imperador tinha sido preparado pelo próprio ministro. "Não posso nem tenho expressões para exprimir a admiração que me causam as proposições que acabo de ouvir neste augusto recinto", disse José Bonifácio. "Como é possível que hajam homens que do mel puro do discurso de Sua Majestade Imperial destilem veneno? Eu não acho nas expressões do Imperador senão as nossas próprias expressões e a vontade geral do leal povo do Brasil", afirmou.

José Bonifácio continuou. "O povo do Brasil, senhor presidente, quer uma Constituição, mas não quer demagogia e anarquia, assim o tem declarado expressamente e é uma verdade, de que hoje não pode duvidar-se. Declaro, porém, que não é intenção minha atacar algum dos senhores deputados, mas somente opiniões; a guerra terrível que eu poderia fazer seria contra esses mentecaptos revolucionários, que andam como em mercados públicos apregoando liberdade", disse. "Estou certo que todos nós temos em vista um só objeto: uma Constituição digna do Brasil, digna do Imperador e digna de nós."

O final da frase do discurso de Bonifácio, ainda que não tivesse intenção de rebater o imperador, ilustrou uma nova situação política. Com um pé no Palácio de São Cristóvão outro na Cadeia Velha, o ministro-parlamentar se viu em um embate que ganhou proporções entre ele e seus irmãos e Dom Pedro. Intrigas palacianas, discursos enviesados e arrogantes dos irmãos Andrada e ações intempestivas do imperador criaram um clima de desconfiança mútua e ódio.

A relação intensa entre o imperador e seu ministro não lembrava os dias do pós-independência. Ficara gravada na memória da Corte o brinde que Pedro fez a José Bonifácio num jantar após a coroação. O imperador disse que precisava fazer um pedido e que esperava que o auxiliar não lhe faltasse. Com a mão direita no ombro do imperador, o ministro soltou:

"Peça Vossa Majestade o que quiser. Hoje não lhe recuso nada, faço a sua vontade em tudo e por tudo."

Pedro "bebeu à saúde" de seu mordomo-mor, sob aplausos dos convidados. Sem esconder a euforia, José Bonifácio ainda afirmou:

"Sim, senhor. Sou mordomo-mor, sou tudo o que Vossa Majestade quiser que eu seja."

A diferença de gerações atingiu egos e vaidades. Dom Pedro trouxe para dentro do Palácio de São Cristóvão Domitila de Castro Canto e Melo, vista como uma prostituta pelo grupo de José Bonifácio. Na visão do ministro e seus aliados, a paulista ganhava dinheiro vendendo acessos ao imperador e integrava um núcleo dentro do poder. José Bonifácio não enxergava uma ala política influente como contraponto, mas uma confraria de escala inferior formada por amigos pessoais.

Dela faziam parte Francisco Gomes da Silva, o Chalaça, secretário particular, amigo e companheiro de escapadas do imperador, e os criados João Carlota e João Carvalho. Chalaça tinha sido expulso da Corte ainda no tempo de Dom João após o rei flagrá-lo fazendo sexo num salão do palácio.

Os críticos diziam que Chalaça mantinha um caso com Domitila e apontavam uma disposição sem freios do alcoviteiro para influenciar Dom Pedro a defender a reconciliação com Lisboa.

Diante do declínio político das Cortes Gerais e da reconquista do poder por Dom João em Portugal, aumentavam os rumores de que Pedro pretendia minar a independência.

De cama por conta de uma queda de cavalo, Pedro escancarou a relação com Domitila, para desgosto de Bonifácio e sua amiga Leopoldina. Nessa época, o imperador ficou colérico quando pediu a José Bonifácio para conceder anistia a presos políticos "inocentes". O ministro se recusou:

"Estou informado que é empenho da Domitila e que essa mulher recebe para isso uma soma de dinheiro."

O imperador insistiu com o argumento da inocência dos detidos. O ministro estava irredutível e disse que não faria um ato "vergonhoso".

José Bonifácio fizera um imperador e Dom Pedro formara um império. Os paradigmas envenenaram a relação de amizade e consideração mútua. O mestre se sentia incomodado a qualquer atitude em que o imperador não reconhecia seu esforço. Por sua vez, o discípulo sentia a necessidade incompreensível de não ver sombras, ainda que fosse o "Velho Jequitibá" a impedir os raios do sol escaldante do Rio de Janeiro, o homem misto de pai e conselheiro.

Em julho de 1823, o ministro deixou o governo. "Que o velho se vá com Deus, que eu já lhe tirei tudo o que ele sabia", teria desabafado o imperador.

Com inimigos por todos os lados na Corte, José Bonifácio não escondeu a mágoa. "Logo que Pedro perder com a idade e os deboches certa energia que possui, só será ativo em devassidões", escreveu o ex-ministro. "Soberbo sem estímulo de glória, sensual sem delicadeza, cruel por insensível, sem amigo, invejoso e desconfiado, é mais miserável do que aqueles a quem tem feito miseráveis", ressaltou. "Nunca mais, enquanto Pedro existir, aceitarei emprego."

Fora do Palácio de São Cristóvão, Bonifácio só contava agora com a cadeira na Assembleia Constituinte. Afeito a bastidores, tinha de exercer o poder apenas com a oratória, algo difícil para quem era visto como dono de um timbre ruim de voz.

Ele passou à oposição. O governo que começou a atacar, entretanto, tinha sido montado, em boa parte, pelo ex-ministro. Os adversários do imperador na Constituinte e nos jornais lembravam sempre de quatrocentos possíveis presos políticos que viviam em situação degradante nas cadeias e fortalezas do Rio.

O clima político se incendiou. Os Andrada criticavam o imperador não apenas nas sessões do parlamento, mas nas páginas de

O Tamoyo, folha editada no Rio pelo antigo espião Vasconcelos de Drummond, antigo aliado de José Bonifácio e que deixou de frequentar a Corte após a saída do ministro do governo.

Nas páginas do periódico, Dom Pedro aparecia como um governante autoritário, sob risco de virar marionete nas mãos dos "portugueses". "Não queria nem devia consentir que o reduzissem a mero imperador do Espírito Santo", disse o ex-ministro num testemunho publicado a 2 de setembro no jornal, com certa ironia.

Nos meses seguintes à demissão de José Bonifácio, ganhou força a narrativa de que o imperador planejava unir novamente o Brasil a Portugal. Para essa construção de discurso, os adversários e jornais recorriam até mesmo a mensagens antigas em que Dom Pedro prometia para o pai não fazer a independência, isso bem antes do movimento no Ipiranga.

A decisão do ministro baiano José Joaquim Carneiro de Campos, sucessor de José Bonifácio na pasta de Negócios Estrangeiros, de guarnecer a segurança do Rio com soldados portugueses presos na Bahia por lutarem contra a independência esquentou os ânimos.

Não havia provas do interesse de Pedro de acabar com a autonomia do Brasil. Mais tarde, com a morte de Dom João, ele abdicaria da Coroa Portuguesa em favor da filha Maria da Glória, disposto a permanecer no Rio e só deixaria a Corte com um golpe militar. A própria queda de José Bonifácio, o "patriarca" da independência e adversário dos agora empoderados integrantes do Partido Português, não levou o imperador a buscar uma inflexão histórica.

No final de agosto, o deputado Antônio Carlos de Andrada apresentou seu texto de proposta da Constituinte. A campanha contra o absolutismo proposto na assembleia e a campanha a favor do constitucionalismo e também do liberalismo se esbarraram nos trechos do documento que limitavam o direito ao voto e de ser votado à Câmara e ao Senado quem tinha renda e alqueires de plantação de mandioca.

Dois pontos da Carta proposta não atendiam, em especial, às visões de José Bonifácio. Num dos artigos, o 233, o texto definia que a tropa de linha do Exército atuaria nas fronteiras e as milícias dos proprietários rurais ficariam com a responsabilidade da segurança no interior das comarcas. As demandas por liberdade e renda de negros e indígenas ganharam apenas um genérico artigo, o 254, que pouco alterava a realidade. Essa parte previa apenas que a Câmara teria o "cuidado" de criar estabelecimentos para a catequização e civilização dos índios e a emancipação "lenta" dos negros e sua educação religiosa e industrial.

Na assembleia, os embates sobre terra e liberdade perderam espaço para o confronto de poder entre Dom Pedro e os constituintes. A mudança numa estrutura colonial escravagista e de saques na floresta não passou de rascunhos de um projeto de consolidação da independência.

NOITE DA AGONIA

As sessões da Assembleia Constituinte atraíram os moradores do Rio. Pela primeira vez a cidade e o país assistiam a um legislativo. Os encontros dos pioneiros não poderiam ser mais turbulentos. De um lado os arrogantes e insolentes irmãos Andrada, de outro, senhores de terra pouco dispostos a ceder.

A definição de quem poderia ser reconhecido brasileiro e como os portugueses deveriam ser tratados continuou na pauta das reuniões. O debate não abriu espaço às propostas de melhoria da vida de indígenas e concessão de cidadania aos negros escravizados.

Pelo relatório de Antônio Carlos de Andrada e pelo próprio protagonismo que a assembleia conquistou, Dom Pedro viu o projeto de Constituinte se tornar uma ameaça concreta a seu poder. Ele não temia apenas estar em xeque a parte absolutista de seu reinado, mas também a popularidade nas ruas e até mesmo o risco de tornar-se um refém do parlamento, como ocorrera havia pouco tempo em relação às Cortes Gerais de Lisboa.

A reação de Dom Pedro às tentativas de limitação de seu poder pelos Andrada foi dura. Ele ordenou envio de um contingente de mil soldados para as ruas próximas da Cadeia Velha.

A sessão do dia 11 de novembro daquele ano foi tensa e interminável. José Bonifácio e outros membros da Constituinte dormiram nos bancos. A agonia da Constituinte se espalhou pela noite do Centro do Rio. Soldados e curiosos estavam de sentinela na entrada do prédio.

De madrugada, o coronel José Manuel de Morais entrou no plenário com um ultimato do imperador para dissolver a assembleia.

Exausto, José Bonifácio deixou a assembleia por volta das dez horas da manhã resolveu ir para casa tomar banho.

O ex-ministro não andava mais sem escolta pelas ruas do Rio. A cultura da prepotência atribuída ao imperador atingia José Bonifácio, seus irmãos e outros dirigentes políticos. Os Andradas contrataram Orelha, conhecido no Centro do Rio pela habilidade da navalha, para lhes acompanhar pelas ruas. Assim, criavam figuras do submundo do poder, em que a do capanga era a mais atabalhoada delas. Estava instituído o papel do segurança de parlamentar, do assessor com força bruta, que ia muito além do trabalho de prevenir e evitar agressões e provocava intimidação e assédio.

A pressão militar sobre a Constituinte recrudesceu. No meio da tarde daquele 12 de novembro, mais deputados deixaram a assembleia. Em meio ao tumulto da tropa e de populares que se aglomeravam do lado de fora, os opositores mais exaltados do imperador foram presos ao saírem do prédio.

Um dos detidos pela tropa, Antônio Carlos tirou o chapéu ao passar por um canhão na rua:

"Respeito muito o seu poder."

José Bonfiácio estava em casa quando recebeu um oficial que o conduziria para a prisão. Do cocho viu meninos na rua gritarem "morte aos tamoios" e "viva o imperador".

"Hoje é o dia dos moleques", ironizou.

A José Manuel de Morais que o acompanhava, o deputado mandou um recado para Pedro:

"Diga ao imperador que eu estou com o coração magoado de dor, não por mim, que estou velho e morrerei, hoje fuzilado ou amanhã de qualquer moléstia, é por seus filhos inocentes", disse. "Que (Pedro) trate de salvar a coroa para eles, porque para si está perdida."

Afastado de vez de segmentos liberais que tinham apoiado o processo de independência e davam sustentação ao Império, Dom Pedro se isolava politicamente.

O grupo de José Bonifácio estava certo que os quartéis não se revoltaram com a dissolução da Assembleia Constituinte por respeito a Dona Leopoldina, com quem tinham profunda consideração.

Os Andrada tiveram de deixar o país. "A dissolução da assembleia foi mais que um crime, foi um erro palmar", escreveu José Bonifácio sobre aquele momento. "O imperador só tinha dois caminhos a seguir: ou ser verdadeiramente constitucional ou absoluto."

Uma pequena parte dos constituintes teve de amargar a prisão ou exílio por um bom tempo, como os irmãos Andrada e Montezuma. Outra foi absorvida pela máquina comandada pelo imperador, garantindo cargos na Corte ou nas províncias – o baiano Clemente Ferreira França seria nomeado ministro da Justiça. Proprietário de terras no Recôncavo, Miguel Calmon du Pin assumiu a pasta da Fazenda. O pernambucano Caetano Lopes Gama recebeu o cargo de presidente de Goiás.

Ainda tinham aqueles que foram pegar em armas contra o Império. O jornalista Cipriano Barata e os padres José Joaquim Sobreira, José Martiniano de Alencar e José Antônio Caldas, este último aliado de José Bonifácio, entraram de corpo e alma na Confederação do Equador, movimento republicano que começou no Recife e se alastrou pelo sertão.

REPÚBLICA EM CAMPO MAIOR

Em março de 1824, Dom Pedro outorgou uma Carta Magna elaborada por um Conselho de Estado formado por aliados mais próximos. O texto estabelecia o poder moderador, exercido por ele, além do legislativo, judiciário e executivo.

Pela redação da Carta, o termo povo referia-se apenas a quem era liberto. O drama da escravidão, que margeou o movimento separatista, não abriu brechas para o fim do cativeiro, que era a base do sistema colonial.

A Constituição aproveitou apenas o trecho da resolução do ex--ministro José Bonifácio que estabelecia o fim dos castigos. "Desde já ficam abolidos os açoites, a tortura, a marca de ferro quente e todas as mais penas cruéis", destacou o mesmo artigo 179.

O texto estabelecia no primeiro artigo que o Império do Brasil era a associação política de todos os cidadãos brasileiros. Mais à frente, no sexto, entendia como cidadãos brasileiros os que tinham nascido no país, quer fossem "ingênuos" ou "libertos". Logo, os negros dos cativeiros, mesmo aqueles que pegaram em armas pela independência, não tinham direito à cidadania.

Os negros, indígenas, moradores de centenários quilombos e agricultores pobres não tiveram garantias de acesso à terra ou à permanência em áreas que ocupavam.

A Carta garantia o Direito de Propriedade em toda a sua "plenitude" e estabelecia indenização em caso de se expropriarem terras necessárias ao uso público, mas não impunha regras ao avanço das cercas das grandes fazendas. A Constituição, entretanto, não estabeleceu normas sobre aquisição de um pedaço de terra e litígios de ocupação. Com isso, mudar cercas e expandir pastos estavam fora de um monitoramento explícito do Estado.

Agora poderia se afirmar que os procedimentos adotados pelos militares nas guerras do Estado eram inconstitucionais. Isso porque as memórias de Bonito e tantos outros massacres em que a força militar atacou civis de madrugada, emergia em trechos da Carta. O artigo 179 estabelecia que todo cidadão tinha em sua casa um asilo inviolável. "De noite não se poderá entrar nela, senão por seu consentimento ou para o defender de incêndio ou inundação e de dia só será franqueada a sua entrada nos casos, e pela maneira, que a Lei determinar."

O acesso do Estado ao interior permanecia bloqueado pelos proprietários de terra e suas milícias, força fundamental no processo de independência e, agora, freio no avanço da campanha pelas liberdades inserida no movimento separatista.

A Carta de 1824 e o fechamento da Assembleia Constituinte do ano anterior atiçaram os ânimos especialmente nas províncias do Norte, que reclamavam da centralização de poder pelo imperador.

Embora ainda fosse a principal força econômica do país, a região vivia um período de decadência dos engenhos de açúcar. Daí o temor de setores tanto produtivos quanto do comércio com a centralização do poder nas mãos de Dom Pedro. O fantasma da cobrança excessiva de impostos e da nomeação de dirigentes autoritários assustava as elites da Zona da Mata e do Agreste.

O texto constitucional outorgado por Dom Pedro não era necessariamente um documento absolutista, ainda que estabelecesse no seu artigo 99 que a pessoa do imperador era inviolável e sagrada e ele não estava sujeito à responsabilidade alguma. Ou mesmo exigisse renda baseada em plantios para votar nas eleições deputados e senadores – daí o apelido de Constituição da Mandioca.

A Carta tinha um cunho liberal ao estabelecer, também no artigo 179, que nenhum gênero de trabalho, cultura, indústria ou comércio podia ser proibido, uma vez que não se opunha aos costumes públicos, à segurança e à saúde dos cidadãos.

Tratava-se de uma Constituição não necessariamente ruim do ponto de vista econômico para a elite do Norte. A Carta não alterava a engrenagem central da economia da região. O sistema escravocrata permanecia inalterado.

O texto estabelecia em seu artigo 179 que ninguém estava isento de contribuir para as despesas do Estado em proporção dos seus haveres. Os mecanismos de aplicação e fiscalização da norma e da própria estrutura da máquina pública, entretanto, estariam sob o controle dos agentes políticos que tinham de comprovar renda alta para serem eleitos ao Senado, por exemplo.

O teor da Constituição que atendia demandas da elite rural indicava que o novo movimento revolucionário de Pernambuco, em 1824, sem objetivos unânimes, teria dificuldades de se sustentar.

As lideranças regionais do Norte, aparentemente, estavam coesas apenas na busca de maior poder político no Império. A memória e as mágoas da guerra de 1817 pareciam motivá-las a voltar pegar em armas desta vez contra Dom Pedro. O "rapazinho" não contava mais com o apoio de José Bonifácio, exilado em Portugal junto com os irmãos.

DONA BÁRBARA E NAPOLEÃO

Unir o Grão-Pará, o Maranhão, o Piauí e o Ceará era o desafio de Tristão de Alencar, filho de Dona Bárbara do Crato, e José Pereira Filgueiras, o Napoleão da Caatinga. Adversários na revolução do Recife de 1817, aliados na campanha pela independência de 1822 e sufocados na Constituinte de 1823 – o deputado Xavier Sobreira era ligado a Filgueiras –, eles agora eram os principais representantes da Confederação do Equador nos sertões cearenses, uma zona estratégica para o êxito da revolta na transição entre o semiárido e a Amazônia e nas demais regiões da Bacia do Amazonas.

Ainda em janeiro de 1824, quando retornavam da campanha pela independência no Piauí, Tristão e Filgueiras foram surpreendidos com a notícia de que o imperador havia dissolvido a Assembleia Constituinte e partia para um governo centralizador. O deputado José Martiniano de Alencar, irmão de Tristão, fora preso, mas logo estaria de volta ao Ceará para se juntar aos companheiros de armas contra o Império. Dom Pedro traíra o movimento, avaliavam.

A tropa de vaqueiros e cabras chefiada pelos dois republicanos sertanejos que se preparava para o descanso voltava a viver a sensação e a energia da guerra.

O tempo da repressão do Conde dos Arcos e de Dom João ainda estava vivo na memória dos líderes formados no Seminário de Olinda sufocados no movimento da capital pernambucana. Do Recife, a cidade mais letrada e rica do país, aos povoados sertanejos dominados pelos Alencar e pelos Filgueiras no interior do Ceará, remanescentes da revolução voltavam a se agitar. A postura do imperador era um estopim de um novo ciclo de batalhas políticas no Norte.

No dia 9, a Câmara da Vila de Campo Maior, atual Quixeramobim, assinou uma ata de repúdio ao imperador. O documento defendia a República no país.

À frente do movimento estava Gonçalo Inácio Loiola Albuquerque Melo. Padre Mororó, como assinava, era formado pelo Seminário de Olinda, o centro irradiador de revoltosos contra a Coroa Portuguesa. Tinha convivido com Frei Caneca, padre Ribeiro, padre Miguelinho e padre João Ribeiro, figuras de proa do movimento revolucionário do Recife.

A ata foi assinada por Mororó e outros 74 moradores de Campo Maior, incluindo gente de milícias, fazendeiros e comerciantes. O documento atacava o imperador:

Acordaram que em vista à horrorosa perfídia de D. Pedro I, imperador do Brasil, banindo a força armada as cortes convocadas no Rio de Janeiro contra mil protestos firmados pela sua própria mão, ele deixava a sua dinastia de ser o supremo chefe da nação e se novas cortes convocadas em lugar tudo assim o aprovarem. Que presentemente vão regulando o povo as leis antigas por falta de códice legítimo firmado pela pluralidade dos deputados da nação em novas cortes. (...) Finalmente, cessando a dinastia de Bragança de ser o 1º chefe da nação, protestam firmar uma república estável e liberal que defenda seus direitos com exclusão de outra qualquer família.

O movimento alastrou-se pelo interior do Ceará e arredores de Fortaleza. Um mês depois, a Vila de Aracati também divulgava documento, ainda que mais moderado, contra o imperador. Icó e Russas repetiram o ato rebelde.

No Rio, Dom Pedro não tomava conhecimento das reações na província do Norte. O imperador outorgou uma Constituição que implantava o poder moderador, exercido por ele próprio. O texto não agradou as províncias da região, que temiam a perda da força política e do poder de barganha.

CONFEDERAÇÃO DO EQUADOR

O descontentamento com o governo de Dom Pedro ficou nítido no Recife quando o imperador nomeou para presidente da província Francisco Paes Barreto. O escolhido foi rejeitado pela elite política e pelo poder econômico de Pernambuco.

Em resposta à decisão do Rio de Janeiro, o comércio e os senhores de engenho de Pernambuco puseram no cargo Manuel de Carvalho Paes de Andrade. Veterano do movimento de 1817, ele foi eleito pelas câmaras de Olinda, Recife, Serinhaém, Igarassu, Cabo, Limoeiro e Pau D'Arco.

A 2 de julho de 1824, profissionais liberais, comerciantes, padres e produtores de cana e algodão proclamaram a autonomia de Pernambuco em relação à Corte do Rio. Sob a liderança de Paes de Andrade, o movimento se alastrou pelas ruas do Recife e pelo interior da província.

Paes de Andrade convidava as províncias vizinhas do Ceará, Paraíba, Ceará e Rio Grande do Norte a integrarem uma Confederação do Equador, aparentemente início de um movimento por um Estado federalista nos trópicos.

Um manuscrito pregava que era melhor "sofrer mil mortes" do que ser escravo de "déspotas tiranos". O movimento tinha caráter parlamentarista. Logo racharia com a decisão de seus líderes de suspender o tráfico de escravos. O cativeiro era negócio lucrativo entre os senhores de engenho.

À frente do movimento revolucionário estavam figuras populares no Recife. Frei Caneca era um deles. Também sobrevivente da revolução anterior, o frade mantinha um jornal de forte oposição a Dom Pedro. O *Tiphis Pernambucano* aglutinou bacharéis e negociantes da revolta na cidade num manisfesto contra a destituição da Assembleia Constituinte pelo imperador.

O movimento também atingiu o distante Grão-Pará. A guerra da independência ainda agitava a província quando a escuna *Maria Filipa Camarão*, enviada pelo governo de Pernambuco, atracou na barra de Belém para propor a entrada dos paraenses na Confederação do Equador. A Amazônia continuava a respirar chumbo.

O presidente do Pará, José de Araújo Roso, mirou no Cônego Batista Campos, já que o veterano da campanha da independência na província tinha mantido relações com os confederados pernambucanos. Depois de ser julgado no Rio por suposta participação num movimento revoltoso contra o mercenário John Grenfell, Batista Campos foi solto e passou um tempo no Recife, onde teria mantido encontros com opositores republicanos.

No segundo semestre de 1824, Batista Campos estava de volta a Belém. Os seus atos e gestos começaram a ser monitorados por Roso. Qualquer motim militar era atribuído ao religioso. O presidente da província via inimigos em todos os lados. Espalhou canhões em todos os cantos do palácio. Em carta ao imperador relatou, sem fatos concretos, que o cônego conspirava contra o reinado e era um emissário fiel da Confederação do Equador.

CHACINA DOS ÍNDIOS DE DOM JOÃO

O movimento autonomista no Recife ganhou adesão de lideranças políticas da Zona da Mata. Em 1817, chefes políticos da região estavam do lado do governo português. O capitão Manuel José de Serqueira, dono de uma milícia na Vila de Cimbres, no sul da província de Pernambuco, era um deles.

Ele travava há uma década uma guerra com o também fazendeiro Francisco Xavier Paes de Melo Barreto pelo controle do posto de representante do governo na vila. Ao perceber que o adversário tinha vínculos fortes com o Império, Serqueira arriscou. Assumiu a liderança da Confederação em Cimbres.

A primeira ação tomada pelo líder rebelde foi buscar o apoio dos indígenas da aldeia de Barreiros. A comunidade havia formado, sete anos antes, uma tropa para ajudar na repressão ao movimento contra a Coroa Portuguesa.

As alianças entre indígenas e brancos, no entanto, não eram automáticas nem os recrutamentos de grande número de combatentes – como desejava Serqueira – eram forçados. Os índios disseram não ao antigo aliado. Eles continuavam no apoio ao governo, agora nas mãos do filho de Dom João VI.

Frei Caneca, um dos líderes revoltosos, reclamou que os índios tinham sido "seduzidos" a lutar contra o movimento.

Como represália a Barreiros, Serqueira negociou com o governo revoltoso uma devassa para apurar supostos roubos de gado e assassinatos por parte dos aldeados. A lista de perseguidos incluiu as lideranças indígenas João José, Vicente Cabeludo e João Barbosa.

Os índios reagiram. Eles fizeram um levante em defesa de Dom João, que agora vivia em Lisboa, e contra o movimento republicano. Uma companhia militar de Moxotó, vila das redondezas, e a milícia de Serqueira foram para o confronto.

Cerca de vinte indígenas foram mortos, alguns tiveram o corpo esquartejado pelas ruas de Cimbres. A repressão ainda prendeu e enviou outros oitenta aldeados para o Recife.

BATALHA DE MARAGOGI

O apoio dos índios aos imperiais foi decisivo nas praias de Alagoas. Cristóvão Dias, que chefiava as aldeias da região de Jacuípe, pôs um exército de três centenas de homens armados com arco e flecha à disposição do brigadeiro Francisco de Lima e Silva, chefe militar legalista, para sufocar a revolta.

A ação das aldeias isolou a atuação do "patriota" Manuel Marques Lisboa. Veterano da luta pela independência na Bahia, o Major Pitanga, como era conhecido, pretendia tomar o controle da área do porto de Tamandaré, perto da Barra Grande. Ele foi flechado mortalmente num combate.

Cristóvão Dias tornou-se peça importante na estratégia dos imperiais. O líder indígena e seus combatentes estavam nos momentos finais da luta entre imperiais e republicanos.

Na guerra travada no litoral alagoano, a repressão era capitaneada por uma força naval chefiada pelos mercenários Thomas Cochrane e John Taylor, contratados na Inglaterra pelo Império, para acabar de vez com a rebelião.

A batalha decisiva ocorreu em Maragogi. A tropa de Paes de Andrade foi derrotada, em agosto de 1824, por 1.200 homens comandados por Francisco de Lima e Silva, integrante da força naval de Lorde Cochrane – no grupo estavam indígenas.

Com nove medalhas entregues por Dom Pedro para distinguir seus principais oficiais, Lima e Silva entregou uma das condecorações para Cristóvão Dias, líder indígena do Jacuípe.

Havia outras frentes de batalha. Afinal, a Confederação do Equador tinha se alastrado pelo interior. O movimento seguiu os caminhos do boi, avançou pelo São Francisco e atiçou focos rebeldes adormecidos desde as lutas pela independência no ano anterior. Também chegou pelo litoral aos portos de Fortaleza e Parnaíba.

REVOLTA DA PARNAÍBA

O movimento federativo pernambucano chegou ao Piauí pelos esforços dos líderes da independência alijados do poder pelo brigadeiro Manuel de Sousa Martins, o Né. A 25 de agosto de 1824, a Câmara da Parnaíba, inspirada pelo juiz João Cândido, um dos cabeças da luta contra os portugueses, anunciou agora adesão aos revoltosos do Recife.

Simplício Dias, outro chefe da revolta, ainda juntava seus trapos, tentava reabrir o armazém e as charqueadas destruídos pelas tropas de Fidié. Estava fora da conspiração. Em mais alguns anos, da vida. Morreu sem assumir de fato o governo do Piauí.

Né viu no episódio da conspiração uma oportunidade de se livrar do doutor João Cândido, que lhe fazia sombra. Mandou prendê-lo.

Com reforços que vieram da Corte, Né liquidou republicanos da Parnaíba e de Campo Geral. Ele tornava-se definitivamente o senhor da política da província.

Há menos de dois anos no comando do Piauí, Né teve oportunidade de mostrar sua lealdade ao imperador. Mas sua ação foi uma jogada sensível. Pois do lado rebelde estavam os Alencar, um clã ligado ao seu primo, o padre Marcos de Araújo Costa. O poder de Né não ofuscava a atuação do religioso.

Era na biblioteca do padre que se formava boa parte dos homens influentes dos sertões do Piauí e de outras províncias do Norte. Com livros que descreviam as cruzadas para "libertar" Jerusalém, a guerra para tirar os mouros da Península Ibérica e a construção de Portugal, o religioso formava a elite do boi.

A fazenda do padre era reduto do saber, cheia de meninos, da política e dos conselhos em tempos de guerra e de paz. Para lá costumava ir Dona Bárbara do Crato, mãe de Martiniano, seu amigo de seminário.

MASSACRE DE JARDIM

O tempo era de combates movidos pelo poder central. Uma guerra particular, entretanto, se sobressaía entre uma batalha e outra. O capitão-mor José Pereira Filgueiras travava há tempo um embate feroz com o sargento José Alexandre Corrêa Arnaud. Em disputa estava o poder militar no Crato.

Sem conseguir vencer o adversário, Arnaud obteve na Corte de Dom João VI o desmembramento da Vila de Jardim da Câmara do Crato. Com a autonomia da vila, Arnaud levou para lá seus aliados e transformou o lugar num reduto antiliberal e monarquista. Assim, dava início a uma rixa entre os dois núcleos.

Havia, porém, republicanos na vila. Leonel Alencar, irmão de Bárbara, e seu filho Raimundo, moravam no lugarejo havia tempo. Quando eclodiu o movimento de 1824 contra Dom Pedro, os dois foram fuzilados pelos milicianos imperiais comandados por Arnaud. Jardim viveu dias de horror.

Com o domínio dos imperiais na região, republicanos da vila foram escoltados para a cadeia pública. Nas celas, receberam golpes de cacetes na cabeça, nos braços, nas pernas e na barriga. Caídos no chão, agonizando nas poças de sangue e excrementos, eles foram torturados até a morte.

Os algozes arrastaram os corpos empapados das vítimas pelas ruas até a igreja da vila.

Uma tropa republicana vingadora, ligada ao coronel Filgueiras, chegou a Jardim em outubro daquele ano e repetiu a mesma violência dos inimigos.

Os imperiais não se intimidariam. Um grupo se dirigiu ao Crato. Na Igreja de Nossa Senhora da Penha, cercou o padre Estevão José de Porciúncula, ligado aos republicanos. O religioso foi torturado com paus e pedras. Os assassinos ainda castraram o religioso e jogaram o corpo dele na rua.

BATALHA DE PICADAS

Foi longe do Crato e do Ceará que Filgueiras viu um de seus antigos aliados fazer fama do lado dos imperiais. O capitão Joaquim Pinto Madeira, que era menino quando entrou em sua milícia, tinha se juntado aos monarquistas de Jardim e passara a comandar uma tropa que estava no encalço dos republicanos na Paraíba.

Filgueiras tinha dado ordens ao capitão Maximiano Rodrigues dos Santos, o Max, para abrir caminho nos sertões rumo ao Recife, negociando pousos e ranchos nas propriedades. Ele pretendia facilitr o envio de uma grande tropa de ajuda aos republicanos da capital de Pernambuco.

Max seguiu à frente de cerca de duzentos homens e grandes carros de boi pela Caatinga do sul do Ceará e depois pela Paraíba. Adversários o acusaram de, em vez de ir propagando os ideais da Confederação do Equador, num trabalho de proselitismo, dar ordens a seus comandados para saquear comércios e casas que encontrava nos povoados e vilas.

No entardecer de 17 de outubro de 1824, Max e seus homens cruzaram a divisa do Ceará com a Paraíba e invadiram a Fazenda Picadas, onde hoje é o município de Triunfo. Pretendiam pernoitar na propriedade do sertão paraibano e, no dia seguinte, continuar a viagem. Não houve resistência dos homens do lugar.

Era alta noite quando a fazenda foi cercada. Pinto Madeira e os imperiais José Dantas Rothéa e Luiz José da Cunha avançaram com uma tropa ainda maior. Desprevenidos, os republicanos foram presa fácil. Um a um, os soldados de Max passaram por linhas de fuzilamento. Apenas cinco sobreviveram.

BATALHA DE SANTA ROSA

Tristão de Alencar e José Filgueiras apearam os cavalos e seguiram com seu contingente para Fortaleza. Na capital da provín-

227

cia, depuseram o governador Pedro José da Costa Barros, escolhido pelo imperador. No final de agosto, Fortaleza aderiu à Confederação do Equador. O Ceará tornava-se republicano.

O governo provincial foi entregue a Tristão. O líder revoltoso deixou Fortaleza para liderar pessoalmente uma tropa contra imperiais no Sítio Santa Rosa, nas margens do Jaguaribe, na região de Russas, a mais de 150 quilômetros da capital da província.

Fortaleza ficou nas mãos de um aliado sem traquejo de guerra. José Félix de Azevedo e Sá surpreendeu os mais próximos ao não montar uma resistência a navios imperiais que se aproximavam do porto da cidade. Para os republicanos, o governador temporário traiu o movimento, aderindo aos inimigos.

A frota comandada por Lorde Cochrane fundeou em Fortaleza em outubro de 1824. O mercenário inglês não encontrou obstáculos para tomar a cidade. No mês seguinte, ele divulgou carta aberta para afirmar que Tristão não aceitou pedido de anistia e ainda acusou o líder republicano de roubar e "devastar" as propriedades dos "pacíficos" e "leais" habitantes da província.

Em nome e por parte de S. M. Imperial ofereço o prêmio de 10.000, pagos no palácio do Governo do Ceará sem dedução, àquele que, no mesmo palácio, entregar o referido Tristão Gonçalves de Alencar Araripe, afim de responder a justiça pelos seus crimes, e além disso concedo-lhe todo o dinheiro ou caixa militar, que se achar em poder do referido Araripe.

Com a cabeça a prêmio, Tristão estava cercado. No final daquele mesmo mês, ele e seus homens foram alcançados pelo contingente de imperiais comandados pelo major João Nepomuceno Quixabeira e pelo capitão Manuel Antônio de Amorim, em Santa Rosa, no caminho entre o Cariri e Fortaleza.

Na perseguição ao líder republicano, os imperiais contavam ainda com a milícia de José Leão da Cunha Pereira, um fazendeiro fiel ao governo central.

Tristão foi derrotado e morto. O corpo ficou insepulto na Caatinga, entregue às aves de rapina. As mãos teriam sido cortadas pelos inimigos.

No Cariri, outro filho de Bárbara, o padre Carlos José, foi fuzilado pelos inimigos imperiais.

Muitos corpos de revoltosos tombaram nas estradas sertanejas, nos sítios abandonados, nos poços dos vilarejos despovoados pela guerra. O ar seco do semiárido dava aspecto de múmia aos cadáveres estendidos sob o sol abrasador.

Ao saber da morte de Tristão, o comandante republicano José Pereira Filgueiras, companheiro do revolucionário e aliado dos Alencar na guerra, depôs as armas e desfez sua milícia de cabras. O Napoleão da Caatinga, o imperador do Cariri, e seu filho Júnior foram levados num batelão que subiu o Rio São Francisco rumo a Minas Gerais, de onde seriam encaminhados para a Corte. Eles ficaram pelo caminho, em São Romão, no norte mineiro.

É simbólico que o maior líder militar e revolucionário do Cariri do período de transição da Colônia para o Império tenha vivido seus últimos dias no epicentro das revoltas contra a Coroa das margens do velho rio.

Nessas margens do São Francisco, o bandeirante Mathias Cardoso mandou erguer, mais de 150 anos antes de Filgueiras aportar por ali, uma igreja-fortaleza de 33 metros de altura. Maior que os templos da capitania de São Paulo, a construção de paredes de dois metros de espessura, duas torres e uma murada de quatro cantos servia de abrigo e trincheira nos tempos de guerra e exibia no período de paz a fartura dos "paulistas" que desceram às terras alaranjadas dos gerais para afastar índios e quilombolas. Eles foram contratados pelos donos de canaviais da Bahia. Logo, cumpriram o acordo com a "limpeza" das terras e passaram a plantar cana, criar bois e negociar com o mercado de Salvador. Tornaram-se senhores das terras. Assim surgiu o povoado de Morrinhos em volta da igreja, antes mesmo do surgimento de Vila Rica, e que passou a pertencer à recém-criada capitania das Minas.

Quando as fazendas estavam formadas e seus senhores com o domínio absoluto de indígenas e negros a Coroa passou a exigir, nesses sertões, impostos antes cobrados apenas nas lavras de Vila Rica. Em 1736, Dona Maria da Cruz Porto Carreiro, uma fazendeira escravocrata, viúva de Salvador Cardoso, sobrinho de Mathias, seus filhos e fazendeiros vizinhos decidiram levantar armas contra as autoridades portuguesas.

Os povoados e fazendas do São Francisco viveram dias de intensos conflitos. Um exército de novecentos homens, a maioria indígenas cooptados pelos proprietários de terra, armados com bacamartes e arcos e flechas invadiu vilas e tomou o poder da região.

A insurreição fugiu do controle de seus próprios líderes. Interesses particulares e divergências de grupos instalaram o caos nas margens do rio. Maria foi presa, mas logo libertada. A pena maior que teria de cumprir era do afastamento do filho mais querido. Pedro Cardoso recebeu a sentença do degredo para a África distante.

Agora, o velho Filgueiras estava léguas do Cariri e de sua milícia treinada em lutas a favor e contra Dom João, na defesa e no ataque a Dom Pedro. Nestas terras são-franciscanas, de história de sangue e rupturas, o velho Napoleão ficou recolhido, afastado para sempre do sertão e da guerra.

A repressão aos líderes da Confederação do Equador em Pernambuco foi ainda mais pesada. Dom Pedro não aceitou pedidos de súplicas do clero e da elite econômica e política do Recife para livrar da morte os revoltosos trancafiados na cadeia de Salvador.

Frei Caneca foi fuzilado em janeiro de 1825 no Forte das Cinco Pontas construído na capital pernambucana ainda no tempo da ocupação dos holandeses. Os carrascos teriam se negado a executá-lo na forca.

Padre Mororó teve morte parecida em Fortaleza em abril daquele ano. Rejeitou a venda nos olhos e ainda zombou dos soldados que lhe apontavam os arcabuzes. "Vejam lá, tiro certeiro que não me deixe sofrer muito."

Mais sorte tiveram dois outros sacerdotes envolvidos no movimento. O ex-deputado constituinte José Martiniano de Alencar seria o único filho político de Dona Bárbara do Crato a sobreviver e seguir uma trajetória na vida pública após a Confederação do Equador – adotaria posições conservadoras rígidas. Outro foi o alagoano José Antônio Caldas, companheiro de Martiniano na bancada da oposição na assembleia de 1823. O religioso foi enviado para o Rio, onde ficou preso na Fortaleza de Santa Cruz. Sentenciado à morte, o padre conseguiu fugir pelo encanamento de esgoto da unidade, com a ajuda de um grupo de maçons. Embarcou num navio para Buenos Aires.

Na cidade, Caldas caiu nas graças do caudilho Juan Manuel de Rosas e iniciou uma trajetória nas guerras do Rio da Prata. Primeiro, atuou na tipografia oficial do exército de Rosas, depois serviu de capelão no grupo dos revolucionários que defendiam a independência da Cisplatina, sempre contra Dom Pedro.

14

NO INFERNO DO MAR DA PATAGÔNIA (1826)

Em sua consolidação territorial, o Império do Brasil perde a província da Cisplatina, atual Uruguai, que torna-se independente. O argentino Juan Manuel de Rosas implanta a ditadura e o terror em Buenos Aires.

NUM MOMENTO DE falta de recursos, o Brasil viu ressurgir o conflito pelo controle absoluto do Rio da Prata. A Cisplatina, antiga Banda Oriental, a mais meridional das províncias do Império, era agora disputada pelo governo de Buenos Aires.

A região foi anexada ao território brasileiro por Dom João VI após a guerra contra o líder revolucionário José Artigas. Mas antes de deixar o Rio e voltar a Lisboa, o monarca foi aconselhado por auxiliares que custava caro manter aquela parte da margem do estuário do Rio da Prata, onde viviam cerca de 75 mil pessoas.

As pressões de negociantes ingleses e espanhóis e os constantes ataques de corsários promovidos pelo governo de Buenos Aires tornavam a manutenção de tropas em Montevidéu dispendiosa. Outros argumentavam que a permanência dos militares na cidade era um cinturão que garantia a paz no Rio Grande do Sul e Mato Grosso, províncias mais suscetíveis aos impactos das movimentações de forças no Atlântico Sul.

Enviado por Dom João para conquistar a Cisplatina, o general Carlos Frederico Lecor e muitos outros oficiais veteranos da Divisão dos Voluntários do Rei aproveitaram a situação de poder para se casarem com mulheres de clãs tradicionais e empobrecidos de Montevidéu. Formaram famílias e pequenas fortunas na Banda Oriental onde ter um soldo tornou-se uma distinção social. A burocracia militar, sempre imbricada com as linhas familiares, atuou para que o controle da província permanecesse com a Coroa Portuguesa.

O rei incentivou a formação de um Congresso em Montevidéu para decidir pelo futuro da Cisplatina. Sob pressão de Lecor e sem lideranças influentes, deputados avaliaram a proposta de oficializar a adesão ao Reino do Brasil e Portugal e o plano de independência. Tinham sob seus ombros o peso da hipótese de uma nova guerra civil e a ameaça de invasão de tropa de Buenos Aires num momento em que a economia melhorava após anos de batalhas.

Foi nesse contexto que o parlamento oriental decidiu por unanimidade, em julho de 1821, permanecer dentro dos domínios do antigo regime português.

Após a independência do Brasil e a adesão da Cisplatina ao novo Império e à Corte no Rio de Janeiro, as pressões portenhas continuaram. Em jogo estavam o controle absoluto do estuário do Prata e dos mares do Sul, do litoral do Rio Grande à Patagônia, e os pastos orientais, ainda mais cobiçados no momento de expansão do mercado de carne e couro.

Agora, em 1825, o governo das Províncias Unidas do Rio da Prata, a Argentina, tentava negociar com Dom Pedro a entrega do controle da Cisplatina. Não houve acordo.

Militares uruguaios residentes em Buenos Aires planejaram uma revolta na Cisplatina contra o governo brasileiro, representado em Montevidéu pelo general português Carlos Federico Lecor. Eles escolheram um capitão uruguaio que passou pelas prisões do Rio de Janeiro para chefiar o movimento. Juan Antonio Lavalleja era visto como um homem ousado, que não temia confrontos assimétricos.

Em abril de 1825, uma expedição chefiada por Lavalleja deixou o porto de Santo Isidro, a noroeste de Buenos Aires, em duas lanchas rumo à Cisplatina. Passou pelo delta do Rio Paraná, cruzou o Rio Uruguai e desembarcou de madrugada na Praia da Agraciada, no departamento de Soriano. A partir dali, os 33 Orientais, como o grupo ficou conhecido, começaram a arregimentar apoiadores para a causa da independência da Banda Oriental.

O primeiro êxito do capitão uruguaio foi conseguir a adesão de Fructuoso Rivera, chefe de um regimento na região do Arroio Monzon, até então leal ao governo brasileiro. Rivera conhecia a fundo o território da Cisplatina e conquistara a simpatia dos civis da província desde o tempo em que atuou ao lado de Artigas, antes de aderir ao Império.

O general Lecor anunciou que pagava pelas cabeças de Lavalleja e Rivera.

No final de agosto daquele ano, a Câmara dos Deputados, em Montevidéu, declarou a independência da Banda Oriental e um processo de união ao governo de Buenos Aires.

O cônsul brasileiro na capital portenha cobrou uma explicação do governo das Províncias Unidas do Prata, que negou qualquer participação no movimento de Lavalleja. Uma multidão foi para a frente da representação diplomática em Buenos Aires gritar "morra o imperador do Brasil".

Em novembro, o governo das Províncias Unidas do Prata declarava a Cisplatina território do país. Na reação, o Império do Brasil entrou oficialmente em guerra. Teria no campo adversário muito mais que os gaúchos das estâncias e os soldados argentinos, mas uma legião de capitães de barcos das mais diferentes bandeiras dispostos a se transformarem em piratas e lucrar com saques de navios inimigos de Buenos Aires, que tinham na Patagônia, mais ao sul, sua base estratégica.

Na ofensiva na Banda Oriental, Dom Pedro voltou a recorrer ao velho Carlos Frederico Lecor, o militar das guerras napoleônicas em Portugal, o general das batalhas do Rio da Prata, o negociador da independência. Radicado em Montevidéu, Lecor foi nomeado comandante-chefe do Exército do Sul.

234

O imperador mobilizou os mercenários que voltavam das batalhas contra os portugueses no Norte e chamou milicianos e proprietários de terra de Rio Pardo, no Rio Grande do Sul, fronteira com a Cisplatina. Na lista dos que aderiram ao pedido de Dom Pedro estavam estancieiros influentes como Bento Manuel Ribeiro e Bento Gonçalves da Silva.

Os filhos das mais tradicionais famílias do Rio Grande entraram na guerra. O coronel José Luís Mena Barreto, de 29 anos, filho do Visconde de São Gabriel, era um deles. De origem portuguesa, os Mena Barreto viviam na província desde o início da colonização, quando ganharam uma sesmaria da Coroa.

ATAQUE DE RINCÃO DAS GALINHAS

Na guerra do Pampa a vitória costuma ser de quem tem os melhores cavalos. Em setembro de 1825, os coronéis José Luís Mena Barreto e Jerônimo Jardim organizaram dois contingentes de indígenas de redutos das antigas Missões e trabalhadores de estâncias, num total de setecentos soldados, para transportar seis mil animais – os números costumam ser superestimados – que pastavam numa propriedade em Rincão das Galinhas, uma confluência dos rios Negro e Uruguai.

A estância estava sob controle do marechal José de Abreu, veterano das campanhas joaninas na Cisplatina, que acampava perto dali, nas cercanias de Mercedes, atual capital do departamento de Soriano, no litoral oeste do Uruguai. Foi nessa mesma região que o grupo dos 33 de Lavalleja havia desembarcado e iniciado o movimento contra o governo brasileiro.

Ao saber do plano dos imperiais, Fructuoso Rivera atravessou o Uruguai com 250 homens em busca dos cavalos. Sem alarde, na madrugada do dia 24, ele enviou um grupo de combatentes para invadir a estância e roubar os animais.

Os orientais não tiveram dificuldades de render cinquenta sentinelas brasileiros que guardavam a propriedade.

Horas depois, por volta das oito da manhã, o contingente de Mena Barreto se aproximou da estância em busca dos animais. Rivera se antecipou mais uma vez e preparou uma ação surpresa de guerrilha, espalhando seus homens para emboscar os imperiais.

Mesmo em número inferior, os orientais deixaram os brasileiros atordoados, sem direção. Em pouco tempo, mais de cem imperiais foram rendidos e aprisionados.

O jovem coronel Mena Barreto não aceitou se render. Ele e outros quinze oficiais foram mortos a tiros e baionetas pelos revolucionários nas coxilhas da propriedade.

A tragédia do Rincão das Galinhas contribuiu para consolidar um sentimento gaúcho de separação do Rio Grande da Banda Oriental.

O ataque aos imperiais permitiu que os orientais avançassem na guerra para expulsar os brasileiros da Banda Oriental. Uma grande quantidade de armas e munições foi tomada pelos homens de Rivera. A tropa dele saiu da estância com mais poder de fogo, montada e com animais de sobra para distribuir a outros contingentes. Do lado brasileiro, o prestígio do veterano José de Abreu, que não preveniu a ação de Rivera, foi abalado.

Em pouco tempo, os orientais tinham o controle de boa parte do território da Cisplatina. Os imperiais se concentravam agora em Montevidéu e Colônia do Sacramento. Estavam praticamente cercados pelos revolucionários.

BATALHA DE SARANDÍ

Após a tragédia de Rincão das Galinhas, os estancieiros gaúchos Bento Manuel e Bento Ribeiro tomaram para si a responsabilidade de retomar o moral da tropa imperial em território oriental. À 12 de outubro de 1825, eles chegaram com 1.508 homens, a maioria a cavalo, apoiados por carros de boi, às margens do Arroio Sarandí, região do atual departamento uruguaio de Flores. Para ali confluíam também as tropas reunidas de Lavalleja e Rivera, que totalizavam 2.600 homens.

O confronto durou duas horas. Um total de duzentos brasileiros morreram – os orientais calcularam em 572. Do lado adversário, 35 soldados tombaram, também nas contas dos revoltosos. O exército brasileiro iniciou uma difícil retirada para Santana do Livramento, no Rio Grande do Sul. Os republicanos e orientais tinham agora o domínio da maior parte do território da Cisplatina.

Diante de uma série de fiascos brasileiros, o imperador afastou o general Carlos Frederico Lecor do governo em Montevidéu. Dom Pedro deu ouvidos aos críticos. O velho militar português estava longe da vitalidade das batalhas para garantir o domínio da Banda Oriental ainda no tempo de Dom João e das engenhosas negociações políticas que atraíram a elite crioula e lideranças guaranis na adesão da província ao Império do Brasil. Agora, aos 62 anos, colecionava medalhas e honrarias – fora agraciado com os títulos de barão e visconde. Não era mais homem da guerra.

Dom Pedro resolveu demitir ainda o marechal José de Abreu do comando da tropa brasileira. No caso do oficial, influente entre soldados e oficiais, a demissão assustou os combatentes. Para o cargo o imperador apostou no general Francisco de Paula Massena Rosado. Não poderia haver troca pior. O novo comandante deu ordem para que o efetivo do Rio Grande do Sul se concentrasse em Santana do Livramento, na região da Campanha. A medida só não desguarneceu toda a fronteira porque o coronel e estancieiro Bento Gonçalves descumpriu a exigência e manteve seu contingente em Jaguarão.

BATALHA DE PASSO DO ROSÁRIO

A perda dos cavalos e a morte de lideranças do Exército Imperial na confluência do Negro com o Uruguai não tiraram o ímpeto do combate do marechal José de Abreu. O ex-comandante de armas do Rio Grande do Sul enfrentava a crítica pelo massacre de Rincão das Galinhas, mas nem por isso perdeu o entusiasmo da luta e o respeito dos companheiros. Era quase o mesmo intrépido e ousado comandante mestiço na guerra de guerrilhas da última fase da campanha contra Artigas, ainda no tempo de Dom João.

Entretanto, a experiência em luta de fustigar o inimigo, misturar arma e psicologia, travar combates a partir de pequenos focos parecia nada valer em um conflito como agora, de batalhas campais, jogos estratégicos e táticas de uso exato de peças de artilharia e grandes contingentes. O Pampa ensinara a Abreu apenas a guerra do imprevisível e do impossível.

Sem cargo na tropa legal, José de Abreu organizou um corpo de milícias de mais de mil homens em São Gabriel, no interior da província, preparou carretas com animais robustos e seguiu a marcha dos imperiais para a região da fronteira com a Cisplatina. Estava disposto a guerrear contra os republicanos de Buenos Aires e Montevidéu, velhos conhecidos nas batalhas travadas no tempo em que o Brasil era apenas uma colônia portuguesa.

Depois de um rápido comando do general Massena Rosado, a tropa do Exército Imperial foi entregue ao Marquês de Barbacena. Era mais uma substituição desastrosa para o contingente brasileiro.

No tempo da independência, Barbacena ajudou Dom Pedro a negociar a vinda de mercenários, a compra de embarcações e o apoio de nações europeias à causa do Brasil. Ele, porém, não era homem de estratégias militares. Nas guerras que participou contra a Coroa Portuguesa ao lado do imperador e mesmo antes nos movimentos nativistas da Bahia, sempre ficou na burocracia e na negociação política.

Agora, na Cisplatina, Barbacena era o chefe de uma tropa que tinha sua cúpula formada por estancieiros pouco afeitos à disciplina e uma massa de soldados recrutados nas senzalas das propriedades e nas aldeias guaranis e kaingang, sem armamentos do mesmo poder de combate dos republicanos.

A marcha dos imperiais que saiu de Porto Alegre em dezembro de 1826 arregimentou combatentes pelo interior e chegou 55 dias depois, em fevereiro do ano seguinte, ao oeste da província do Rio Grande do Sul, próximo à fronteira. O mesmo tempo levou a tropa dos republicanos a deixar a Cisplatina e entrar no território gaúcho.

O Exército Imperial era formado por mais de cinco mil homens, sendo 2.731 da cavalaria, 2.036 da infantaria e seiscentos da artilharia. Os republicanos estavam ao menos com mais combatentes montados. O terreno do Passo do Rosário favorecia a cavalaria.

O serviço de espionar os movimentos dos republicanos estava a cargo do coronel Bento Manuel Ribeiro, que contava com um contingente especial de 1.200 homens. Além de monitorar o inimigo, Bento Manuel tinha a missão de socorrer o grosso da tropa imperial em caso de ataque.

Buenos Aires enviou Carlos María Alvear, chefe supremo do exército, para comandar sua tropa na Banda Oriental. Com amplo conhecimento de Cisplatina e guerra, Alvear foi dirigente máximo das Províncias Unidas do Prata, o equivalente a presidente da Argentina.

Depois de passar pelo governo, ele se uniu a Dom João e apoiou o controle português da Cisplatina. Fora do poder, representou as Províncias em missões no exterior. Se encontrou com o presidente norte-americano James Monroe e com o líder latino-americano Simón Bolívar em busca de apoio numa guerra, agora contra o Brasil, pelo domínio da Banda Oriental às Províncias Unidas do Prata.

Pelos planos dos portenhos, Bolívar teria a missão de não apenas conquistar Montevidéu, mas marchar até o Rio de Janeiro para depor o imperador brasileiro. Bolívar não aceitou o convite e acompanhou de longe o conflito.

Sem esconder a desconfiança política, o presidente Bernardino Rivadávia pediu para Alvear reorganizar a tropa e ocupar a Cisplatina. Os adversários do general temiam uma vitória dele no lado oriental do Prata.

A Guerra Cisplatina era a retomada do projeto dos portenhos de reconstruir o Vice-Reino Espanhol, com um vasto território, destruir o núcleo luso-brasileiro numa ponta do estuário do Prata e garantir o domínio do comércio nessa região do continente. Para Alvear, o conflito significava, em particular, a reconquista por meio da guerra da influência perdida após deixar o governo da república vizinha e permanecer anos no exílio no Rio de Janeiro.

Carlos María Alvear entrou 100 quilômetros adentro do território brasileiro a partir da fronteira com a Cisplatina. À espera dos imperiais, ele se posicionou numa margem do Rio Santa Maria, onde hoje é o município gaúcho de Rosário do Sul. Entre homens da linha de frente e da retaguarda, os republicanos contavam com 8 mil combatentes, uns 2 mil a mais que o Brasil.

O general teve tempo de ensaiar manobras de ataque e retirada, conhecer as condições do terreno e definir elevações onde poderia espalhar sua artilharia.

Ele pôde até mesmo escolher o melhor ponto para travar a guerra. Sua tropa estacionou no Passo do Rosário – na linguagem do Pampa, passo é o trecho em que os viajantes costumam atravessar um rio de um lado a outro –, a área era chamada pelo castelhanos por Ituzaingó. Essas informações tinham sido repassadas por Bento Manuel ao comando da tropa imperial.

Na manhã de 20 de fevereiro, os brasileiros se aproximaram do Santa Maria. Barbacena evitou ficar na defensiva, à espera do momento ideal para avançar. Ele ordenou o ataque sem conhecer o poder de fogo e o efetivo de Alvear.

Um nome do exército de Alvear era familiar para o comandante brasileiro. O padre José Antônio Caldas, capelão da tropa adversária, tinha sido companheiro de Barbacena no plenário da Assembleia Constituinte de 1823.

Logo nas primeiras horas de combate, um grupo de republicanos, de forma ousada, se aproximou dos carros de boi que transportavam a bagagem da tropa imperial, incluindo munições, e os levou para fora da área de bombardeios. Os chefes militares brasileiros não tinham tomado providências para manter todo o material sob vigilância. O desfalque comprometeu o poder de reação dos imperiais.

A poucas léguas, o coronel Bento Manuel Ribeiro ao ouvir os primeiros tiros se afastou com seu contingente do Passo do Rosário, por temer uma derrota acachapante.

Na batalha do oeste gaúcho, brasileiros e castelhanos gastaram até as últimas balas e buchas de artilharia. O embate transformou Passo do Rosário num fumaceiro completo, que turvava a visão dos combatentes. A certa altura da tarde, a infantaria imperial ficou confusa no campo de batalha, seus regimentos se atacaram. Ninguém mais diferenciava o companheiro de guerra e o adversário.

Com fumaça soprada para mais longe pelo vento, os imperiais perceberam, aos poucos, a dimensão do fogo amigo. Na terra ensopada de sangue e com restos de munições e pedaços de carne humana, soldados encontraram o corpo do marechal José de Abreu, morto possivelmente por gente de seu próprio exército. Era um caso raro de um homem oriundo da classe mais pobre que ganhou poder e título de barão por meio da carreira militar para depois morrer como soldado na guerra. A espada do algoz do líder guarani Andresito foi encontrada quebrada.

Ao fim do combate, Alvear se retirou com seu exército para a Banda Oriental. Com ele foi o padre José Antônio Caldas, que mais tarde participaria de outras guerras.

ATAQUE PIRATA CONTRA O IMPERADOR

A guerra pôs Dom Pedro sob o fogo da opinião pública, descontente com os gastos e as perdas nos campos de batalha na Cisplatina. Sob pressão, ele resolveu acompanhar, no final de novembro de 1826, a tropa brasileira.

As parcas economias do Império tinham sido gastas no combate aos republicanos. Aquele não era um bom momento para deixar o Rio. Dom Pedro recebia críticas pelo envolvimento afetivo com a Marquesa de Santos e a mulher, Dona Leopoldina, tivera complicações no parto e delirava no leito. "Estou morrendo", disse a princesa ao marido. "Quando você voltar do Rio Grande, eu não estarei mais aqui."

Pedro deixou o Rio com uma esquadra de treze barcos rumo à Cisplatina. Estava na companhia do oficial prussiano Gustavo Henrique Brown, de 50 anos, contratado para comandar a tropa brasileira na guerra terrestre no Sul.

Nas embarcações, as melhores que dispunha, estava boa parte dos mais destacados oficiais da Marinha Imperial. Era a primeira batalha naval travada pelo imperador em defesa da independência e integridade de todo o território conquistado da Coroa Portuguesa.

Se o Brasil venceu a guerra por sua independência com apoio de um pirata que saqueava barcos portugueses, o velho Lorde Cochrane, as Províncias Unidas do Prata também recorreram aos mercenários europeus para tomar a Cisplatina. O almirante William Brown foi contratado por Buenos Aires para infernizar a vida dos capitães das embarcações mercantis brasileiras que adentravam os mares do sul.

Diferentemente de Cochrane, que a cada manobra no mar mandava uma carta para cobrar mais dinheiro do Império e centralizava a distribuição dos saques dos barcos portugueses, Brown adotou um modelo de defesa mais dinâmico e com menos imposições. Pediu e conseguiu do governo de Buenos Aires "cartas de corso", documentos que concediam ao comandante de um barco atacar e saquear outro de nação inimiga. Assim, distribuiu os papéis para capitães de grandes e médias embarcações que atravessavam o Atlântico e pilotos de pequenas lanchas do comércio naval no estuário do Prata. O litoral sul virou um pesadelo para a marinha mercante brasileira e mesmo para a esquadra imperial, que de certa forma era temida por seus barcos munidos de canhões.

242

Pedro testemunhou na pele a estratégia bem-sucedida de William Brown. Na manhã de 29 de novembro daquele ano, os homens da esquadra imperial foram acordados com a visão, só possível após a dispersão do nevoeiro, de duas corvetas argentinas, dotadas de canhões.

A *Chacabuco* e a *Sarandí* dispararam tiros contra as embarcações brasileiras, que responderam. Minutos depois a *Sarandí* se afastou, desistindo de uma aproximação. A *Chacabuco*, porém, manteve o fogo. Levantou a bandeira das Províncias Unidas do Prata e pôs todos os seus canhões voltados para embarcações imperiais.

Após a troca de tiros, a *Chacabuco* se afastou, deixando para trás embarcações avariadas. Mais veloz que as naus que levavam o imperador, a corveta desapareceu no mar.

O imperador registrou a troca de tiros numa carta à "amada e prezada esposa", Dona Leopoldina. "Esta manhã, às nove horas, avistamos uma corveta com bandeira francesa", escreveu Pedro. "Demos-lhe carga de duas horas e meia."

Pedro não escondeu o fascínio pela rápida aventura nas águas de Santa Catarina. No tempo de menino sempre manifestou interesse de um dia ser marinheiro, cruzar os oceanos, como aqueles britânicos que conduziram os barcos da Corte Portuguesa do Tejo para a Baía de Salvador, na fuga das tropas napoleônicas.

A presença dos dois barcos argentinos no meio da esquadra expôs, mais uma vez, uma Marinha Imperial despreparada, com oficiais que desconheciam os segredos da guerra naval e ignoravam ainda mais as estratégias de uma geração forjada de piratas do Atlântico Sul.

Os barcos da esquadra brasileira fundearam na tarde daquele mesmo dia próximo à Praia de Canasvieiras, no norte da Ilha de Santa Catarina.

No dia 30, ainda de madrugada, o imperador foi de bote até o centro da Vila de Desterro, atual Florianópolis, onde ouviu missa e foi aclamado pelos moradores surpresos com a visita.

Depois de andar a cavalo pela ilha e conversar com moradores, Pedro decidiu continuar o trajeto até o Rio Grande do Sul e à fronteira com a Cisplatina no lombo de um animal.

243

Era o caminho alternativo à rota pelo mar dominado pelos piratas portenhos.

Banhados, vales, praias, noites quentes, ventos frios. Dom Pedro impôs à sua comitiva de auxiliares, militares e estancieiros gaúchos troteadas mais rápidas, surpreendendo com disparadas pelos campos abertos e nos areais.

À noite, a comitiva ora era acolhida nas casas das famílias mais prósperas do litoral norte do Rio Grande do Sul, ora dormia em cabanas de palha de pescadores.

O imperador não chegou a entrar no campo de batalha. No dia 11 de dezembro, Dona Leopoldina morreu. Quase uma semana depois o imperador recebeu a notícia. Diante da tragédia, decidiu não prosseguir viagem e voltou para o Rio.

BATALHA DE CARMEN DE PATAGONES

Um vexame. Ter cascos de barcos de guerra avariados por um navio pirata costuma ser uma situação incômoda para um oficialato de uma Marinha Imperial. Ser surpreendido com uma corveta corsária dentro dos limites de navegação de uma esquadra talvez seja um mal-estar ainda maior. Nada mais delicado, entretanto, que esse fato tenha ocorrido numa viagem em que o imperador estava a bordo.

De forma bem-humorada, Dom Pedro chegou a descrever seu fascínio pela embarcação corsária, mais veloz que as naus da esquadra brasileira. O entrevero no litoral de Santa Catarina, porém, feriu os brios dos oficiais da Marinha Brasileira.

Informações enviadas pela tropa do Sul à cúpula da Armada, no Rio de Janeiro, indicaram que os corsários argentinos, cada vez mais ousados, montaram uma base de apoio em Carmen de Patagones, na margem esquerda do Rio Negro, pouco antes do curso desaguar no Atlântico, mais ao sul da província de Buenos Aires.

A mil quilômetros da capital portenha, Carmen de Patagones era formada por casas de adobe e telhas coloniais. O casario branco, dourado diante do sol poente, e a torre de pedra que servia de sentinela e campanário da capela do forte construído pelos espanhóis se destacavam, na paisagem austral, aos olhos dos navegantes que passavam por ali.

Menos visível aos olhos dos navegantes, a gente de Patagones tinha a pele definida não apenas pelo sol e pelo clima austral. Os crioulos se misturavam aos indígenas que habitavam a região antes da chegada de seus pais e avós da Espanha. Viviam ainda ao lado dos gaúchos e dos negros que chegaram para trabalhar nas estâncias. Homens e mulheres, de um lugar ou outro, com experiência em refregas e combates em defesa aguerrida pela existência.

A Marinha Imperial contratou o capitão escocês James Shepherd, que procurava serviço no Atlântico Sul, depois de trabalhar com Lorde Cochrane, para comandar a flotilha de quatro barcos e seiscentos homens para o ataque a Carmen de Patagones. A sede de vingança pelo vexame da viagem do imperador no litoral de Santa Catarina moveu a ideia atabalhoada da expedição.

A 28 de fevereiro de 1827, menos de dois meses depois do ataque das corvetas argentinas, a flotilha de James Shepherd chegou à foz do Rio Negro, nas cercanias da cidadela.

Shepherd ordenou que as bandeiras imperiais dos mastros das embarcações fossem trocadas por pavilhões das Províncias Unidas do Rio da Prata. A tática só ajudou a criar mais alarme. O comandante militar de Carmen de Patagones foi avisado da manobra. Martin Lacarra há tempo não sabia o que era guerra. E não tinha muito tempo para relembrar.

Ao entrar rio adentro, uma das corvetas da flotilha imperial, a *Duquesa de Goiás*, em que viajava o comandante da expedição, encalhou a 3 de março num banco de areia. Os marinheiros foram alojados nas demais embarcações. Soldados de Carmen de Patagones invadiram o barco abandonado e levaram canhões e

245

munições. Outra corveta, a *Itaparica*, também não conseguiu seguir em frente.

O coronel Martin Lacarra foi avisado ainda que o número de combatentes brasileiros era invencível diante do pequeno efetivo da cidade. Com apenas uma centena de soldados, ele saiu às pressas para pedir ajuda aos estancieiros. Uma força de gaúchos montados a cavalo chegou.

Todos os homens em idade adulta de Patagones viraram combatentes. Ao mesmo tempo, velhos, mulheres e crianças se armaram com paus e velhas espadas para tentar a resistência nas ladeiras que terminam na beira do Rio Negro.

James Shepherd desembarcou sua tropa em um lugar um pouco afastado para chegar a pé ao centro da cidade. Na noite de 6 de março, os imperiais iniciaram o deslocamento por um caminho de dunas de areias e arbustos espinhosos.

Pela manhã, eles chegaram com sede e cansados ao Cerro (morro) da Caballada, um terreno propício ao movimento dos animais. Esse local era justamente o escolhido para a resistência da cidade. Ao ver os primeiros invasores brasileiros, os combatentes de Patagones atacaram.

James Shepherd levou um tiro no pescoço e foi um dos primeiros imperiais a caírem mortos.

Mercenários ingleses de sua tropa mudaram de lado e o restante da expedição brasileira tentou fugir em meio aos tiros. Estima-se que mais de cem imperiais morreram. Outros tantos viraram prisioneiros de guerra.

O cheiro da pólvora e o odor de sangue foram logo varridos pelo vento austral vindo do mar. Mais tempo levaria os corpos dos imperiais para se decompor no gelado cerro de Patagones, rações de aves migratórias, a mercê de almas da cidadela que achavam melhor inumá-los ou arrastá-los para os despenhadeiros de frente ao oceano.

Entre os presos estava o marinheiro Joaquim Marques Lisboa, de 19 anos. O jovem de Rio Grande foi embarcado com dezenas de companheiros num barco. No caminho, liderou um motim e permitiu a libertação do grupo, que conseguiu desembarcar em Montevidéu, cidade ainda nas mãos dos brasileiros. Era o futuro almirante Tamandaré, oficial mais destacado da história da Marinha Imperial.

A corveta *Itaparica*, uma referência ao esforço de guerra da ilha da Bahia no tempo da independência, foi rebatizada pelos argentinos de *Ituzaingó*, batalha que eles consideravam um triunfo contra os brasileiros. Os brasileiros sofreriam novo revés no estuário do Prata. Ainda que a guerra estivesse longe de ter um vencedor, os imperiais só amargavam derrotas.

BATALHA DA ILHA JUNCAL

O bloqueio do porto de Buenos Aires interrompeu o fluxo das veias coronárias das Províncias Unidas do Rio da Prata. Na tentativa de acelerar o fim da guerra, a Marinha Imperial dividiu seus homens, barcos e canhões em três divisões.

A primeira tinha por missão fechar os acessos à zona portuária da capital portenha e aos cais de regiões vizinhas. A segunda recebeu determinação de fechar toda a costa da Cisplatina, da foz do Uruguai ao Prata. Por fim, a terceira iria se estabelecer ao longo do Rio Uruguai, onde, numa de suas margens, a província de Entre Rios estava em pé de guerra com o governo de Buenos Aires. Do outro lado, na Cisplatina, uma milícia de orientais apoiava os argentinos.

A Marinha Imperial tinha na região 750 homens e dezessete embarcações. A frota argentina era um pouco menor, quinze barcos que abrigavam um efetivo semelhante.

Em Buenos Aires, o comandante naval William Brown organizou uma esquadra para entrar no Uruguai e tirar a terceira divisão de combate e assim garantir o tráfego no rio. Antes de iniciar a operação, ele tomou duas medidas. Deixou a capital praticamente desguarnecida e se mudou para a Ilha de Martin García, localizada num trecho do Prata por onde a segunda divisão imperial deveria passar em socorro da primeira. Na ilha, ele e seus homens construíram em tempo recorde uma fortificação improvisada.

A 26 de dezembro de 1826, ele partiu com uma esquadra para o Uruguai. Dois dias depois, estava próximo da terceira divisão. Ousado, Brown logo mandou um emissário exigir a rendição dos imperiais. O comandante da divisão, Jacinto Roque Sena Pereira, um português de 43 anos que aderiu à causa da independência do Brasil, respondeu com a prisão do emissário.

Argentinos e brasileiros entraram em combate. A troca de tiros durou até o dia 30. Brown, então, se retirou para mais abaixo, a fim de reorganizar sua tropa e buscar apoios. Uma milícia de orientais estabelecida em Soriano, na Cisplatina, foi acionada pelo comandante republicano. Sena Pereira, então, seguiu com sua esquadra para mais ao norte. Por sua vez, Brown desceu até a Ilha Juncal, na confluência do Uruguai e do Prata, nas proximidades de Carmelo, na Cisplatina, separada pelas águas da província argentina de Entre Rios.

Nas primeiras horas de 8 de fevereiro, os imperiais desceram o rio. Alertado, Brown mandou os capitães dos navios republicanos levantarem âncora e formarem uma linha de batalha, com sua nau capitânia, a *Sarandí*, no centro. Ainda pela manhã, de sua nau capitânia, a *Oriental*, Sena Pereira espalhou explosivos numa embarcação, incendiou e lançou o "navio de fogo" sobre a frota de Brown. Os argentinos afundaram o barco antes que se aproximasse. Um lado e outro passaram a disparar seus canhões.

Após duas horas de combate, uma sudestada, rajadas fortes de vento, interrompeu a troca de tiros, afastando as esquadras.

Com o vento no rumo dos argentinos, os brasileiros voltaram a fazer fogo. A formação de uma linha de ataque fracassou. Sena Pereira viu uma de suas embarcações encalhar e outra sair da linha. A fumaça dos tiros se dissipara e os disparos foram interrompidos agora por uma intensa tempestade, que impediu ainda mais a visibilidade. Ao fim do dia, o saldo era favorável a Brown. O navio-hospital brasileiro *Fortuna* tinha sido capturado.

No segundo dia, coube a Brown a iniciativa do combate. Ele ordenou seus capitães a avançarem em direção ao inimigo. Sena Pereira voltou a formar uma linha de ataque, mas seus barcos saíram da formação. Com um megafone, tentou consertar as posições, mas, diante do avanço argentino, resolveu levantar âncoras e manobrar.

A nau capitânia e outros dois barcos imperiais, o *Dona Januária* e o *Bertioga,* avançaram para a batalha sem o apoio das embarcações da retaguarda, que ficou dispersa. Foi um desastre. O *Januária* foi avariado com tiros de canhão e o *Bertioga* teve o mastro destruído e seu comandante se rendeu. Duas embarcações argentinas fizeram um ataque combinado à *Oriental*. Sena Pereira gritou que entregaria a espada. Estava rendido.

Brown subiu na nau capitânia brasileira, aceitou a espada de Sena Pereira e foi cortês.

"*Usted es el héroe*", disse o comandante republicano.

À frente da segunda divisão brasileira, o oficial Frederico Mariath estava a caminho para apoiar o que restava da esquadra de Sena Pereira. Ele ordenou a destruição da fortificação da Ilha de Martín García, onde estava a retaguarda argentina.

Cauteloso, Mariath estudou toda a área, da profundidade das águas, onde poderiam navegar os dez barcos de sua esquadra, às condições de fuga, e decidiu se afastar da zona de combate, retirando-se para Colônia do Sacramento.

Mais cinco barcos da terceira divisão foram capturados. Agora à frente da frota brasileira reduzida, o tenente imperial Souza Aranha entregou seus barcos e 351 homens, metade do contingente inicial, ao governo da província dissidente.

À caça da divisão, Brown ancorou no porto de Entre Rios e exigiu a entrega dos barcos e dos brasileiros. O governo da província resistiu enquanto pôde. Finalmente, o comandante da frota argentina capturou o que sobrou da esquadra da terceira divisão. Ele tinha sob seu poder doze navios imperiais – ainda queimou outros três. Só duas embarcações brasileiras conseguiram escapar.

Buenos Aires conseguiu garantir as comunicações e o transporte no estuário do Prata e evitar que o Rio Uruguai se transformasse numa barreira de separação de províncias como Entre Rios e Corrientes. O projeto de expandir o território da nação estava mantido. Brown virou herói nas ruas da capital.

Do outro lado da guerra, as ruas das vilas brasileiras viviam o terror dos recrutamentos forçados. Os militares aproveitavam qualquer tipo de aglomeração para garantir homens para as batalhas no Prata. As festas religiosas eram as mais visadas, pois reuniam grande número de possíveis soldados.

TERROR DO DIA DO CORPO DE DEUS

Com tochas de fogo, os fiéis percorriam as ruelas e ladeiras cobertas pelas folhas secas das castanheiras da Ilha de Nossa Senhora da Vitória, na província do Espírito Santo. Aquele 14 de junho de 1827 era dia em que a Igreja celebrava *Corpus Christi*. À espreita, militares acompanhavam o trajeto.

Dias antes, o coronel Francisco Antônio de Paula Nogueira da Gama tinha recebido a missão de recrutar combatentes nos batalhões de milicianos e entre paisanos da cidade. Diante da dificuldade de juntar gente, resolveu aproveitar a procissão para completar o quadro do Batalhão de Caçadores de 1ª Linha. Ele estava certo que o presidente da província não o ajudaria.

De sobressalto, soldados armados fecharam as saídas da rua por onde a procissão passava. No cerco, mulheres e crianças novas foram liberadas. Homens velhos, rapazes e rapazinhos, bem de saúde ou mancos, tiveram de marchar rumo ao cais da baía de águas frias do inverno Atlântico, onde o brigue *Ururau* partiria em poucas horas para a Guerra Cisplatina.

No cais, o coronel Francisco escolheu cem homens que considerava aptos para a guerra. Mas, destes, quatro provaram com documentos estar isentos pela lei de embarcar.

Ante da partida do navio, pais "extremosos" com a vida dos filhos chegaram para tentar impedir a viagem dos recrutados.

O fazendeiro ou comerciante que temesse pela bravura de seus filhos na guerra na província do Sul tinha a alternativa de trocá-los por escravizados.

Ao ministro da Guerra, João Vieira de Carvalho, o coronel Francisco escreveu: "Cumpre-me mais participar a V. Excia. para levar também ao Augusto Conhecimento de S. M. o Imperador que a requerimento de alguns extremosos pais, aceitei em lugar de seus filhos para o Serviço da 1ª Linha oito mulatos, que eles libertaram, ainda mais robustos e capazes de servirem".

Francisco avaliou que a missão foi bem cumprida. "Exmo. Sr., não só por consideração aos pais, como pelo aumento do número dos combatentes com aqueles escravos habilitados com a liberdade para poderem ter a honra de servirem à Nação como soldados", escreveu.

O risco de topar com algum corsário no trajeto até o Prata levou o comandante a aumentar o armamento do navio. O arsenal recebeu duzentas pistolas, alguns barris de pólvora e muitos cartuchos de mosqueteira.

Em poucas horas, homens e meninos iniciaram a longa jornada no mar, muitos nunca mais veriam suas famílias. A ilha ficara para trás, submersa. As mães logo observaram que, em algum ponto do oceano, eles enfrentariam o vento sul, o frio das gripes dos pequenos, do estalar de dentes dos velhos, a transição do outono para o inverno.

A memória do cerco congelou na vida das famílias da ilha e seria registrada pelos cronistas. Todos falaram na hecatombe, no flagelo, na força do mal que numa manhã de sol levou os filhos queridos para longe.

A Igreja evitou, por muito tempo, a festa de *Corpus Christi*. A tristeza era intensa e tornou-se eterna porque a tragédia envolvia filhos de famílias dos sobrados e casarões das colinas da cidade, brancos, descendentes de colonizadores portugueses e espanhóis.

A história dos oito mulatos ficou encoberta dentro da memória coletiva – mas era horrível o caso de um humano servir de moeda para quem queria diminuir sua dor. E se índios estavam na procissão, o que era muito provável levando em conta a formação étnica de Vitória, foram embranquecidos antes de serem apontados como vítimas. Não era costume naquela sociedade escravagista fazer crônicas sobre negros e aldeados embarcados à força nos navios aportados em busca de aguardente, farinha e armas.

Na reconstituição do que ocorreu na ilha e no conflito na Cisplatina, talvez não bastem as identidades das forças opostas. É preciso encontrar nomes entre soldados, entre rebeldes, tropas multifacetadas, de interesses e passados diversos e não menos trágicos que o que ocorreu na festa do Corpo de Deus.

Acordo de paz

Sem recursos para manter as frentes de combate na Banda Oriental e no Rio Grande do Sul, o governo de Buenos Aires enviou o embaixador Manuel José García ao Rio de Janeiro para negociar um acordo de paz.

Ao desembarcar na Corte, o diplomata surpreendeu o Império ao afirmar que as Províncias Unidas do Prata renunciavam ao território da Cisplatina. Os termos do tratado enfureceram as ruas da capital portenha, a ponto de o presidente Bernardino Rivadávia desistir das negociações feitas por seu representante.

Em agosto de 1828, agora sob pressão da Inglaterra e da França, o Império do Brasil e as Províncias Unidas do Rio da Prata assinaram uma convenção de paz que reconhecia a independência da Banda Oriental. Nascia, assim, uma nova nação no Hemisfério Sul.

Os orientais puderam, enfim, trilhar seu destino independente de lusitanos, brasileiros, espanhóis e portenhos.

O Império do Brasil conhecia sua grande derrota. A versão difundida por setores militares de que a guerra terminou empatada foi um eufemismo. As Províncias Unidas do Prata não estenderam seus domínios para o lado oriental, mas o território brasileiro ficou menor sem a Cisplatina.

Por outro lado, a guerra perdida empoderou uma geração de estancieiros do Rio Grande do Sul, que voltaram para suas propriedades de criação de gado experientes de batalhas militares, ainda mais seguros na sua relação com o governo central e resistentes às decisões da Corte.

Uma boa parte da tropas legais e mercenárias ainda estava na Cisplatina quando a Corte se assustou com um motim dos soldados estrangeiros que faziam a guarda dos palácios imperiais e o policiamento da cidade do Rio.

15

SINOS POLÍTICOS DE MINAS (1828)

O Império Brasileiro e os Estados Unidos assinam Tratado de Amizade e Comércio. Britânicos abolem o Test Act, o Ato da Prova, norma que discriminava os católicos. Lutas entre franceses e tribos árabes pelo controle da Argélia. Revolução derruba Carlos X em Paris e Câmara dos Deputados impõe uma monarquia institucional.

O IMPÉRIO ENFRENTAVA uma conjunção de crises. A guerra perdida na Cisplatina estourou o orçamento público. As dívidas da independência pareciam não ter fim. Dom Pedro autorizava emissões excessivas de papel-moeda. A fabricação de dinheiro falso entornava ainda mais o caldeirão de problemas nas finanças. No campo político, a repressão sangrenta aos movimentos rebeldes nas províncias do Norte aniquilou a imagem do imperador entre as elites da região mais rica do país.

Tudo era motivo de críticas à atuação do governo imperial. A liberdade de imprensa, destacada na Constituição de 1824, era posta em dúvida. Jornalistas críticos estavam em constante ameaça.

Os ataques ao imperador não vinham apenas das folhas da imprensa do Rio e de São Paulo. Quartéis, comércios, ordens religiosas; o país se voltava contra Pedro.

Se nos idos da independência os sinos de bronze dos campanários e torres de Ouro Preto, cidade onde o sagrado foi gravado no ouro e na pedra pelo talento brasileiro, repicavam freneticamente, como se anunciassem festas santas, agora, com o Império em crise, badalavam com pancadas intervaladas e graves, num dobre de tristeza.

Velhos adversários do movimento separatista davam as cartas no reinado de Pedro. Com a nova ordem, a colônia portuguesa no Rio havia se aproximado do imperador. Aliados antigos se afastaram ou foram assassinados.

Os portugueses só tinham queixas. Eles reclamavam que os piratas ingleses contratados para garantir a independência pilhavam navios de forma injustificada e tratavam a todos, leais ou não a Dom Pedro, como inimigos. Ao mesmo tempo, Cochrane e outros mercenários reclamavam da falta de pagamento por parte do Império pelos seus serviços. A guerra tinha acabado. Agora, o que provocava distúrbio eram as despesas para encerrá-la.

Não havia uma receita para desmobilizar os contingentes estrangeiros na cidade. No atual Palácio Duque de Caxias, na Praça da República, ficava o quartel do Batalhão dos Granadeiros, formado por praças e oficiais contratados no período da independência. Na Praia Vermelha estava a sede do 27º Batalhão de Caçadores, integrado somente por militares alemães, os diabos brancos. O Corpo de Estrangeiros era formado ainda por agricultores irlandeses que chegaram ao país em busca de terra. Ludibriados pelo agente da imigração, acabaram levados aos quartéis, servindo como soldados.

A vida nas unidades militares era cruel. Os estrangeiros conviviam com ratos, baratas, refeições estragadas e atraso de salário que levava até anos. Vinho e aguardente mantinham a tropa imunda. Os soldados eram mal vistos na cidade. Os escravos de comerciantes e negociantes os odiavam pela truculência.

No início de junho de 1828, o major Francisco Pedro Drago provocou revolta na tropa dos Granadeiros ao impor um castigo de cem pranchadas de espada nas costas de um soldado alemão do batalhão lotado no Paço Imperial. O praça teria chegado ao quartel após o toque de recolher. Diante da resistência do estrangeiro em aceitar a punição, o major mandou amarrá-lo e duplicar a pena.

Sob o som de uma banda de música e diante dos colegas perfilados, o soldado foi surrado e sangrado. A morte dele levou um grupo a procurar o imperador na Quinta da Boa Vista, no dia 9 de junho, para cobrar a demissão do major e o fim dos castigos. Dom Pedro não aceitou atender ao pedido.

MOTIM DOS SOLDADOS ESTRANGEIROS

A decisão de Dom Pedro de relevar os castigos aplicados aos soldados provocou mais descontentamento na tropa dos militares estrangeiros. Em reação, os combatentes resolveram fazer um motim. À frente do movimento, naquele dia 10 de junho de 1828, estava o soldado August von Steinhousen.

"Matem o cão português!", virou grito de guerra dos amotinados.

Os militares estrangeiros saíram às ruas próximas do antigo Campo da Aclamação em quebra-quebra. Bateram em escravos e quem mais viam pela frente. Era início de uma batalha que aumentava ao passo que eles andavam pela cidade.

Os estrangeiros invadiram o quartel dos Granadeiros onde também atuava o comandante das armas da Corte, o brigadeiro Joaquim Tomaz Valente, Conde do Rio Pardo. Ele escapou por uma janela do prédio.

Dois dias depois, Valente reuniu homens da Brigada de Artilharia da Marinha na Ilha das Cobras, para sufocar o movimento, mas era pouco diante de centenas de estrangeiros.

Incentivados pelos seus senhores, os escravos se aliaram à ofensiva para sufocar a revolta. Com navalhas e pernadas, os capoeiras tiveram a oportunidade de vingar maus-tratos nas ruas sem serem reprimidos pelas forças legais. Foram fundamentais na liquidação dos revoltosos.

As mortes de um lado e de outro foram violentas, com torturas e esquartejamentos.

Ao final, marinheiros ingleses e franceses que chegaram ao porto do Rio ajudaram a acabar com o movimento. A eles, só a eles, o imperador e a elite carioca reconheceram como heróis da ofensiva.

Semanas antes da revolta, os estrangeiros teriam recebido promessa de apoio do governador de Buenos Aires, Manoel Dorrego, que teria incentivado o motim, o assassinato de Dom Pedro I e a divisão do Brasil em diversas repúblicas. Nas contas históricas, morreram 120 homens das tropas legais e 240 estrangeiros.

O soldado Steinhousen não escapou da tradição de impor ao chefe da revolta a pena de morte. Ele foi fuzilado em pleno Campo da Aclamação, para, como tantos outros líderes insurgentes, servir de exemplo à tropa e à multidão nas ruas, que tudo assistiu.

MORTE DE LÍBERO BADARÓ

O Brasil estava polarizado. Se não contemplou a campanha dos ingleses pela abolição da escravatura nos países consumidores de seus produtos industrializados, o imperador assinou, em 1826, um acordo que estendia a proibição da entrada no litoral brasileiro de navios de traficantes vindos de todas as partes da África em até três anos.

O movimento do tráfico de escravizados, agora totalmente ilegal, continuava na costa. Ainda que fosse mais uma lei para acalmar a diplomacia britânica e não movesse aparatos militares para fiscalizar seu cumprimento, o imperador expunha no papel um modelo de país diferente daquele dominado pelos escravagistas.

Na estrutura que mantinha o Império, os traficantes dominavam a economia. Eram intermediários entre os produtores e comerciantes brasileiros com o mercado externo. Atuavam no crédito e na agiotagem, eram donos de lojas e grandes residências nas cidades, os únicos capazes de se manterem diante do apetite feroz do fisco.

O Estado em processo de formação no Brasil definia que a liberdade era restrita aos "libertos" e o comércio livre e a prosperidade, proibidos para os negros, um liberalismo econômico contido e sufocado, feito para servir apenas a alguns.

Nas cidades, a classe dos excluídos do processo representativo incluía criados da Corte, religiosos, militares e uma legião de trabalhadores forros que atuava nos comércios, nos portos e na áreas de serviços. As rebeliões seriam reprimidas, mas autoridades teriam que responder por eventuais abusos. Os conflitos no espaço urbano se avolumavam.

Naquele momento, as exportações diminuíram, não havia perspectiva de melhora a médio prazo. O ciclo do ouro acabara. O algodão perdia concorrência para o Sul dos Estados Unidos e o açúcar brasileiro tornava-se cada vez menos atrativo que o do Caribe.

Indústria era ideia de outro mundo. A única expectativa econômica estava nas terras entre o Rio e São Paulo e um pedaço de Minas. O café começava a florescer, mas ainda precisava de pelo menos uma década para se transformar numa *commodity* e pesar nas exportações.

Os ricos insistiam em não pagar impostos. A máquina de recolher tributos muito menos funcionava.

Os comerciantes do Nordeste, o então Norte rico, que antes faziam negócios direto com Lisboa, agora tinham de se sujeitar à burocracia da Corte no Rio. Queriam um governo menos centralizado e um imperador constitucional, isto é, com respeito a uma Carta com poderes mais limitados.

Ao lado de Dom Pedro estava a colônia portuguesa, que no processo de independência não perdera espaço na estrutura do poder público nem sua força no comércio. Todos os estrangeiros presentes no país no momento da separação política foram reconhecidos como brasileiros. Os apadrinhados do tempo da Colônia permaneciam firmes em seus cargos na estrutura do poder público.

A imagem do imperador derretia. Gastou dinheiro com guerra na Cisplatina, pagava indenização a seu pai, Dom João VI, pelos bens deixados no Brasil e, num acordo de separação com Portugal, um empréstimo concedido pela Inglaterra para Lisboa.

Governo não se sustenta apenas com apoio de banqueiro. A imprensa foi para cima do imperador. Nas páginas dos jornais que se proliferavam sob influência do *Aurora Fluminense*, do liberal Evaristo da Veiga, as províncias e uma classe intermediária descontente com o poder central viviam sufocadas. Dom Pedro ganhou a face de um rei absolutista, embora sua Constituição não deixasse isso claro.

O encontro das crises política e econômica é invencível na destruição de governos sem base política sólida e que dependem dos ventos das *commodities*.

Uma guerra era travada na Corte e nas províncias entre liberais moderados e radicais. Jornais de caráter liberal surgiam para atacar o "absolutismo" de Dom Pedro, como proferiam.

No tempo da Colônia e da Regência de Dom João, os brasileiros contavam apenas com uma imprensa oficial, que publicava os interesses da realeza. Na América Espanhola, mesmo os vilarejos isolados possuíam uma imprensa para rodar seus jornais. Após a publicação da *Gazeta do Rio de Janeiro*, o jornal da Corte, e o processo de independência em expansão, um expressivo número de folhas começaram a ser rodadas – e com críticas ao poder público.

Em São Paulo, *O Observatório Constitucional* defendia uma revolução como a ocorrida na França, que tinha destronado o imperador Carlos X. A folha era dirigida por Giovanni Battista Líbero Badaró. Alto, magro, de suíças e óculos, o médico e jornalista italiano, de 32 anos, teve as portas abertas na capital paulista pelo magistrado e deputado baiano José da Costa Carvalho, que estava por trás da criação do primeiro curso de direito da cidade.

Foi numa gráfica de Carvalho que Badaró conseguiu rodar seu jornal com críticas ao imperador e às autoridades de São Paulo, como o presidente interino da província, o bispo Dom Manoel Joaquim Gonçalves de Carvalho, e o juiz ouvidor, o também baiano Cândido Ladislau Japiassú de Figueiredo e Melo.

Em guerra contra seu conterrâneo Costa Carvalho, o magistrado era ligado a José Bonifácio de Andrada e Silva, que nessa época vivia recluso na Ilha de Paquetá, na Baía de Guanabara.

A 17 de setembro de 1830, o jornalista informou numa nota que estava sendo ameaçado. "Aconteça o que acontecer, a nossa vereda está marcada e não nos desviamos dela: não há força no mundo que nos possa fazer dobrar, senão a da razão, da justiça e da lei. Estamos em face do Brasil e para servi-lo daremos por bem empregada a vida. A opinião pública está bem fixa a respeito de certa gente; qualquer atentado lhe será imputado, e ficarão com um crime a mais...", escreveu.

Na noite de 21 de novembro, Badaró foi emboscado por homens armados numa rua de São Paulo. Ele ainda sobreviveu por 24 horas, tempo suficiente para incriminar o juiz ouvidor. O alemão Henrique Stock, que teria atirado no jornalista, foi preso no quintal da casa de Japiassú.

Dom Manoel montou um esquema de escolta para tirar Japiassú de São Paulo e levá-lo para Santos. Ainda pôs as forças de segurança nas ruas para evitar manifestações. O suposto autor do crime se livraria da denúncia.

Com tochas acesas, uma multidão participou, na noite de 22, do cortejo que acompanhou o corpo de Badaró pelas ruas de São Paulo, num ato silencioso contra o imperador.

O Brasil Nação surgia com um modelo quase pronto de crime político. Um jornalista denuncia o poder político. Tempos depois é morto por pessoas ligadas a autoridades públicas. O processo de investigação e o julgamento resulta em sentença de pena de prisão para o matador, que desaparece em seguida da história, e na absolvição por falta de provas — ou do interesse de coletá-las — dos supostos autores do homicídio. Por fim, os agentes envolvidos no assassinato voltam a se ajustar à engrenagem da vida social.

"Morre um liberal, mas não morre a liberdade." A frase que teria sido dita por Badaró pouco antes de morrer foi publicada na edição do dia 26 de *O Observador Constitucional* e se espalhou pelas províncias, alimentando a oposição ao imperador.

MOVIMENTO LIBERAL MINEIRO

O Universal, publicado numa gráfica de Ouro Preto, aglutinava os liberais de Minas. Nas cidades do barroco, eles defendiam maior poder de autonomia para as províncias e cobravam o respeito a trechos da Constituição que estabelecia, entre outros pontos, a liberdade de informação.

Em reação, setores políticos simpatizantes do imperador acusavam o grupo, a partir do jornal, *O Telégrafo*, também da capital da província, de propagar o federalismo e a instalação de uma República. Os liberais o tratavam como absolutistas.

Como fez às vésperas da independência, Dom Pedro decidiu viajar, no final de dezembro daquele ano, a Ouro Preto para apaziguar os ânimos e buscar apoio para sair da crise. Por ser a província mais populosa e ser um elo entre os centros do país, Minas era estratégica no projeto dele de manter o reinado. Nela viviam 848 mil pessoas, sendo 572 mil livres e 276 escravizadas.

Desta vez, o imperador levou a mulher, Dona Amélia de Leuchtenberg, com quem se casara no ano anterior, e algumas dezenas de funcionários e militares.

Pela Estrada Real, a comitiva chegou à província em 14 de janeiro de 1831. Pedro teve encontros, almoços e jantares em Barbacena, São João del-Rei, Caetés e Mariana.

Em Barbacena, ele se encontrou com um antigo desafeto. O Padre Manoel Rodrigues da Costa, veterano da inconfidência e um dos constituintes da assembeia dissolvida pelo imperador em 1823, fez festa na sua fazenda para receber a comitiva real. Dom Pedro lhe deu a comenda da Ordem do Cruzeiro.

Por coincidência ou não, o imperador teria sido recepcionado em algumas cidades mineiras com dobres fúnebres dos sinos das igrejas pela morte de Líbero Badaró.

A viagem era marcada pelo clima de tranquilidade, beija-mãos, entradas festivas e discursos de distensão política até chegar ao destino final. Na capital Ouro Preto, o imperador mudou o rumo da ação em Minas ao fazer um discurso inflamado contra o liberalismo radical. Ele acusou os opositores de atuar num "partido desorganizador" que seria a "perdição" do Brasil. O clima esquentou de vez.

NOITE DAS GARRAFADAS

Na volta de Dom Pedro da viagem a Minas, em março de 1831, uma claque formada por funcionários públicos e comerciantes portugueses preparou fogos, acendeu luminárias e fogueiras e pôs lençóis nas sacadas dos sobrados da Corte para dizer que estava tudo bem.

A manifestação dos "pés de chumbo" e "marinheiros", como os portugueses eram chamados, nas ruas do Rio desagradou os críticos do imperador. O Centro da cidade virou palco de guerra. Opositores e governistas se enfrentaram. Das janelas dos sobrados, portugueses atiraram garrafas nos manifestantes.

"Morra o imperador", gritavam os críticos.

"Morra cabra que nos quer enrabar", respondiam os portugueses.

Brigas começavam, terminavam e recomeçavam a cada esquina da Rua da Quitanda, da Rua Direita, a atual Primeiro de Março, dos Ourives, hoje Miguel Couto, e da Violas, agora Teófilo Ottoni Vilela. Comerciantes, praças, negros, brancos duelavam, de um lado e outro. A confusão foi da noite de 11 de março à manhã do dia 17.

Deputados reclamaram na tribuna dos ataques dos "estrangeiros" aos "brasileiros". O imperador perdia ainda mais força.

Ele ainda tentou arrefecer os ânimos com a nomeação de um ministério formado apenas por brasileiros. A medida teve pouco impacto. No Campo da Aclamação, a atual Praça da República, Dom Pedro foi hostilizado, no dia 25, por dezenas de pessoas, que gritaram "Viva o imperador enquanto constitucional".

A 29 daquele mês, um certo Manoel da Paixão, criado do Palácio Imperial, em São Cristóvão, foi preso, acusado de arregimentar escravos para uma conspiração. O clima pesado das ruas chegava perto do imperador, agora um homem isolado no poder. A crise econômica expôs uma face autoritária de Pedro. Ele perdia o controle do Império que criara.

GOLPE CONTRA O IMPERADOR

O movimento contra Dom Pedro se espalhou dentro dos quartéis. Com trégua das ruas e da imprensa, motins e conspirações se formavam nas unidades militares. A situação ficou ainda mais tensa no dia 5 de abril de 1831. O imperador destituiu os brasileiros do ministério e voltou a chamar para o governo representantes da comunidade portuguesa.

Entre a caserna em ebulição e o Palácio de São Cristóvão, uma família militar atuava como pêndulo político. À frente do clã estava o general Francisco de Lima e Silva, oficial que sufocou a Confederação do Equador e agora comandava as armas no Rio. Foi ele quem, em 1825, pôs o filho do imperador nos braços, o bebê Pedro, e apresentou à Corte. O irmão e coronel Manuel de Lima e Silva era o comandante do Batalhão do Imperador e estava próximo dos conspiradores. O filho e major, Luís Alves, veterano na independência e na Cisplatina, ocupava o posto de subcomandante.

No começo de abril de 1831, o imperador foi avisado que sua Guarda de Honra, criada na viagem da independência a São Paulo, os Dragões, a mesma que hoje faz a guarda na rampa do Palácio do Planalto, conspirava.

Ele chamou o major Luís Alves para perguntar se ele, no posto do tio, poderia frear o movimento golpista. O militar disse que estava a postos para montar a resistência. Entre a família e a Coroa ficava leal à segunda. Mas horas depois, Dom Pedro surpreendeu o jovem oficial ao dizer para ele seguir a sorte dos seus camaradas que estavam rebelados no Campo da Aclamação.

O movimento tinha propostas diversas. Uma parte dos seus integrantes defendia a República. Havia quem propunha a expulsão e até a morte do imperador.

Na noite de 6 de abril, Dom Pedro recebeu em São Cristóvão o general Francisco de Lima e Silva. Da conversa não ficaram registros. Por volta das duas horas da madurgada do dia seguinte, entrou no palácio o major Miguel de Frias, que a mando de Lima e Silva foi entregar um ultimato ao imperador.

"Que sejam felizes", disse Dom Pedro depois de assinar uma carta de abdicação.

Miguel, um oficial de 25 anos que ilustrava a geração militar contrária ao imperador, saiu do palácio radiante com o documento nas mãos. Estava certo que protagonizava a história de uma nova República no Hemisfério Sul. No Campo da Aclamação, ele empunhou a carta que conseguira arrancar.

Ele só não sabia que Dom Pedro negociara com o general Lima e Silva o embarque para Portugal. Antes de deixar o palácio, o imperador pôs na cama do filho Pedro, de cinco anos, a coroa cravejada de diamantes e outras pedras do Brasil. Havia a promessa de que não haveria República, como desejavam os conspiradores da linha de frente do movimento golpista.

O imperador nomeou um tutor conhecido para o menino. Era o ex-ministro José Bonifácio de Andrada e Silva, agora com 68 anos, o velho mestre do tempo da independência, o homem que dizia ser o seu "melhor amigo", de quem tinha se afastado politicamente nos últimos anos. A decisão de Dom Pedro de trazer de volta o velho ministro para o centro do poder evidenciava, sob certo ângulo, que a visão de Estado e de país do antigo auxiliar tinha semelhanças com a do imperador que agora deixava o trono – uma nação em que o latifúndio tinha limites.

No embarque na nau inglesa *Warspite*, Pedro pediu cuidados à mulher Amélia na travessia do escaler para a embarcação.

"Lembre-se, querida, que está sem calças."

Pessoas próximas do ex-imperador temiam ser mortas pelos adversários. Paranaguá, ex-ministro da Marinha, tentou embarcar no mesmo navio. Pedro não permitiu e ainda disse que estava proibido de entrar em Portugal.

"Mas, senhor, que quer que eu faça? Não tenho fortuna."

"Por que não roubou como Barbacena? Estaria bem agora", exclamou Pedro. O imperador referia-se ao seu antigo aliado Felisberto Caldeira Brant Pontes, que chefiou a diplomacia brasileira em Londres, perdeu a Guerra Cisplatina e aproveitou a influência na Corte do Rio para fazer grandes negócios.

Antes da embarcação zarpar rumo a Portugal, o imperador soube do clima de êxtase no Rio por conta do anúncio que seu filho, o menino Pedro de Alcântara, ganhara a coroa.

Dom Pedro voltava à Europa após tornar a América Portuguesa uma só nação. Muito diferente do jovem príncipe decidido a romper com o pai e a Corte de Lisboa pelo ímpeto e pelo movimento de independência que teve nele sua liderança mesmo nas mais distantes províncias do Norte. Agora, era um homem que tinha a experiência de viver o papel de déspota sanguinário. Ele havia usado o instrumento da morte para conter os inimigos e governar.

O ex-imperador deixava para trás um país escravocrata. Os acordos e as ações de caráter abolicionista de sua parte eram apenas trechos sufocados de um amplo arcabouço que dividia os humanos entre escravos e libertos.

Os políticos que o inspiraram na causa da independência esbarraram na força econômica da elite da terra para lhe forçar a aderir ainda à causa abolicionista. O poder rural que atuou pela independência e os negociantes lusitanos do lado contrário sempre estiveram unidos na defesa do comércio de escravos.

Ainda que sem peso real, o tratado de Dom Pedro com os ingleses para abolir o tráfico negreiro era um sinal suficiente para mostrar um distanciamento entre o imperador e o poder econômico baseado num modelo escravocrata adaptado ao liberalismo inglês.

Em sua viagem, Pedro lamentou ter sido abandonado pelo "povo" – um termo que na Constituição excluía os escravizados e que, na história das revoluções, referia-se a todas as massas. A queda do imperador tinha entre tantas razões as ambiguidades e os paradoxos do liberalismo que ele personalizou como poucos.

Ao menos nas zonas do Norte onde a independência jamais foi completa, a imagem do imperador libertário era usada pelos negros e mestiços alijados do processo de autonomia política e econômica em embates agora com as mesmas forças dos engenhos de açúcar que os jogaram na guerra contra Portugal. O absolutismo opressor tornou-se, de um dia para o outro, a bandeira e a estética da classe mais baixa da Zona da Mata, numa inversão de discursos.

No universo excluído de mestiços, negros, indígenas e caboclos, a profecia de José Bonifácio sobre o destino de Dom Pedro fazia sentido. O homem que proclamou a independência e governou o país por uma década era agora uma espécie de um imperador da Festa do Divino Espírito Santo, fesejado pelas camadas mais pobres do Brasil.

16

ZUMBI REENCARNADO (1831)

Locomotivas e máquinas a vapor transformam a Inglaterra. Manifestantes invadem fábricas no Reino Unido por melhores condições de trabalho. Lei proíbe tráfico de africanos no Brasil, mas o esquema escravocrata continua.

No Rio, os parlamentares escolheram uma Regência Trina, formada por um militar, um liberal e um conservador para governar o país. O general Francisco de Lima e Silva e os senadores Nicolau Vergueiro e José Joaquim Carneiro de Campos assumiram o governo num momento de tensão política.

O grupo tinha a responsabilidade de segurar o ímpeto de golpistas na Corte, os surtos separatistas nas províncias controladas pela elite econômica que resistia a pagar impostos e as revoltas de negros, mestiços e indígenas por demandas não resolvidas no processo de independência.

A escolha de Lima e Silva, em especial, homem de tradição monarquista, foi um golpe para a geração militar republicana que forçou a queda do primeiro imperador. Essa geração não teria espaço na nova ordem que dominaria o Brasil enquanto o menino Pedro de Alcântara não atingisse a maioridade.

A notícia da abdicação de Dom Pedro I e do início da Regência só chegou ao Recife um mês depois da queda do imperador. Veteranos sobreviventes dos movimentos de 1817 e 1824 saíram às ruas para comemorar. As casas e pontes foram iluminadas.

A província de Pernambuco, no entanto, estava sob controle dos absolutistas, da colônia portuguesa fiel ao imperador. A ala ideológica do grupo era a Coluna do Trono e do Altar, formada ainda em 1825 por religiosos e bacharéis reacionários, que publicava jornais antagônicos às folhas dos liberais e velhos republicanos.

Com ramificações nas camadas pobres, os absolutistas tinham na Coluna um dos focos de militância mais intensos. Ainda no Primeiro Reinado, autoridades do Rio tentaram neutralizar os reacionários que se aglutinavam a partir da imagem de Dom Pedro. Fechado pelo governo, o grupo tornou-se uma sociedade secreta, que tratava o imperador como um governante de poderes quase divinos.

O general Francisco José Soares de Souza e Andrea, comandante de armas da província de Pernambuco, tentou o quanto pôde evitar o avanço do grupo nos quartéis do Recife. Mas os reacionários acabaram cooptando figuras de destaque na caserna.

A revolta se popularizou no Recife e na Zona da Mata. A Regência vai enfrentar essa e muitas outras insurreições, guerras de guerrilha, imperadores divinos e mesmo lideranças pretas associadas pelos senhores de engenho de Alagoas e Pernambuco à figura histórica de Zumbi, chefe do Quilombo dos Palmares que agitou as províncias do Norte nos séculos 16 e 17.

MOTIM LIBERAL DO RECIFE

Numa tentativa de se livrar dos absolutistas pernambucanos, os liberais do Recife organizaram um motim. O capitão Francisco Inácio Ribeiro Roma montou em Olinda uma resistência com quarenta homens armados. O movimento logo alastrou-se pela capital e pelas vilas e engenhos da Zona da Mata.

Ele mandou para o presidente da província, José Joaquim Pinheiro de Vasconcelos, um abaixo-assinado pedindo a demissão dos reacionários da estrutura do governo. O primeiro da lista de cortes era o coronel Bento José Lamenha Lins, veterano da repressão aos revoltosos da Confederação do Equador e da Guerra da Cisplatina. O oficial liderava também a parte armada dos absolutistas.

Membros da guarda do palácio do governo, a tropa de elite do Recife, reforçaram o movimento rebelde. Assim, Pinheiro de Vasconcelos teve de ceder. Na madrugada de 7 de maio de 1831, ele informou aos revoltosos a decisão de tirar Lins e outros oficiais aliados do ex-imperador dos cargos públicos.

Em julho, o controle das armas de Pernambuco foi confiado ao brigadeiro Francisco de Paula e Vasconcelos. Irmão do major Miguel de Frias, que dera o ultimato ao primeiro imperador, ele vinha do Rio, enviado pelas autoridades da Regência. No golpe contra Dom Pedro, ainda na Corte, o militar estava no grupo que exigiu do imperador a demissão do ministério, ato que resultou na abdicação.

MOTIM DO XEM-XEM

A Regência se iniciava com Pernambuco deflagrado. Os massacres das revoltas de 1817 e de 1824 estavam na memória coletiva. Os senhores de engenho reforçaram suas milícias, grupos de assaltantes atuavam nos povoados da cana, juízes de paz eram acusados de violentar mulheres e filhas da classe mais pobre da população e a falta de renda tornava a vida nas cidades quase insuportável. O novo governo não tinha reação diante das mazelas sociais.

Após encerrar a disputa entre liberais e absolutistas, o brigadeiro Francisco de Paula e Vasconcelos, comandante de armas da província, focava no fechamento de fábricas de moedas de cobre falsas, os xem-xens, que proliferavam nas ilhas próximas do Recife e nas comunidades mais afastadas da cidade. Era com dinheiro desse menor valor que os pobres se viravam no comércio. Mas, agora, os donos de secos e molhados passaram a rejeitar qualquer cobre, por temer que pegassem moedas falsas.

Nos quartéis, os soldados reclamavam da falta de soldo. Os atrasos nos pagamentos se arrastavam por meses. O salário de agosto de 1831 foi pago com moedas de cobre. Ao mesmo tempo, a disciplina tornava-se mais rígida. As portas eram fechadas às 20 horas.

Com o dinheiro recusado no comércio, os militares do 14º Batalhão se levantaram na noite do dia 14 daquele mês contra o comando da unidade. Eram por volta das 21 horas quando os amotinados gritaram "Morra o brigadeiro Francisco de Paula".

Ao chegar ao batalhão, o comandante de armas foi recebido com descarga. Ele se dirigiu, então, para o palácio do governo. Em poucas horas, os amotinados saíram do quartel e tomaram o Recife. Outros batalhões se juntaram aos revoltosos. As portas das cadeias foram abertas, escravos engrossaram a revolta.

No palácio, o governador Pinheiro de Vasconcelos pouco pôde fazer. Ele ficou à espera das exigências dos revoltosos e uma ação do brigadeiro para retomar o controle da capital. Francisco de Paula montou uma ofensiva a partir de um quartel nos Afogados.

Numa primeira tentativa de retomar a situação, o brigadeiro seguiu com uma tropa para o centro da cidade. Ao chegar lá, no entanto, seus soldados se aproximaram e confraternizaram com os colegas revoltosos.

O palácio não recebeu exigências dos revoltosos. O movimento carecia de uma liderança. Ao mesmo tempo, aumentavam os casos de saques de comércios e as invasões de casas. Nas tabernas de bebidas do Recife, os rebeldes consumiram a maior quantidade possível de aguardente e vinho. Os estabelecimentos ficaram com luzes bem acesas para receber os homens agora com certo dinheiro.

Os mesmos rebeldes que pediam a morte do brigadeiro, um dos heróis no movimento contra Dom Pedro I, gritavam vivas ao novo imperador e foras à Coluna. O interesse político deles era confuso. O problema tinha motivos econômicos bem definidos.

O brigadeiro refez seus planos, montou grupos de reação em diversos pontos da cidade. Com cem homens da cavalaria e duzentos da infantaria, ele iniciou a retomada do Recife. A rebelião foi sufocada dois dias após o seu início.

Nos largos e praças, pelotões de fuzilamento se formaram. O nome da Praça do Chora Menino, hoje bairro do Paissandu, diz a tradição, é uma referência a quem derramou lágrimas pelos mortos – outros dizem que a denominação é por conta do barulho mesmo de sapos, abundantes por ali. Estima-se que cerca de cem rebeldes morreram executados. Três dezenas de pessoas perderam a vida ao reagirem aos invasores. O número de presos chegou a mil.

GUERRA DOS PAPA-MÉIS DE SUA MAJESTADE

O motim militar no Recife em 1831 tirou das cadeias da cidade centenas de prisioneiros políticos, criminosos e soldados que cometeram pequenos delitos, como desacato a superiores e quebra de hierarquia. Vicente Tavares da Silva Coutinho, de 41 anos, mestiço, filho de um padre e uma escravizada em Goiana, aproveitou a abertura de sua cela para pegar o caminho do interior.

Levava na viagem toda uma experiência acumulada na caserna desde que entrou aos 17 anos num quartel. Era de uma geração de praças sufocada pela atuação rígida e violenta dos oficiais da Coroa Portuguesa e depois do país independente que enxergou na figura do imperador, ora bruta, ora pouco afeita aos desejos da elite civil, um líder político envolvente.

Estava na posição de sargento quando fugiu para Panelas, na Zona da Mata de Pernambuco, onde comunidades de negros, mestiços e indígenas viviam em situação de pobreza na mata em volta das grandes propriedades e canaviais. Fez o mesmo caminho do movimento contra a Regência que eclodiu nos setores ricos do Recife e se alastrou pelo interior marginalizado.

Com o nome de Vicente Ferreira de Paula, o sargento desertado encontrou em Panelas um campo de guerra conflagrado, de portas abertas a quem deixava as tropas legais.

A queda de Dom Pedro tinha desajustado as forças políticas da região da cana-de-açúcar de Pernambuco e Alagoas. O movimento pela restauração do governo do imperador teve entre líderes na região milicianos donos de engenhos, gente que vivia entre o banditismo e o Estado que demorava para se consolidar.

O capitão Domingos Lourenço Galindo Torres, de Vitória de Santo Antão, e João Batista de Araújo, de Barra Grande, estavam entre os que assumiram as ideias da Sociedade Secreta das Colunas do Trono e do Altar no sul de Pernambuco e norte de Alagoas. Criado ainda em 1831, o grupo formado por maçons e lideranças da independência se espalhou pelo interior nordestino, formando contingentes em defesa do retorno do imperador.

Em julho de 1832, os revoltosos "proclamaram" Pedro imperador do Brasil numa afronta à Regência. O filho de Dom João, entretanto, estava longe. O homem que liderou o processo de independência para se contrapor aos liberais de Portugal comandava agora as forças militares e civis contra o absolutismo restaurado pelo irmão Miguel, que estava à frente da Coroa.

Os insurgentes pernambucanos temiam que a chegada dos liberais brasileiros no poder da Regência interromperia o fluxo de diálogo com os governos provinciais e acabaria com seus empregos públicos nas vilas.

Homens para engrossar a revolta não faltavam. Os chefetes conseguiram atrair negros escravizados, forros e uma legião que havia fugido do cativeiro, sempre utilizados em suas refregas. Um outro apoio importante veio das lideranças indígenas de Jacuípe, que lutaram na repressão aos movimentos republicanos de 1817 e 1824, sempre leais aos governos de Dom João e de Dom Pedro.

Os presidentes das duas províncias mandaram forças para liquidar os revoltosos. Logo, os homens influentes se afastaram da disputa e abriram um váculo de poder. Assim surgiu o sitiante Antonio Timóteo de Andrade e seus irmãos João e Manoel, de Panelas de Miranda, Pernambuco, gente de pequenas posses da Zona da Mata de Pernambuco. De peito aberto, eles começaram a sustentar a resistência aos imperiais.

Em outubro, um expressivo contingente do Recife cercou os revoltosos na localidade de Sítio do Feijão. Todas as munições do grupo monarquista foram consumidas no combate. O combate terminou em carnificina. Mais de cem rebeldes foram trucidados, entre eles Manoel, um dos irmãos Timóteo.

O luto de Antonio Timóteo e a notícia da morte do líder guerrilheiro em decorrência de ferimentos do combate coincidiram com o surgimento do nome de um novo protagonista no movimento. Era Vicente, o sargento desertado no tempo do motim militar do Recife. Quase não houve vácuo de poder na guerrilha.

Vicente havia feito uma escalada na estrutura do grupo e ajudado Antonio Timóteo na execução de estratégias militares e de guerrilha. Nos relatórios oficiais, autoridades descreviam com surpresa o surgimento daquele líder "semibranco" e letrado na liderança dos rebeldes e na influência política nas matas de Panelas. Era um chefe respeitado e temido.

Na guerrilha o líder tinha como marca o chapéu de palha, o velho bacamarte e uma garrucha pendurada na cintura. Aparecia nas choupanas do povo da mata para conversar na companhia de Laurina Maria, a Lula, uma morena que conheceu na região.

Sempre com uma guarda pessoal, Vicente se intitulou "Comandante-geral dos Exércitos Imperiais de Sua Majestade o Augusto Senhor Dom Pedro". Também se declarava "General das Forças Realistas".

Num combate na localidade de Cafundó, em meados de 1832, os cabanos mataram mais de setenta homens enviados pelo governo, boa parte deles à facada.

Relatórios apontam que Vicente conseguiu agregar 15 mil pessoas sob suas ordens. Os números são possivelmente exagerados, mas talvez ajudem a ilustrar o poder do guerrilheiro num vasto território de mata, de centenas de povoados e núcleos onde viviam desertados de tropas, como ele, brancos e mestiços excluídos da força produtora, negros que escaparam do cativeiro.

Acusado de "roubar" pretos – possível eufemismo usado pelos senhores de engenho para reclamar das ações pela libertação dos escravos – e praticar saques em fazendas, Vicente capturou da elite miliciana, conservadora e portuguesa da Zona da Mata a bandeira da monarquia e da volta do imperador. Pernambuco e Alagoas de tradição republicana assistiam agora à luta renhida pelo poder absoluto do rei por parte de quem sempre foi deixado em papel secundário nas revoltas sediciosas contra a Colônia e o Império.

Vicente iniciava mais uma transição do movimento que começou com a liderança de senhores de engenho, passou para pequenos agricultores e chegava ao "papa-méis", como os negros foragidos eram chamados. O mel das abelhas, as roças primitivas de mandioca, a cana tirada sem permissão dos engenhos e os mariscos da região de mangue alimentavam sua tropa.

Sem apoio dos mesmos proprietários de terra que iniciaram a revolta, os papa-méis montavam cabanas de palha, faziam roças camufladas de milho e mandioca, incursionavam nas noites escuras atrás de comida e novos companheiros nos engenhos escravagistas e, vez ou outra, tinham de enfrentar grandes contingentes armados enviados pelo governo do Recife ou formados pelos chefes milicianos dos canaviais.

Numa proclamação, Vicente de Paula deu o norte de seu movimento:

Adoramos o nosso Imperador o Senhor D. Pedro Primeiro, respeitamos o seu Augusto Filho, porém odiamo-lo no caráter de Imperador, porque seu Pai não abdicou à Coroa Portuguesa por sua espontânea liberdade, mas sim foi um roubo feito que todo o Brasil conhece! Tendes esse jovem na companhia dessa carniceira Regência que pretende manietar os brasileiros no carro da miséria enquanto essa corrupta Assembleia entisicando os cofres públicos, e mergulhando-vos na baixeza.

Vicente diferenciava-se de outros líderes rebeldes ao fazer uso da fé. Na defesa da Santa Religião, ele exigia que seus seguidores usassem uma cruz de pano nas carapuças, rezassem o terço e cumprissem rituais do calendário do catolicismo rural. Não era um movimento messiânico ou religioso como o massacrado grupo do Paraíso da Cidade Terreal, de Bonito. O grupo mantinha relações com o clero de Panelas.

A Regência não deu conta de sufocar a guerrilha a poucos quilômetros do litoral. O jeito foi apelar à Igreja. Em 1835, o bispo português Dom João Marques Perdigão entrou na negociação para acabar com o movimento. Ele conseguiu da Assembleia Provincial de Pernambuco doações de alimentos, ferramentas, remédios e roupas para os revoltosos. Com jeito, conseguiu que os índios retornassem a sua aldeia e uma parte dos negros voltasse às fazendas.

A redução do número de revoltosos levou Vicente a endurecer o movimento. Ele foi acusado de formar grupos armados para executar desertores e pilhar fazendas. A repressão tornou-se mais intensa. O comandante papa-mel adentrou as terras do sertão com seus mais fortes soldados. A cabanada terminava, mas a guerrilha resistia.

17

O POLICIAL CAXIAS (1831)

(O país é governado por regentes enquanto Dom Pedro II ainda não tem idade para assumir o trono.

DENTRO DOS QUARTÉIS, a luta dos liberais para derrubar Dom Pedro tinha divergências profundas no movimento. A ala mais moderada não demorou para se aproximar de forças da velha política do Rio de Janeiro que viveram das benesses do Primeiro Reinado. Por sua vez, o grupo dos mais exaltados e radicais percebeu que foi alijado da partilha do poder após a queda do imperador.

A proposta de instauração da República, uma das marcas do movimento pela deposição de Pedro, tinha sido abortada pelos que formaram a Regência.

O racha no movimento que derrubou o primeiro imperador foi além de uma divergência de gerações e classes. Na caserna, os majores Luís Alves de Lima e Silva, de 28 anos, e Miguel de Frias Vasconcelos, de 26, ilustravam a separação política no meio militar.

Eles pertenciam a famílias influentes. Luís Alves, o futuro Duque de Caxias, era filho do regente e general Francisco Alves de Lima e Silva. O companheiro de armas Miguel era filho do tenente-coronel Joaquim de Frias Vasconcelos e irmão do brigadeiro Francisco de Paula, presidente de Pernambuco.

Os dois oficiais estiveram dentro do coração do poder político e militar no processo de abdicação do primeiro imperador. Luís Alves chegou a demonstrar lealdade a Dom Pedro, que o liberou de participar do movimento da queda. Por sua vez, Miguel foi o responsável a entregar ao imperador o manifesto que exigia sua saída do trono.

A diferença entre os dois oficiais até então estava nos elos familiares. Com a ascensão de Francisco Alves de Lima e Silva no poder político da Regência, o filho Luís Alves permaneceu atento à hierarquia. Miguel, seu companheiro de armas, continuou levantando a bandeira das mudanças.

Luís Alves tinha experiência em batalhas militares. Era veterano nas guerras da independência na Bahia e nos combates perdidos na Cisplatina.

A carreira que imbricava política e quartel, no entanto, tinha como berço o Corpo de Guardas Municipais Permanentes da Corte. A unidade foi criada pela Regência para garantir a ordem na cidade e evitar distúrbios políticos. Surgia assim o embrião da Polícia Militar do Rio de Janeiro.

O exército, tropa de primeira linha, mantinha a ordem, isto é, a pressão, sobre os palácios. Estava à disposição para qualquer sinal de guerra em lugar distante do Império. Ao corpo da Guarda da Polícia era reservada a responsabilidade de conter as tensões provocadas, a todo momento, no caos do Rio de Janeiro de passagens estreitas, de comércio desorganizado, com feiras e bancas a cada esquina, onde uma boa parte dos moradores levava a vida da incerteza diária. Na cidade de escravizados ou forros sem perspectivas de renda, o dia a dia era marcado pelas era marcado por uma cultura militarizada ou simplesmente de sobrevivência vindas de antigos reinos não apenas do continente europeu, mas daqueles fincados na costa africana.

A Polícia moldava-se na diferença de classes sociais e mesmo como instrumento que ampliava a separação. Do dono do estabelecimento da praça mais movimentada ao secretário de alguma autoridade, todos os que tinham alguma relevância e influência no que faziam na Corte se achavam no direito de fazer cobranças e determinar ações à Guarda, sem ao menos ler as instruções da entidade. Desse mal nem o imperador escapara. Certa vez, Dom Pedro mandou informar ao comandante da Polícia de sua insatisfação com as "capoeiragens" das ruas, que chegaram a ponto de quebrar vidros de janelas. Ele ainda determinou que qualquer capoeira escravo que fosse preso na ação de "capoeirar" fosse conduzido imediatamente ao moirão mais próximo e surrado com cem açoites. Ele ainda inaugurou a política de atrelar a recompensa por trabalho no quartel à quantidade de capoeiristas presos nessa prática, incorporando assim a necessidade da repressão para o ganho na carreira. "Todo o soldado que apanhar um capoeira terá quatro dias de licença e, assim, na proporção de quantos agarrarem capoeirando", escreveu.

Na missão de garantir a segurança das vias públicas do Rio, Luís Alves iniciou a vivência no combate de cidade, onde o campo de guerra é sobreposto ao da zona civil. Se a repressão na Corte servia de exemplo às demais províncias, o constante clima de tensão e possíveis insurreições exigiam limites à força militar.

O grau das descargas de baioneta e pólvora obedecia a uma estrutura de nação e cidade definidas em classes de brancos ricos e pobres, escravizados e livres, mestiços e europeus. Os oficiais preparados naquela polícia que surgia no Rio aprendiam na vivência do exercício do poder sobre as hierarquias sociais. Possivelmente se defrontavam com um sentido de diálogo político mais apurado que aquele formado no calor das guerras genuinamente militares dos campos abertos, nas situações em que o inimigo é bem definido.

REVOLTA DOS CHAPÉUS DE PALHA

Com seus chapéus de palha, marca do brasileirismo e do antilusitanismo, os exaltados só possuíam agora apoio nas ruas. Escravos do centro da cidade, ambulantes, oficiais de baixa patente e soldados compunham o que sobrou do movimento que forçou a abdicação do primeiro imperador. Os setores em convulsão se acertaram na estrutura de cima da vida política.

Miguel de Frias Vasconcelos ilustrava aquela geração traída. O encarregado de levar a Dom Pedro I, em 1831, a notícia de que as tropas se sublevaram, um herói liberal, passava para baderneiro e amigo da "ralé" e dos "pretos descalços".

O major exaltado tinha a seu favor soldados que reclamavam de castigos corporais e falta de soldo e uma população marginalizada, que enfrentava dificuldades de se manter na cidade. A crise econômica impactava a vida no Rio.

Na noite de 28 de setembro de 1831, ele estava com seu tradicional chapéu de palha no Teatro São Pedro de Alcântara, atual João Caetano, no centro do Rio, quando dois oficiais do Exército saíram nos tapas no lado de fora do prédio. O juiz de paz Saturnino de Souza e Oliveira deu ordem de prisão para o tenente Antonio Caetano, um brasileiro, e para o oficial do Estado-Maior F. Paiva, um "chumbo", isto é, um português de nascimento.

Caetano se recusou a ser preso por dizer que era oficial. Paiva, por sua vez, conseguiu escapar. Afastado dos guardas municipais chamados para conter a baderna, Caetano seguiu para o palco do teatro, onde começou seu *show*. Aos gritos, disse que o juiz soltou um "chumbo" e queria prender um brasileiro.

Mais guardas foram chamados. Em pouco tempo, o prédio estava cercado de policiais. Foi aí que Miguel de Frias e o tenente Leopoldo Frederico Thompson, líderes exaltados, entraram na confusão para impedir a prisão de Caetano, agora tratado como símbolo da luta contra a tirania da Regência. O empurra-empurra virou tiroteio. O pânico se instaurou dentro do teatro — as pessoas não podiam sair — e fora, os revoltados com a prisão do tenente estavam cercados pelos guardas.

Um dos tiros acertou o guarda Manoel José de Araújo, um pernambucano filho de um militar que atuou no combate à Confederação do Equador, no Recife. Morreram ainda um caixeiro maranhense e um português.

De madrugada, dezenas de exaltados seguiram para o quartel do 5º Batalhão na Rua dos Barbonos, atual Evaristo da Veiga, para tentar sublevar a unidade militar. Os soldados e oficiais lotados na guarnição reagiram à investida.

A aliança entre negros cativos e os filhos exaltados da aristocracia militar e carioca não deu resultado.

Numa batalha de versões, os exaltados contaram outros quatro mortos, incluindo uma senhora que assistia à peça, um menino e dois outros estrangeiros. Outros falaram de mais vinte cadáveres. Os jornais moderados cobravam provas de que o número passara daquele calculado pelas autoridades. Miguel e outros trinta exaltados foram presos e encaminhados para fortalezas na Baía de Guanabara.

REPÚBLICA NA PRAIA DE BOTAFOGO

Os rumores de uma rusga, um motim, se espalhavam pela cidade do Rio desde os primeiro dias de abril de 1832. Pelas informações que corriam nas calçadas e comércios, os membros da Regência e do ministério seriam assassinados. Com a derrubada das autoridades, os revoltosos instalariam uma República.

Preso, o major republicano Miguel de Frias voltava a desafiar o poder da Regência. Agora, ele era um dos cabeças de uma sublevação que teve seu início, no dia 3, na Fortaleza de São José da Ilha das Cobras, em frente à cidade. Na companhia de outros quatro presos, ele deflagrou o movimento. A adesão de soldados foi imediata. As celas onde estavam praças acusados de indisciplina e insubordinação foram abertas e oficiais detidos.

Com a unidade militar sob controle, Miguel Frias, o tenente Honório, do Grupo de Engenheiros, e o capitão Salustiano, de Caçadores, seguiram de barco para para tomar a Fortaleza de São Francisco Xavier, na Ilha de Villegagnon. Os soldados que estavam nas sentinelas não fizeram resistência. Depois, foram para a Ilha das Cobras em busca de arsenal.

O governo mandou o Corpo de Guardas Municipais Permanentes da Corte sufocar o movimento. Integrava o contingente o major Luís Alves de Lima e Silva. Ao chegar à Ilha das Cobras, não encontrou o companheiro de armas e líder dos revoltosos. Miguel conseguiu sair antes da unidade militar com uma peça de artilharia.

Em paralelo à influência do pai, Luís Alves ascendia na carreira militar e, ao mesmo tempo, tornava-se próximo do jovem Dom Pedro, de quem era professor de esgrima nos jardins de São Cristóvão.

Na madrugada de uma terça-feira, os revoltosos deram uma volta pela costa da cidade e desembarcaram na Praia de Botafogo conduzindo o canhão. Dali marcharam pela cidade rumo ao Campo da Honra, o antigo Campo da Aclamação, incitando as pessoas a acompanhá-los.

Diante de dezenas de pessoas que correram para ver a movimentação, os líderes gritavam para que o povo depusesse o governo e estabelecesse um governo republicano. Ainda defenderam a convocação de uma Assembleia Constituinte.

No Campo da Honra, Miguel proclamou a República. O movimento teve pouco tempo de duração. A guarda municipal chegou para dissolver o grupo. O contingente marchava com mais de cem homens de infantaria e vinte de cavalaria.

A infantaria, comandada pelo tenente-coronel Theobaldo Sanches Brandão e por Luís Alves, atacou os revoltosos pela Rua dos Ciganos, hoje Rua da Constituição, a baionetas, e a cavalaria, comandada pelo capitão Melo, travou combate na Rua do Alecrim, hoje trecho da Buenos Aires, no centro da cidade.

Houve tumulto. Os revoltosos tentaram entrar pelos portões das casas que estavam abertos e se dispersar pelas ruas. A maioria estava descalça e "miseravelmente" vestida, registrou o *Aurora Fluminense*, jornal naquele momento governista.

Miguel saiu em fuga pelas ruas do Rio. A cavalo, Caxias foi atrás do antigo companheiro de armas. O major ainda caiu do animal no momento em que teve de se desviar de um rebelde com uma arma na sua direção. O líder revoltoso conseguiu entrar numa casa do centro da cidade. O seu perseguidor entrou na residência, mas preferiu sair de lá como se o republicano não estivesse. Dias depois, o oficial republicano conseguiu sair do país sem ser preso.

Rendidos, os oficiais Honório, Antônio Caetano e Salustiano pediram clemência para não serem mortos. Eles argumentaram que tinham sido iludidos e estavam arrependidos. Num primeiro momento, mais de quarenta rebeldes foram presos – o número chegou a noventa. Pelas contas oficiais, nove "inimigos do sossego público" e um soldado da tropa legal foram mortos. Um outro soldado ficou ferido por baioneta.

A polícia levou os oficiais presos para as fortalezas de Santa Cruz e Villegagnon.

Os integrantes da Regência Trina Permanente Francisco de Lima e Silva, José da Costa Carvalho e João Brandão Muniz e o ministro da Justiça, padre Antônio Feijó, escreveram em um comunicado que os revoltosos foram movidos pelo "ódio da cabala". "Não era só contra o governo legalmente constituído que os inimigos da ordem pública tramavam seus negros planos", escreveram. "Nesse manifesto que tão ousado quão imprudentemente publicaram, ressumbram os pérfidos desígnios de desorganizar nossa bela pátria, para sobre ela estabelecerem a mais detestável tirania."

REVOLTA DOS SERVIDORES DA QUINTA

Com um imperador menino, que só podia brincar dentro do Palácio da Quinta da Boa Vista, o país se dividia. Os liberais moderados estavam com o governo da Regência. Defendiam mais flexibilização da Carta outorgada que dava poderes absolutos ao monarca. Outro grupo, de liberais mais exaltados, exigia reformas mais rápidas e radicais, propondo inclusive uma República. Uma terceira parte era formada por órfãos de Dom Pedro I, incluindo aí comerciantes portugueses, funcionários públicos e militares descontentes com os regentes.

De forma discreta, o velho José Bonifácio, protetor do futuro imperador, era a figura em torno da qual orbitavam os caramurus, como eram chamados os opositores dos regentes e defensores da volta de Dom Pedro I, inclusive nas condições de um reinado de forte poder centralizador.

A 16 de abril de 1832, militares que atuavam na região do Outeiro da Glória, no Rio, saíram para tomar o Arsenal de Guerra no centro. Do outro lado da cidade, mais de duas centenas de funcionários do Palácio da Quinta da Boa Vista, soldados e negros de propriedades próximas foram em marcha para o Campo da Honra, mais tarde Campo de Santana, numa revolta contra a Regência.

À espera estava uma tropa da recém-criada Guarda Nacional, que distribuiu patentes a proprietários de terra.

O Rio assistiu a um combate feroz, que terminou com a morte do capitão Peçanha, do lado legal, e de doze a vinte rebeldes, como estimaram os jornais da época. A rebelião foi sufocada e o governo iniciou uma caça às bruxas na cidade e no palácio onde vivia o pequeno imperador.

Um inquérito militar para apurar o motim mirou no alemão naturalizado espanhol Augusto Hugo Auf Hoisen, o Barão de Bulow, que viera para o Brasil na leva de mercenários europeus contratados por Dom Pedro I para consolidar a independência. Bulow ocupava o comando de um regimento na área da Quinta da Boa Vista e era ligado a José Bonifácio.

Outro preso foi o coronel Antonio Joaquim Costa Gavião, nome de destaque entre militares contrários à Regência. Todos acabariam anistiados. O ministro da Justiça, o padre Diogo Antônio Feijó, se livrou no ano seguinte de José Bonifácio, obtendo a demissão dele do posto de tutor do imperador.

O conflito no Rio foi o batismo de fogo da Guarda Nacional, que aproveitou a estrutura descentralizada das milícias dos proprietários de terra e das ordenanças. Feijó criou a força num modelo apropriado à estrutura de poder vigente.

A Regência considerava temerário continuar apostando num Exército com oficiais de origem estrangeira e base de pele preta. Daí, criou um contingente formado por quem comprovasse ter dinheiro e renda. O sistema militar agora era formado apenas pela nova força e pelas tropas regulares.

No campo, a Guarda Nacional significou a atuação permanente das chefias das extintas milícias, com a distribuição de patentes entre os fazendeiros com recursos para comprá-las. Eles ganhavam agora farda para ostentar. O posto de coronel era a patente máxima que um civil podia alcançar. A repressão se imbricava à política local.

As extintas milícias não terão relação com os grupos armados chefiados pelos coronéis da Guarda Nacional quanto à legislação e mesmo à participação em conflitos. O poder paramilitar, entretanto, forçará, muitas vezes, o uso genérico do termo "milícia", em momentos da história, para se referir a todo grupo fora oficialmente da estrutura oficial de segurança pública, integrado por militares ou civis e organizado sob anuência ou não de autoridades públicas. Nessa ótica, os coronéis da Guarda Nacional seriam também, na Regência e no Império, chefes milicianos.

GOLPE DA FUMAÇA

O fazendeiro mineiro Gabriel Junqueira ilustrava a nova elite agrária do pós-Primeiro Reinado. Ainda em 1831, ele derrotou o ministro José Antonio da Silva Maia, candidato de Dom Pedro I na eleição para deputado geral que representaria a província de Minas, uma vitória acachapante da facção liberal moderada que contribuiu para o imperador abdicar do trono a favor de seu filho, Pedro, um menino de cinco anos, e ir embora para Portugal.

Nessa época, Gabriel era dono de uma dezena de fazendas da família no sul mineiro. A partir de um cavalo lusitano presenteado por Dom João VI, o fazendeiro criou uma nova raça. Cruzou o garanhão com éguas usadas em longas marchas por tropeiros e conseguiu um animal de cavalgada macia e resistente nas íngremes montanhas do Vale do São Lourenço. Mais à frente, surgiria desses cruzamentos o manga-larga marchador, uma das mais difundidas linhagens do país.

Em março de 1833, tempo de fumaça, neblina, encobrindo picos e sobrados de Ouro Preto, Gabriel estava na Corte quando um grupo de fazendeiros, comerciantes portugueses e militares, sob as bandeiras da volta de Dom Pedro I, da redução do imposto da aguardente e da volta da permissão para enterros dentro de igrejas, derrubou o presidente da província, o liberal Manuel Inácio de Melo e Souza.

Os caramurus, alcunha dos conservadores que defendiam a restauração do Primeiro Reinado, ocuparam a capital, Ouro Preto. Manuel Inácio e seu vice, Bernardo Pereira de Vasconcelos, instalaram o governo legal em São João del-Rei. A 5 de abril, Bernardo enviou uma grande tropa para sufocar o movimento rebelde. A província vivia dias de guerra.

Sem vínculo algum com lideranças populares ou abolicionistas, o movimento dos caramurus provocou distúrbios nas cidades e atiçou, no entanto, gritos de liberdade pelas senzalas das fazendas.

No sul mineiro, o negociante português Francisco Silvério Teixeira contou a Ventura Mina, escravo de uma das fazendas de Gabriel Junqueira, que os caramurus iriam libertar os negros e as terras das propriedades rurais seriam divididas entre as famílias, exaustas pelo sistema do açoite e dos maus-tratos.

REVOLTA DAS CARRANCAS

Ao meio-dia de uma segunda-feira de maio de 1833, Gabriel Francisco, filho do deputado Junqueira, apeava o cavalo próximo à sede da Fazenda Campo Alegre, na localidade de Carrancas, em Minas. No momento em que o animal guinchava, os escravos Ventura Mina, Domingos Crioulo e Julião Congo se aproximaram com pedaços de pau e foices do fiho do dono da propriedade.

Domingos derrubou Gabriel do cavalo, que bufou assustado. Ventura avançou com pauladas na cabeça do fazendeiro. Um menino negro, Francisco, viu a cena da morte e correu para o casarão da propriedade. Agregados venceram o cerco e saíram para informar administradores de outras fazendas e ruralistas da região sobre a revolta. Não conseguiram, no entanto, chegar a tempo na Bela Cruz, do complexo da família Junqueira.

Lá, com apoio de cativos da propriedade, Ventura Mina atacou de surpresa o casarão onde estavam Emiliana, mulher de Gabriel Francisco e nora do deputado, e seus dois filhos, José, de cinco anos, e Maria, criança ainda no peito, de dois meses. Mais cinco membros da família Junqueira foram trucidados.

Na invasão de uma terceira propriedade, a Bom Jardim, Ventura Mina era esperado na porteira pelo fazendeiro João Cândido da Costa e seus mais fiéis escravos. A morte de Mina esvaziou por completo a revolta. Uma milícia de fazendeiros e soldados fizeram uma caçada dos cativos.

Em dezembro de 1834, dezesseis escravos foram enforcados por envolvimento na rebelião. No ano seguinte, em junho, o deputado Gabriel Junqueira viu a aprovação da Lei de Carrancas, a número 4, que estabelecia a pena de morte no país.

Fé, misticismo e pólvora se misturavam sertões afora. No Cariri, as pendências políticas, econômicas e pessoais da revolta de 1817, do movimento da independência de 1822 e da rebelião de 1824 ainda impactavam as relações entre o clero, a classe política, os fazendeiros e os "cabras", como eram chamados os homens arregimentados nos currais pelos donos de terra.

Após o Primeiro Reinado e agora no início da Regência, o sistema de segurança pública e defesa da Monarquia tinha na Corte a força pública, o Exército, e nas vilas as forças de segunda linha, as polícias, comandadas por coronéis, majores, capitães e tenentes. Em época de guerra, porém, as polícias se uniam às tropas irregulares mantidas pelos proprietários de terra. As disputas entre um senhor de engenho e outro às vezes eram motivadas pela política do Império ou se mantinham independentemente do poder central, monstros que se moviam mesmo sem cabeça no interior.

18

OS CACETES SAGRADOS (1831)

Nova revolta em Paris, agora liderada por republicanos, contra o rei Luís Filipe, que resiste. Insurreição será relatada mais tarde no romance Os miseráveis, *de Victor Hugo. O naturalista britânico Charles Darwin navega pelo litoral do Brasil.*

O VENTO DA GUERRA soprava novamente nas montanhas da Serra do Araripe. O golpe contra Dom Pedro I e sua abdicação movimentavam as vilas do Cariri. A perda de popularidade do imperador e todo o processo de sua saída do poder coincidiram com uma ascensão política de um dos filhos da matriarca Bárbara de Alencar. A família era agora chefiada pelo padre José Martiniano de Alencar.

Eleito senador, ele fez uma escalada política no período da Regência longe da guerra de batalhas de cabras e guerrilhas. A partir do Rio, passou a atuar contra antigos adversários e controlar o jogo do poder no Ceará.

O "absolutismo" do imperador, com a repressão violenta à República do Crato, que resultou na morte do irmão dele, Tristão, tinha deixado marcas profundas no clã.

Recaíam sobre ele o peso de não frear o ímpeto revolucionário de Tristão e a sede de vingança da família em liquidar antigos representantes do imperador no Cariri.

Dona Bárbara de Alencar, mãe do senador, tinha perdoado José Pereira Filgueiras, o Napoleão da Caatinga, senhor de exército numeroso de cabras, por humilhá-la e ordenar sua prisão durante o movimento revolucionário de 1817.

Sem mágoas, a matriarca do Cariri e seus filhos fizeram, em 1824, aliança com o oficial de milícias, na Confederação do Equador. Mas o clã jamais perdoou um braço direito de Filgueiras, o miliciano Joaquim Pinto Madeira, o carcereiro que conduziu a família na trágica viagem para Fortaleza – ao menos no primeiro trecho da travessia, até a Vila de Icó.

Estava viva na memória dos Alencar especialmente a invasão do Crato pelos imperiais de Jardim. Depois da queda dos confederados, Pinto Madeira liderou o saque e a pilhagem da vila cearense. Enquanto a matriarca chorava a morte do filho mais querido, Tristão, no Jaguaribe, o chefe imperial prendia os republicanos. A própria Bárbara teve de fugir às pressas pelos sítios da Serra do Araripe e se refugiar com padre Miguel, velho amigo da família, no sertão. A viagem para Fortaleza e a repressão no Crato criaram um ódio sem limites dos Alencar a Pinto Madeira.

Com a saída de Filgueiras do Cariri, Pinto Madeira foi promovido pelo imperador Pedro I a coronel e comandante-geral de armas do Crato e de Jardim. Ele unificava com seu poder as vilas dos republicanos e dos imperiais, para a fúria dos Alencar e dos aliados do Napoleão da Caatinga.

Os mais próximos de Filgueiras lembravam de Pinto Madeira ainda garoto, impulsivo, de instrução rudimentar, que abandonara as roças do sítio da família em Barbalha e as missas de domingo no Crato para se tornar um "cabra" do velho comandante, "meu amo" como exaltava na frente dos demais soldados da milícia.

No Crato, restara um filho do Napoleão da Caatinga. Filgueirinhas estava longe de ter o poder do pai. Nem exército possuía. Os Alencar, por sua vez, ainda eram representados pela força simbólica de Dona Bárbara, que agora, com o passar dos anos, vivia recolhida em seu sítio no Crato e nas fazendas dos padres que mantinha a amizade, amparada pelo filho senador.

Por sua vez, Pinto Madeira mantinha a lealdade ao imperador destronado, que o tinha promovido nas forças militares.

O algoz dos Alencar estava de volta ao Cariri. Após uma temporada na revolucionária Recife, o capitão de ordenança da Vila de Jardim, inimiga da do Crato, retomava a produção no engenho no Sítio Coité, de sua propriedade, e os contatos políticos.

REVOLTA DE PINTO MADEIRA

No Cariri, Joaquim Pinto Madeira voltou a reunir os aliados da política e das armas. Os espias do governo nomeado pela Regência relataram a Fortaleza que Pinto Madeira criara no Coité um núcleo da Sociedade Colunas do Trono e do Altar, o grupo que defendia a volta do imperador Pedro I ao poder no Brasil.

O líder imperial fazia um discurso intransigente e apaixonado pela volta de Dom Pedro, esbarrando no fanatismo. A postura do comandante de armas atiçou antigos adversários que formavam a Câmara do Crato, ligados aos Alencar e de laços estreitos com o governo regencial.

A 6 de junho, os vereadores do Crato se reuniram para pedir ao governo da província as demissões de Pinto Madeira do posto de comandante da Vila de Jardim e de juízes e outros militares que propunham a restauração do reinado do imperador. Os "horrosos monstros" pretendiam, nos argumentos dos parlamentares, subjugar novamente o Brasil a Portugal.

Com a perda da patente e sem o cargo, Pinto Madeira entrou na lista dos inimigos da Regência. Decidiu, então, ficar recolhido no Coité, sem se envolver com a política e a guerra.

A pressão de aliados para se manter altivo diante dos inimigos foi instantânea. Nessa época, a Igreja de Jardim tinha como vigário Antônio Manuel de Souza, um potiguar de 55 anos, ordenado na escola revolucionária do Seminário de Olinda. Padre Penca de Banana, que gostava de pedir a fruta para os fiéis, ou simplesmente padre Penca, o fez mudar de ideia. O veterano das guerras do Cariri foi inflamado especialmente por notícias de que na adversária Vila do Crato os inimigos preparavam suas tropas para se defender ou atacar.

Pinto Madeira reorganizou seu exército de cabras, o movimento dos jagunços do imperador, como logo se espalhou pelo Araripe e sertão de Pernambuco. O Sítio do Coité transformou-se numa fortaleza da Sociedade Colunas do Trono e do Altar, que não cumpria, segundo os adversários, ordens da Regência nem do governo da província.

BATALHA DE BURITIS

Em meados de dezembro de 1831, a Câmara de Jardim aprovou decreto que instituía o "armamento geral", o estado de guerra, contra o Crato. Pinto Madeira recrutou pelas estimativas da época 2 mil cabras para ficarem de prontidão. É sempre difícil imaginar um recrutamento tão numeroso assim, por envolver uma logística de guerra que exigia grande quantidade de rancho, comida e armas.

De fato o comandante da tropa rebelde não tinha armamentos e munições suficientes para seu exército. Padre Penca pôs os cabras para produzir cacetes de madeiras resistentes do Agreste e, como forma de acabar com o medo do jagunço consciente do poder de fogo dos cratenses, fez celebrações para benzer as armas rústicas. Daí veio um outro apelido para o religioso, o de Benze-Cacete.

A 27 de dezembro de 1831, Joaquim Pinto Madeira com sua tropa chegou ao Sítio Buritis, nas cercanias da antiga Vila de Barbalha, para ocupar uma boa posição num possível confronto com os milicianos regenciais do Crato.

O inimigo estava a caminho. Naquele mesmo dia, um contingente em menor número que o exército pintista aproximou-se do sítio. Sob o comando do tenente Luiz Rodrigues Chaves, os cabras do Crato estavam bem municiados.

Com experiência em guerra de campo aberto, Pinto Madeira não teve dificuldades em derrotar o inimigo. Em poucas horas, os regenciais perderam boa parte de seu efetivo e recuaram. Chaves, então, retirou-se com seus sobreviventes para a Vila de Icó.

A derrota inesperada de Chaves alarmou as autoridades do Crato. A Câmara tentou formar uma tropa de soldados e aliados da força legal para se antecipar a uma invasão dos defensores da volta do imperador. Não deu tempo. Pinto Madeira entrou na vila com seus cabras e dominou a resistência.

Nos dias seguintes, uma carta assinada por Pinto Madeira, possivelmente escrita por padre Penca, circulou pelos comércios, sítios e pousos das estradinhas da serra:

Brasileiros! O Senhor D. Pedro I, nosso adorado e defensor perpétuo, foi insultado e esbulhado de nosso solo e dentre nós há de ser vingado por nós. Brasileiros! Às armas. Vamos dar fim à obra gloriosa que por nós foi encetada. Os malvados não nos resistem, pois os seus mesmos crimes os fazem covardes, enquanto a nossa atitude e a santidade da nossa causa redobram nossos esforços, o que praticamente já foi demonstrado no campo de honra do Buriti. Brasileiro, estou a vossa frente com 3.800 heróis bem armados e municiados e jamais retrogradarei meus passos sem que ainda no mais remoto canto do Brasil não se respeite a religião de nossos pais e o Senhor D. Pedro I. E, em abono disto quanto vos acabo de dizer, só recomendo que, se eu morrer, vingai-me com a conclusão de nossa honra. Viva a Religião Católica Apostólica Romana de Nosso Senhor Jesus Cristo. Viva nosso adorado Imperador, o Senhor D. Pedro I, e sua augusta dinastia.

A ousadia de Pinto Madeira pôs em alerta também o mais influente inimigo do capitão. O senador José Martiniano de Alencar, filho de Dona Bárbara, escreveu ao ministro dos Negócios do Império, padre Diogo Feijó, a 1º de março de 1832, que o "fascínora" saqueara o Crato, arregimentara pessoas pobres para seu exército e matara onze meninos, filhos de um primo adversário. A denúncia da matança nunca foi confirmada.

Finalmente todas as cartas da província são contestes em narrar deste monstro cruezas que horrorizam a humanidade! Acha-se, pois, este facinoroso senhor de todo o país chamado Cariri, que tem em si mais de trinta mil almas, é fertilíssimo, tem bastante gado e víveres, é cercado por desfiladeiros e gargantas de serras de pouca passagem a tropas e oferece fácil defesa aos que estão dentro. Seus soldados (tudo gente de cor, a que se dá vulgarmente o nome de cabras) são entusiasmados pelo duplicado incentivo do roubo e do fanatismo religioso, pois, o padre Antonio Manuel lhes prega com um crucifixo na mão que vinguem as chagas de Jesus Cristo e a honra de Maria Santíssima insultadas pelos liberais.

BATALHA DA VÁRZEA ALEGRE

Disposto a ir até seus limites, Pinto Madeira pôs seu exército no rumo de Fortaleza. Pretendia depor o presidente da província do Ceará, José Mariano de Albuquerque Cavalcanti, nomeado havia pouco tempo pela Regência. No final de janeiro de 1832, um contingente formado pelo governo da província saiu da capital com destino ao Cariri para combater os cabras.

Após percorrer quase 500 quilômetros, a tropa comandada pelo major Francisco Xavier Torres se aproximou, no dia 6 de fevereiro, do exército pintista na localidade de Várzea Alegre, no Cariri. O grupo bem armado travou um violento combate com os homens de Pinto Madeira. Desta vez, os cacetes sagrados e os facões não deram conta de aniquilar um inimigo municiado com armas de fogo e em grande número.

Após algumas horas de batalha, Pinto Madeira perdeu boa parte de seus cabras. Ele e seu exército voltaram derrotados para o Crato, vila a 80 quilômetros dali. Era o início de uma série de lutas perdidas pelos cabras.

Ainda naquele mês, 82 regenciais destroçaram um ajuntamento de quinhentos cabras no Coité, matando catorze deles. Da tropa legal apenas sete soldados ficaram feridos.

A guerra entre pintistas e imperiais ensanguentou o sertão. Uma profusão de cruzes assinalava cemitérios feitos do dia para a noite nas beiras de estrada, ao lado de capelas, nos pastos dos bois. Os mortos do conflito dividiam espaço com as vítimas da fome e da estiagem sob o sol que castigava povoados e sítios. As sepulturas improvisadas acolhiam penitentes, rezadores e beatos em busca de almas santas e milagreiras.

BATALHA DO ICÓ

Pinto Madeira voltou a recrutar cabras e padre Penca a benzer cacetes para a guerra contra os regenciais. Na noite de 3 de abril de 1832, o exército revoltoso saiu de Jardim com destino à vizinha Icó, dominada pelas autoridades do Crato.

Na madrugada do dia seguinte, os cabras entraram na vila, surpreendendo a força pública. O major Francisco Xavier Torres, enviado pelo governo da província para sufocar a revolta, estava em Icó. Ele chegou a dar ordens para que canhões fossem disparados contra a tropa rebelde, mas logo optou em retirar seu contingente.

Torres montou seu Q.G. no morro da Igreja do Rosário, de onde tinha uma visão panorâmica de Icó e podia acompanhar a movimentação dos cabras.

De lá, ele viu a dispersão do exército de Pinto Madeira, que estava exausto e descansava sob as árvores da vila. O comandante da tropa legal não esperou muito tempo. Ele desceu com seus homens para pegar os pintistas desprevenidos. Num primeiro momento, cerca de 150 cabras foram mortos. Pinto Madeira se viu obrigado a sair de Icó e voltar para Jardim.

MASSACRE DO RIO JAGUARIBE

Feitos prisioneiros no ataque dos regenciais à tropa de Pinto Madeira no Icó, vinte cabras foram escoltados por soldados com destino a Fortaleza. À frente da expedição, o capitão Francisco Martins de Almeida Galucho demonstrava irritação e ansiedade. Aos mais próximos manifestava o interesse de acabar com a missão.

A caminho da capital, Galucho decidiu se livrar dos prisioneiros. Ele esperou a expedição se aproximar das margens do Jaguaribe, que nessa época estava cheio, para executar seu plano.

Ali, na beira do rio, os cabras foram colocados em fileira e mortos um por um. Cabeças foram estraçalhadas pela força dos tiros, braços e pernas se despedaçaram. Os corpos ficaram no descoberto, à espera de aves de rapina.

Ao presidente da província, o capitão contou que os cabras tinham comido carne e pirão e depois foram tomar banho no rio. Morreram estuporados. José Mariano riu da versão e aceitou a narrativa, que acabou sendo registrada nos autos.

Pinto Madeira resistia no Cariri. A luta dele agora não era mais de batalha em campo aberto, mas de guerrilha. Focos de cabras foram distribuídos pela Serra do Araripe para incursões-relâmpago e ataques repentinos a pequenos contingentes legais.

BATALHA DO SALGADO

O prolongamento da guerra irritava as autoridades de Fortaleza e da Corte. Em carta a 19 de abril de 1832, o Regente Feijó pediu ao Visconde da Parnaíba, presidente do Piauí, homens para atacarem os revoltosos. A jagunçada da província vizinha e o contingente enviado por Fortaleza travaram uma sequência de lutas em sítios e povoados do Cariri. As batalhas se estenderam até outubro.

Na margem do Rio Salgado, afluente do Jaguaribe, nas proximidades de Barbalha, no Cariri, um grupo de pintistas travou um duelo com legalistas comandados pelo tenente Antônio Vieira do Lago Cavalcante. Dois adversários conseguiram escapar da morte. José Cavalcante, irmão de Antônio, e Filgueirinhas, filho do lendário líder da Confederação do Equador. Mais tarde, foram cercados e fuzilados. Tiveram os corpos jogados no rio.

A repressão aos rebeldes deixou um rastro de sangue e destruição nos sítios, engenhos e vilarejos da Serra do Araripe. As milícias incendiaram povoados ligados aos rebeldes, saquearam casas e comércios, violentaram mulheres e executaram prisioneiros.

RENDIÇÃO DE PINTO MADEIRA

Veterano da guerra da independência, o general francês Pierre de Labatut voltou a ser procurado pelo governo brasileiro para pôr fim a uma disputa política no norte do Império. Ele viajou ao Ceará com a missão de encerrar o conflito entre pintistas e regenciais.

Ao chegar ao Cariri, o militar propôs um acordo de paz, mesmo com a aparente derrota do exército de Pinto Madeira. O líder revoltoso exigiu que seus homens fossem poupados de uma carnificina e ele levado ao Rio para um julgamento justo.

Diante da promessa de que sua vida seria poupada, Pinto Madeira se entregou com um grupo de 1.950 pessoas, incluindo cabras, mulheres e crianças.

Numa carta a Feijó, Labatut relatou:

Exmo. Sr., a maior parte das intrigas durante o reinado do terror e que felizmente terminou compeliu estes povos a hostilizarem-se de modo tal que geme o coração mais duro à vista dos incêndios, mortes arbitrárias e roubos praticados até pelas tropas do presidente da província. A Constituição foi calcada aos pés e apareceram animosidades rancorosas de 1817 e 1824

Como, pois, poderão ser julgados os réus por juízes inçados da mesma opinião dos partidos que assolaram a província?

De sua parte, Labatut cumpriu o acordo. Pinto Madeira foi enviado para o Recife. A polarização política em Pernambuco, entre restauradores e regenciais, no entanto, mudou a rota do prisioneiro. Ele teve de entrar num barco rumo à Ilha de Fernando de Noronha, no Atlântico. Dali, seguiu para Fortaleza. Após mais um tempo de cadeia, foi levado a São Luís e, numa nova transferência, retornou à capital cearense.

No comando da província José Martiniano de Alencar cumpriu uma decisão do antecessor e mandou o adversário Joaquim Pinto Madeira para julgamento no Crato. O prisioneiro foi algemado e posto em cima de um cavalo. Um soldado amarrou as pernas do líder revoltoso na barriga do animal. Assim, humilhado, ele fez o percurso de 33 dias até o Cariri.

O júri no Crato foi integrado apenas por aliados da família Alencar. Na primeira sessão, a promotoria surpreendeu a defesa de Pinto Madeira ao deixar de lado a acusação de formação de revolta para responsabilizar o chefe dos cabras por mandar assassinar por vingança um morador da Vila de Buriti que tinha sido feito prisioneiro pelos rebeldes.

Atônito, Pinto Madeira disse nunca ter visto o morto e, quando chegou ao lugar onde ele estava, viu que os homens "raivosos" e "desesperados" tinham cometido o crime.

Das trinta pessoas que testemunharam contra o réu, nenhuma disse ter visto o momento da ordem de execução. Uma delas, ao deixar a sala de julgamento, foi espancada, a ponto de sair sangue pela boca. A sessão foi um embuste.

O juiz José Vitorino anunciou a sentença prevista. Pinto Madeira estava condenado à morte. Ele gritou:

"Apelo!"

O magistrado deu a palavra final:

"Não tem apelo nem agravo, senhor coronel."

No mesmo dia, Joaquim Pinto Madeira foi trancafiado na cadeia da cidade. Ali teria de esperar a execução da sentença.

Ao entardecer, ouviu os sinos da matriz.

"São por quem os dobres?", perguntou ao carcereiro Manuel José Braga, o Braga Caraôlho.

"São pelo senhor, que vai morrer amanhã de manhã."

Por volta das oito horas da manhã, Pinto Madeira foi retirado da cela e, amarrado com uma corda de tucum no pescoço, levado em procissão até um morro do Crato, onde uma trave de aroeira, madeira dura, estava armada.

No patíbulo, ele lembrou que era um militar, logo tinha direito de escolher a forma de sua morte. Exigia ser fuzilado. Depois de uma discussão entre autoridades presentes, ficou decidido que o sentenciado seria morto por tiros. O pelotão escolhido para executá-lo, no entanto, teve deserções. Com muito custo, as armas foram erguidas e alguns dos soldados atiraram.

"Valha-me o Sacramento!", gritou Pinto Madeira.

Um militar ainda precisou dar um tiro de misericórdia no ouvido do rebelde para terminar de cumprir a sentença.

O corpo de Pinto Madeira foi levado para a matriz. O túmulo virou local de peregrinação. O Cariri tinha um santo.

Padre Penca, preso no Maranhão, conseguiu convencer autoridades locais de que estava doente e não podia fazer a viagem ao Ceará, onde os Alencar preparavam seu julgamento.

O movimento dos cacetes de poderes divinos, entretanto, se enraizou na alma de sitiantes da Serra do Araripe, espalhou-se pelos chapadões e chapadas.

Os crimes de guerra contra os cabras de Pinto Madeira e a população do Cariri foram esquecidos. Por sua vez, Filgueirinhas, herdeiro de armas no Cariri do velho Napoleão da Caatinga, miliciano da independência, foi assassinado pelos opositores.

Cansada de guerra, a matriarca dos Alencar passava seus últimos anos na fazenda do padre Marcos de Araújo Costa em Fronteiras, no sul do Piauí. Bárbara vivia recolhida, longe dos movimentos políticos, das divergências e brigas.

Um aliado escreveu uma carta ao senador José Martiniano de Alencar, filho de Bárbara, para dar uma notícia dolorosa. "Morreu sua mãe na província do Piauí, em casa do padre Marcos, na Boa Esperança depois de tantos sofrimentos, sustos, incômodos e aflições."

O missivista aproveitou para instigar a fúria política do senador, atribuindo a morte de Bárbara ao último adversário do clã. "Pode-se dizer que quem a matou não foram os anos, nem talvez as moléstias, foram sim os vis assassinos daquela nossa malfadada terra, foi J. Pinto, e padre Antônio."

Ao final de mais uma guerra, as peças do jogo político do sertão mudaram de lugar. Os clãs Alencar e Sousa Martins, novas elites do Norte, voltaram a se alinhar.

Do outro lado do Atlântico, nas terras de Portugal, Pedro, agora Duque de Bragança, voltava a interpretar a figura do libertador. O homem mais odiado pelos Alencar e considerado divino pelos pintistas chefiava o movimento liberal, o mesmo que ele combatera na luta pela independência brasileira, contra o absolutismo de seu irmão Miguel, usurpador do trono.

19

A COROA DOS REIS DE CONGO (1832)

> *Reforma de ensino básico na França obriga comunas a manterem uma escola para crianças, em 1833. Sob liderança da Prússia, estados germânicos criam o Zollverein, um acordo econômico e aduaneiro que abre caminho para a unificação.*

O ESTUDANTE MARANHENSE Ricardo Sabino Leão, de 17 anos, voltava da aula de latim no Porto quando se encontrou pela primeira vez com a guerra. Nos primeiros meses de 1832, tropas do Exército Pacificador liderado por Dom Pedro, agora ex-imperador do Brasil, cercavam a cidade numa ofensiva para destronar Dom Miguel, irmão dele, e derrubar o absolutismo.

Empolgado, Sabino Leão se juntou como voluntário ao contingente militar que dominaria o Porto e, depois, Taveira, Faro, São Bartolomeu de Missines, Mesejana, Albofeira, Beja, Castilhas, Setúbal e Almada. Nesta última, mais precisamente na freguesia de Cova da Piedade, o jovem participou da batalha contra a tropa do general miguelista Joaquim Teles Jordão, chefe da Torre de São Julião da Beira, a mais temível prisão política do reino. Derrotado, Jordão foi reconhecido e morto pelos constitucionais e teve o corpo violado.

O Exército Pacificador avançou para Lisboa. Após uma desgastante e dramática jornada pelo país, Dom Pedro entraria na capital portuguesa. A vitória teve um custo para a saúde dele. O ex-imperador do Brasil morreu tempos depois de tuberculose, um mal contraído nas trincheiras insalubres e pestilentas da guerra.

De volta ao Maranhão, Sabino Leão retomou a vida de civil. Ele abriu uma escola de latim e francês em Caxias, no interior da província. A cidade vivia do algodão plantado em seus campos e de um comércio movimentado pelos muares e boiadas. Contava com uma elite ávida por conhecimento e política. Os liberais, chamados bentevis, duelavam no jogo regional contra os membros do Partido Conservador, que contava com o domínio do governo de São Luís.

Um dos alunos do professor Sabino Leão, em Caxias, se destacou pelo interesse pela rima. O adolescente Antônio Gonçalves Dias, filho do comerciante português João Manoel e da mestiça Vicência, ganhou a preferência do mestre.

Com a morte do pai do garoto, o mestre fez um acordo com um imigrante português pobre disposto a voltar a Lisboa para acompanhar o pupilo até Portugal. Em 1838, Gonçalves Dias entrou numa embarcação no Rio Itapecuru que seguia para São Luís. De lá, embarcou num navio para a Europa, onde cursaria direito e se tornaria o maior poeta do movimento indigenista brasileiro.

A saída de Gonçalves Dias de Caxias coincidiu com o acirramento na disputa política entre liberais e conservadores. As terras de cultivo de algodão e criação de bois viviam a iminência de uma guerra sangrenta de mestiços e negros contra o regime escravagista e as práticas de autoritarismo nas vilas e povoados, que se arrastavam desde o processo de independência no Maranhão. Reis de Congo e Cabinda se insurgiam agora contra o Império.

GUERRA DO CARA PRETA

Transportar boiadas pelas estradas do Maranhão era negócio arriscado naqueles tempos de polarização e violência política. Animais e tropeiros sempre estavam na mira de fazendeiros de um lado e outro da acirrada disputa entre os liberais, chamados de bentevis na província, e os conservadores, os cabanos.

No início de dezembro de 1838, o chefe vaqueiro Raimundo Gomes Vieira Jutaí, o Cara Preta, transportava a boiada da fazenda do padre Inácio Mendes de Morais e Silva, um chefe bentevi de Arari, hoje uma cidade do leste maranhense. Ao se aproximar da Vila da Manga, atual município de Nina Rodrigues, nas margens do Rio Iguará, ele foi surpreendido pelo subprefeito. José do Egito, da facção dos cabanos, aproveitou a passagem da tropa de animais pelo lugar para afrontar o adversário político. A autoridade recrutou uma parte dos vaqueiros e levou para a cadeia um deles, José, acusando-o de assassinato.

O preso era irmão do chefe da tropa. Raimundo era um mestiço de negro e indígena nascido e criado no Piauí. Homem de estatura baixa, fala mansa e calmo, era um vaqueiro respeitado nos currais e fazendas do Mearim e do Iguará.

Dias depois, Raimundo voltou à vila com nove cabras bem armados. Os vaqueiros dominaram a guarda, que tinha sido reforçada de 42 homens por ordem do juiz de paz, e invadiram a cadeia para libertar José e outros presos.

A Vila da Manga viveu dias de fúria. Outras demandas sociais sufocadas emergiram. O fabricante de balaios Manuel dos Anjos Ferreira, do povoado de Pau de Estopa, registrou queixa-crime contra o estupro de duas filhas pelo oficial de polícia Antonio Raimundo Guimarães, que se hosperada na sua casa. Sem resposta das autoridades, Balaio, como o artesão era conhecido, chamou amigos e parentes, todos eles negros e mestiços livres, e escravizados de fazendas para participarem da revolta.

As notícias da guerra chegaram a São Luís. O governo da província do Maranhão enviou uma tropa de duzentos homens para sufocar a revolta no seu nascedouro. Os oficiais e soldados não tiveram dificuldades de tomar a vila e dissipar o movimento dos balaios — como os revoltosos começaram a ser chamados.

Passados alguns dias, os insurgentes da Balaiada, entretanto, se reorganizaram em pequenos grupos nas matas e quilombos e deram início a uma nova frente de batalha, com o saque de comércios, a invasão de povoados controlados por chefetes aliados do governo e a ocupação de fazendas.

BATALHA DE ANGICOS

Uma nova força legal, agora com 130 homens, muitos deles soldados e oficiais de São Luís, aproximou-se da Vila da Manga. As lideranças balaias evitaram a resistência e afastaram seus homens do povoado, levando-os para as matas às margens das estradas e lagoas e sítios mais afastados.

No começo de abril de 1838, o capitão Pedro Alexandrino de Andrade, chefe do contingente enviado pelo governo da capital, seguiu para Brejo. A pequena vila no leste maranhense estava, havia meses, sob controle dos revoltosos.

No caminho, a tropa chegou à Chapadinha, um povoado numa área de fazendas e currais de gado. O grupo encontrou o lugar vazio. Com o conflito, os moradores deixaram às pressas suas casas e seus comércios. Apenas um homem com distúrbios permanecera para recepcionar os militares ou os revoltosos.

O grupo de Alexandrino entrou na zona de guerra sem guias e sem recrutar homens nos povoados e sítios da Mata dos Cocais, a gente familiarizada às planícies alagadas dos vales do Itapecuru e do Mearim. A tropa virou presa fácil na arapuca montada pelos revoltosos.

Os militares percorriam trilhas de uma mata dominada pelos balaios. Vez ou outra, os insurgentes disparavam tiros, numa guerra psicológica para afugentar o inimigo.

A guerra se dava na umidade dos igapós, trechos empoçados pelas águas, tão espremida entre babaçus, buritis, bacabas e outras palmeiras, que era mesmo guerrilha, onde a visão de um combatente não se expandia de um tronco a outro apenas.

Pedro Alexandrino se viu num labirinto de privações. Na floresta de chuvas instantâneas e água nos pés e na cintura em tempo de temporal ou sol intenso, os arcabuzes eram armas incertas. Os terçados, os facões de lâminas duras, podiam estar apontados à espreita, a poucos metros. Ou a arma podia ser um pedaço de pau. A morte ou o medo estavam em todo canto.

Assim, o capitão foi perdendo seus soldados.

Um combate corpo a corpo, nos cipoais que se entrelaçavam entre canais e as terras mais secas, não permitia ferir sem matar. Quando vinha, a morte aparecia em quantidade, provocada por embates em que o mais preparado podia, num passo, se afundar no igapó e perder a melhor posição no enfrentamento a um adversário fraco. Cabeças e troncos sem braços boiavam nos alagados onde a claridade não existia, misturando-se a restos de galharia em decomposição e folhas secas.

Ao chegar ao vilarejo de Angicos sem viva alma, após três dias de perseguição e troca de tiros, o capitão e os soldados e oficiais que restavam do grupo estavam famintos, maltrapilhos e com poucas munições. Eles ainda tinham de enfrentar 80 quilômetros até Brejo.

No rastro da tropa, os balaios se aproximaram.

Por mais três dias, a tropa de Pedro Alexandrino, entrincheirada em casas abandonadas pelos moradores, enfrentou a artilharia dos balaios. Na madrugada do quarto, 18 de abril, o capitão mandou alguns de seus homens negociar uma capitulação.

O chefe balaio Antônio José do Couto Pinheiro, o Mulungueta, que controlava o cerco, recebeu promessa de entrega de armas.

Por volta das cinco da tarde, Pedro Alexandrino deixava a casa onde estava com outros oficiais quando foi atingido por tiros. O tenente-coronel, ferido e transportado numa rede, teve o corpo cortado por facão. Três outros oficiais foram poupados da morte.

No campo de feridos, quase mortos e mortos, os revoltosos tiveram a chance de melhor se vestirem e se armarem. As espingardas, revólveres, munições e fardas militares dos vencidos garantiram o reforço do exército guerrilheiro.

CERCO DE CAXIAS

Ao receber notícias das ações dos balaios, os políticos bentevis de Caxias e do Piauí saíram em apoio aos companheiros liberais da Vila da Manga. O governo conservador da província viu fugir do seu controle a acirrada disputa entre as duas facções políticas.

Um deles foi o jornalista e advogado liberal Lívio Lopes Castelo Branco, de 26 anos, filho de um fazendeiro de Campo Maior, no Piauí, cidade de Cara Preta. Ele reuniu uma milícia de seiscentos homens para ajudar os bentevis da província do Maranhão.

Sem experiência na guerra, Lívio se intitulou comandante em chefe das Forças Bentevis do Piauí. Tinha por interesse fazer intercâmbio e garantir o apoio de armas para enfrentar o brigadeiro Manuel de Sousa Martins, o Barão da Parnaíba, na sua província. A revolta de balaios e vaqueiros do Maranhão se transformou num mosaico de disputas no Norte até ali adormecidas.

Bandos armados que atuavam no sertão como o de Pedro de Moura, Antônio José do Couto Pinheiro, Caboclo Coque, Macabira, Coco, Tempestade e Ruivo se juntaram aos revoltosos, numa rede de lideranças.

Dos sertões mais distantes, as tropas que marcharam para Caxias defenderiam a legalidade. Entre elas estava a milícia de quatrocentos homens de Severino Dias Carneiro, um pardo que detinha uma das forças militares mais atuantes na região.

O prefeito da comarca de Caxias, o tenente-coronel João Paulo Dias Carneiro, irmão natural e de pele branca de Severino, foi informado que lideranças liberais fizeram um pacto com os revoltosos da Manga para conquistar a cidade. Ele, então, organizou um corpo de milícia formado pelos homens que tinham armas, um esquadrão de cavalaria e uma unidade para manusear as peças de artilharia.

A guerra alterou novamente a vida do professor de latim e francês Ricardo Sabino Leão. Como não havia outro veterano de batalhas na cidade, ele foi retirado de sua escola para comandar o plano de entrincheiramento.

Sabino Leão organizou adultos e crianças em frentes diversas. Um grupo percorreu armazéns antigos e embarcações ancoradas no porto que pudessem guardar canhões de combates do passado remoto. Algumas peças serviam de lastro a barcos portugueses. Outro, formado quase que exclusivamente por mulheres, recebeu a missão de derreter em fornalhas metais para servir de munições e espalhar pólvora em cartuchos e cunhetes.

Todos os acessos das ruas foram fechados. Em frente ao casario, os moradores juntaram fardos de algodão para servirem de trincheiras. O comando de resistência ficou posicionado no terreno ao lado da Igreja de São Benedito, local escolhido para colocar a meia dúzia de canhões carcomidos encontrados.

O combatente do exército de Pedro IV mandou fazer buracos entre as casas para permitir a movimentação dos soldados e voluntários durante o possível ataque e frestas por onde as pontas dos bacamartes seriam fixadas.

Nas contas de Sabino, 2 mil soldados e voluntários armados aguardavam a chegada dos revoltosos. Mais de um mês após os preparativos de defesa, eles apareceram.

Em maio de 1839, os insurgentes estavam em frente a Caxias. A tropa rebelde incluía os homens dos chefes sertanejos Gitirana, Ruivo, Mulungueta, Balaio e J. Teixeira. Depois chegaram os grupos de Coque, Violeta e Milhomem.

Os primeiros tiros, os gritos dos feridos, os corpos estirados nas calçadas. A tensão e a quase euforia da véspera agora davam lugar ao temor e ao pânico. Com a cidade aos poucos cercada pelos revoltosos, moradores deixaram suas casas e correram pelo mato, voluntários e soldados desertaram de suas posições. Veio a falta de comida e de balas.

Os balaios ocuparam as casas abandonadas e passaram a controlar uma parte da cidade. A tropa rebelde tinha nas suas fileiras milicianos liberais. Era o caso do tenente da Guarda Nacional, Joaquim Caetano, um dos bentevis de maior expressão de Caxias.

Os rasantes das aves de rapina com asas esticadas ao sol, os cadáveres e um aparente reforço de combatentes no lado dos revoltosos prenunciavam a queda de Caxias. A derrota parecia mais iminente quando Sabino Leão recontou sua guarnição de elite e percebeu que dos cem combatentes da força original boa parte tinha tombado ou fugido. Não saía mais fogo da maioria dos velhos canhões.

Tudo parecia terminado quando ele deu ordens para encher a boca de uma das peças de artilharia com o último projétil para o tiro derradeiro. Seus artilheiros mais animados haviam sido alvejados. Três dezenas de homens que ainda compunham sua força se retiraram do campo de batalha. Ele ainda tinha a companhia de um escravizado e alguns soldados.

Diante da aproximação dos revoltosos, Sabino Leão combinou com o grupo que restara para dar uma descarga de fuzilaria assim que ele tocasse uma flauta. Após acertar o plano, subiu no canhão com um pano branco simulando uma rendição.

Os balaios chegaram, cercaram o comandante da tropa legal, que sem se intimidar, passou a falar como se tivesse aderido ao movimento. Sabino Leão deu vivas à Sua Majestade, o imperador e confundiu os insurgentes. Minutos depois, ele tocou sua flauta. Alguém, por trás, acendeu o fogo. Com grande estrondo, o tiro matou revoltosos, provocando ainda uma confusão na tropa insurgente sobre o poder bélico ainda nas mãos do inimigo.

Diante do ataque surpresa, os balaios recuaram, mas Caxias permaneceu cercada.

Uma vitória na guerra estava distante para a tropa legal. O cansaço e a escassez de víveres e armas acabavam com os ânimos bélicos dos moradores. Os seis bois do carro que antes transportava os canhões foram abatidos para alimentar quem ainda resistia. O cerco de Caxias pelos balaios completava 46 noites e 46 dias.

O prefeito mandou homens para tentar negociar a capitulação da cidade com a tropa rebelde. O grupo voltou com a exigência de que ele deveria antes entregar oito chefes da resitência para serem fuzilados, entre eles, Sabino Leão e Severino Dias Carneiro. Também cobravam a entrega imediada dos bens dos comércios e casas que serviriam como pagamento dos combatentes vitoriosos.

O prefeito João Paulo chamou Sabino e Severino. Mandou que os dois chefes legais furassem à noite o cerco e seguissem para São Luís. A derrota era certa. Eles rejeitaram, num primeiro momento, o pedido. Temiam pela vida das famílias.

Sabino foi para uma casa afastada do centro, pertencente a Carlota de Aquino, uma matriarca da cidade. A residência era guarnecida por uma milícia própria. João Paulo se aproximou dos líderes bentevis e conseguiu ser preso com vida. Severino arriscou pedir proteção a um dos chefes balaios, o Caboclo Coque. Alguns líderes revoltosos não aceitaram e exigiram vingança.

O tenente-coronel recorreu à cor da pele para tentar se salvar. Aos revoltosos com sangue nos olhos, lembrou que o irmão João Paulo tinha sido poupado e ele, um pardo, não tinha a mesma oportunidade.

"Pois querem vocês matar o cabra, poupando o branco!"

Insistiu:

"Lembrem-se que vocês são cabras também e que eu, um dia, poderei ser seu amigo. O branco nunca será."

Coque precisou intervir:

"O conselho de guerra que há de decidir a sorte dele."

Nas escaramuças, Sabino acabou detido pelos revoltosos. Mas, o líder liberal Joaquim Caetano, da cúpula da tropa balaia, evitou que o chefe legalista fosse morto. Numa negociação tensa no momento em que as forças rebeldes se preparavam para entrar em Caxias, Caetano convenceu Sabino a ir para a trincheira com chefes insurgentes agora para esperar a chegada de um contingente rebelde ainda mais duro e violento, chefiado pelo Balaio. A inusitada missão evitaria um mal maior à cidade, argumentou.

Aos poucos, os revoltosos tomaram posições em Caxias. A casa de Dona Carlota Aquino se transformou na última resistência ao avanço do inimigo. Sabino aconselhou a moradora a procurar o chefe insurgente Pedro de Moura, parente dela, para pedir proteção. Ele mesmo, numa noite, foi para beira do rio gritar pelo nome do chefe balaio e propor que guarnecesse a residência.

Três mil revoltosos entraram na cidade. As boticas e comércios foram tomados pelos combatentes mais afoitos por aguardente. Houve disputa pelos cavalos amarrados nos quintais e ruelas. Ficou conhecida a história de que um belo animal provocou uma série de mortes entre os insurgentes. O primeiro a pegar para si o cavalo cobiçado era morto por outro companheiro de guerra, assim sucessivamente até chegar a 18 donos e 17 assassinatos.

A cúpula do movimento vitorioso logo começou a se dividir entre os moderados, mais próximos do vaqueiro Cara Preta, e dos radicais, ligados a Manuel Balaio.

A história de Balaio terminaria ali. À frente de um grupo de rebeldes, ele entrou na casa de um francês conhecido por Isidoro. Exigiu que o morador entregasse o dinheiro que possuía. Isidoro, entretanto, estava armado e disparou na barriga e nas pernas do líder revoltoso.

Caído no chão, Balaio ordenou a seus homens para matar Isidoro e quem mais vivia na residência. Prontamente, os insurgentes assassinaram o francês e sua família: duas mulheres e oito crianças. Ao sair da casa carregado pelos companheiros, o chefe revoltoso morreu.

As lideranças balaias chegaram a um consenso de que, dali em diante, a revolta teria como comandante-chefe o vaqueiro Raimundo, todos os presos seriam prisioneiros comuns e não mais de um ou de outro revoltoso, deteriam todos os inimigos mesmo aqueles que fizeram acordos individuais para se entregar e enviariam um grupo a São Luís para acertar a rendição do governo da capital da província.

Um conselho militar formado especialmente por lideranças políticas opositoras do governo do Maranhão tentou negociar o fim do movimento. A lista de exigências incluía anistia aos revoltosos, revogação da Lei dos Presos, expulsão de portugueses do Maranhão e instauração de inquéritos para presos que lotavam as cadeias da província. Em nenhum momento o texto previa abertura de senzalas. O governo maranhense não aceitou as condições e pediu ajuda ao Rio para sufocar a revolta.

A Regência, entretanto, não dispunha de efetivo para reprimir insurreições nas províncias. As demandas por tropas vinham de regiões bem próximas à Corte.

REVOLTA DO PATY DO ALFERES

Camilo Sapateiro enfrentou o espancamento e a tortura. O suplício imposto pelo capataz levou à morte o escravizado da Fazenda Freguesia, em Paty do Alferes, na Vila de Vassouras, no sul fluminense. Naquele ano de 1838, os companheiros de senzala queixaram-se da morte de Sapateiro ao capitão-mor português Manoel Francisco Xavier, o dono da propriedade. O senhor nada fez para reprimir o assassino.

O terror imposto pelo capataz não era uma prática isolada naquela propriedade do Vale do Paraíba, lugar batizado pelas palmeiras patys das margens do rio. Era por meio da tortura e do medo que os homens de confiança do capitão administravam outras fazendas dele, como a Maravilha, a Santa Tereza e a Cachoeira. A fama de Xavier entre os fazendeiros da região oscilava entre a de um homem ora benevolente com as atitudes dos escravos, ora extremamente cruel.

A vingança dos escravizados foi rápida. O ferreiro Manoel Congo, um dos mais revoltados com a morte do companheiro, liderou um grupo que foi acertar as contas com o capataz. O justiçamento do assassino trouxe o pânico e o medo para as famílias da fazenda. A certeza de que Xavier iria punir os negros agitou tanto a casa-grande, onde trabalhavam as mulheres cozinheiras, limpadeiras e costureiras quanto a senzala e as roças.

Manoel Congo, Vicente Moçambique, João Angola, Manoel Crioulo, Epifânio, entre outros, organizaram uma fuga para a Santa Catarina, um trecho de Mata Atlântica nas proximidades da fazenda. É tanto que houve um planejamento que decidiram levar ferramentas não apenas de roçar, mas de carpintaria. Era um indício de que estavam dispostos a erguer casas, um quilombo.

Na noite de 6 para 7 de novembro, Manoel Congo pôs uma escada na janela da cozinha da casa-grande. Por ela desceram Mariana, Rita e Joana. Mais de cem escravizados da senzala se incorporaram ao movimento de fuga.

Negros de outras fazendas se juntaram ao grupo. Da Maravilha vieram os escravizados Adão, que trabalhava na roça, Belarmino Cabinda, da carpintaria, e Pedro Dias, dos carreiros de boi. Em pouco tempo, duzentos escravizados se refugiavam na mata, com ferramentas e armas retiradas das propriedades.

A notícia correu pelas estradas e vilarejos do Vale do Paraíba na província do Rio. O sistema de maus-tratos e violência estava em xeque. Fazendeiros organizaram milícias próprias para capturar os revoltosos e impedir que a ação na Freguesia se alastrasse a suas propriedades.

Francisco Peixoto de Lacerda Werneck, Barão de Paty do Alferes, que tinha muito mais escravos e fazendas que o senhor da Freguesia, estava à frente dos milicianos. Era experiente na função. Foi ele quem, em 1822, organizou fazendeiros e escravizados num movimento de apoio ao jovem príncipe Dom Pedro contra as ações das Cortes Gerais. Talvez seja dessa época o início de sua relação pouco amistosa com Manoel Francisco Xavier, português que, até onde se sabe, não era um adepto da causa da independência.

O barão, um ancestral do jornalista Carlos Lacerda, que se destacaria no século seguinte como um dos agentes políticos mais incendiários da República, fazia política por meio do entendimento. A autoridades da Corte, ele sentenciou que o dono da Freguesia cometia excessos contra seus escravos, não sabia administrar a propriedade, provocava divergências entre outros fazendeiros por questões de cercas e terras. Era um típico independente com traços humanistas, mas que não abria mão da máquina da escravidão para mover seus negócios e a economia do Império.

Por temer a participação de funcionários da Fábrica de Pólvora da Estrela, em Magé, na revolta, o comandante do Corpo de Guardas Municipais Permanentes, atual Polícia Militar do Rio, se deslocou para Paty do Alferes. Era Luís Alves de Lima e Silva, o futuro Duque de Caxias, de família de tradição no Exército e na política.

A presença da força militar no enfrentamento da maior revolta contra produtores de café era ilustrativa. Afinal, as mudas se espalharam nas encostas do vale após o então capitão e mais tarde general da independência, Joaquim Xavier Curado, acabar com os grupos indígenas que resistiam em suas terras ao avanço das fazendas e à formação de povoados de uma gente estranha.

O cerco aos revoltosos se fechou. A milícia, agora, tinha a retaguarda dos militares.

Na mata, Manoel Congo e a costureira Mariana se intitulavam reis, disseram testemunhas brancas às autoridades. Ele, da Nação Congo, chegou ainda menino ao litoral fluminense, despejado por um navio negreiro, e ela, nascida dentro da Freguesia, era filha de capturados na África.

Congo tinha sob seu comando, além de Justino, Manoel Crioulo e Epifânio, combatentes como Antonio Magro, Pedro Dias, Adão, Belarmino Cabinda, Miguel Crioulo, Brizita, Joana Mafumbe, Canuto, Afonso Angola, Rita Crioula, Lourença Crioula, Josefa Angola e Emília Conga.

Na fuga, os carpinteiros conseguiram arrastar caixas de ferramentas para construírem casas e, assim, formar os primeiros ranchos.

Ao ataque dos milicianos os revoltosos responderam com tiros de mosquetão. Dois milicianos foram mortos. O carpinteiro Belarmino Cabinda, que usava uma pistola, foi ferido. Paulo, um companheiro mais próximo dele, pegou a arma para continuar a defesa naquele ponto da mata.

Não há registros até agora conhecidos de revoltosos mortos no ataque dos milicianos. É certo que Manoel Congo e os escravos de maior poder de liderança foram presos e levados para a Vila de Vassouras. Destes, dezesseis foram a julgamento ainda em novembro.

Num júri formado por fazendeiros e seus aliados, todos brancos, o líder Manoel disse que nasceu na Nação Congo. Ele afirmou que entrou no "barulho" depois de ouvir Vicente Moçambique e João Angola. Os dois escravizados teriam dito, após a morte do capataz, que se não fugissem iriam ser jogados pelo senhor na fornalha. O revoltoso negou ser o chefe maior do movimento, assim como ter "seduzido" os escravos a fugirem.

Com algemas e argolas de ferro nos pés e pescoços, os revoltosos disseram ao júri que Manoel Congo era mesmo o "rei". Escravizados apontaram os carpinteiros Manoel Pedro e Miguel Viado, Epifânio e Pai Inácio Rebolo, como outros "cabeças" da fuga.

Cuidador dos porcos da fazenda, Justino reforçou a versão de Manoel Congo. No julgamento, ele relatou ter ouvido Moçambique, Angola e outro escravizado, Miguel, dizerem que todos precisavam fugir para evitar uma "surra" pela morte do capataz.

Os revoltosos disseram ao juiz que, no mato, todos os dias, o comandante Manoel Congo fazia a contagem dos combatentes – 205 homens e mulheres chegaram a integrar o movimento. Eles tinham levado onze armas da Freguesia, além de bigorna e torno para consertar espingardas. Pelo depoimento dos escravizados, os brancos atiraram primeiro.

A sentença saiu em janeiro. Responsabilizado pela morte do capataz e por liderar o movimento dos escravizados, Manoel Congo recebeu a pena de "morte natural" na forca, sem direito a enterro cristão. Justino foi condenado a chibatadas em grau máximo e as mulheres da revolta, em grau mínimo.

Análises dos documentos produzidos durante o processo feitas ao longo do tempo por juristas concluíram que o julgamento apresentou uma série de falhas e fraudes. Os depoimentos não foram amarrados para garantir a análise de toda a conjuntura da morte do capataz e do movimento de fuga e formação do quilombo.

Embora num primeiro momento tenham ocorrido as mortes de dois milicianos no ataque na mata de Santa Catarina, os revoltosos foram praticamente todos facilmente dominados, sem um combate longo. A resistência mostrou que a tradição deles não era necessariamente bélica. Eram homens e mulheres que viviam nos serviços braçais de uma propriedade rural.

Pelos relatos fica evidenciado que Manoel Congo não foi a única liderança do movimento revoltoso, ainda que tenha sido a maior delas. A aplicação da pena de morte apenas para o ferreiro mostrou que o *establishment* do Vale do Paraíba sabia das características de violência do dono da fazenda e seus representantes no júri pouco lamentaram a morte do capataz.

A vida de um negro para essa classe, porém, não equivalia a de um branco mesmo subalterno na estrutura de uma fazenda de café. Alguém precisava morrer na forca para mostrar que aqueles dias agitados nas margens do Paraíba não chegaram a um consenso. A economia estava atrelada a uma guerra sufocada e permanente.

O comandante militar Luís Alves de Lima e Silva voltou ao Rio com sua tropa. Promovido a coronel, ele não ficou muito tempo no quartel do Corpo de Guarda. Logo recebeu nova missão contra insurgentes.

GUERRA DA LIBERDADE REPUBLICANA

A insurreição dos negros no Maranhão recrudescia. A Regência decidiu, então, enviar ao Norte o oficial carioca Luís Alves de Lima e Silva, que participara da repressão aos escravizados do Vale do Paraíba. Era um nome de sangue e tradição militar para não apenas combater revoltosos, mas buscar a pacificação de uma província estagnada pela guerra e negociar com os grupos políticos.

Ao assumir o comando da província, o tenente-coronel tratou de organizar um plano para dizimar os balaios e líderes bentevis dos sertões maranhenses.

De uma construção que servia de quartel para a tropa portuguesa no tempo da independência no Morro do Alecrim, em Caxias, Luís Alves de Lima e Silva distribuiu o efetivo e as armas entre seus oficiais.

Um dos primeiros conselheiros do coronel foi o professor Sabino Leão, que escapara do cativeiro imposto pelos balaios. O veterano do Exército Pacificador de Portugal e do cerco da cidade de Caxias caiu nas graças do novo governador da província. Sabino recebeu a missão de arrasar o quilombo de Preto Cosme.

Cosme Bento das Chagas, um cearense de Sobral, 40 anos, era um perseguido pela polícia. Denunciado pelo assassinato de um homem em Itapecuru, foi levado preso para São Luís. Escapou da cadeia e vivia, agora, na comunidade que montara no Vale do Rio Itapecuru-Mirim.

O quilombo tornou-se um abrigo de lideranças balaias. O vaqueiro Cara Preta, doente e ferido, percebeu que os líderes bentevis tinham se afastado do movimento e foi um dos que decidiram se refugiar na comunidade de Preto Cosme.

Com o abrigo dado a Raimundo, a liderança dos balaios passava para as mãos do chefe quilombola. Em suas memórias, Sabino Leão, cada vez mais um homem da repressão, relatou que Cosme se intitulava Imperador, Tutor e Defensor do Brasil. Exercia o poder na comunidade com cerimônias, rituais e distribuição de patentes e títulos nobiliárquicos. Escravizados fugidos das senzalas eram nomeados barões e capitães. O líder que recorria à simbologia de um rei para chefiar seus súditos intitulou seu movimento de Guerra da Lei e da Liberdade Republicana.

Preto Cosme tinha adquirido um grande andor de santo de uma capela e vestes e paramentos de padre. Vestido de forma pomposa, ele era transportado na padiola, erguida nos ombros dos homens de sua guarda pessoal.

A comunidade passou a atrair escravos das senzalas das fazendas de algodão do Vale do Rio Itapecuru e das propriedades de gado das margens do Parnaíba.

Ricardo Naiva, um fazendeiro da Vila de Itapecuru-Mirim, escreveu ao novo governador da província para relatar o local onde Cosme vivia. Luís Alves de Lima e Silva ordenou que Sabino Leão, agora capitão do Exército, chefiasse uma expedição até o quilombo.

Antes da partida do grupo, o governador escreveu a Naiva para relatar o plano de sufocar a comunidade e agradecer pelas informações. No caminho, o portador da mensagem foi preso por homens de Preto Cosme. O líder quilombola mandou matar o emissário, invadiu a Fazenda Tocanguira, de Naiva, e assassinou o proprietário. Poupou a mulher e os filhos dele, que ficaram presos num paiol.

BATALHA DO PAIXÃO

No Maranhão, guerras e grupos políticos e sociais se misturavam. A presença da tropa de Lívio Castelo Branco, representante de uma família influente no Piauí, atraía para o campo de batalha da Mata de Cocais a tropa armada do governo piauiense. Lívio era adversário do presidente da província vizinha, Manuel de Sousa Martins, o Né.

Luís Alves de Lima e Silva sabia da influência e do poder do brigadeiro, senhor absoluto de Oeiras. De São Luís, o coronel enviou a Né pedido de apoio à ofensiva aos balaios e liberais que atuavam nas vilas e zonas rurais das duas províncias.

À frente da província do Maranhão, o oficial carioca escreveu a Né que não aceitaria a "árdua missão" sem a certeza da "valiosa" e "necessária" cooperação do brigadeiro.

Lima e Silva não precisava de liturgia ou pressão para arrancar o apoio do presidente do Piauí. Desde o tempo da independência, Né era conhecido pelas autoridades do Império que cortavam os sertões pela rapidez em servir. Bajulava os homens do poder com a oferta de cavalos, guias, munições e o que mais fosse necessário na travessia do semiárido.

Ao saber que Lívio Castelo Branco, de uma família adversária, atravessou a divisa do Piauí com o Maranhão com seiscentos cabras para apoiar os liberais da província vizinha, Né mandou uma tropa combatê-lo. O brigadeiro supunha que o inimigo tinha pretensão de voltar mais forte e derrubá-lo.

A guerra era violenta no Maranhão. Legiões de cativos deixaram as fazendas, destruindo casas, quebrando porteiras. Homens livres também estavam em fúria.

Né não se descuidou da informação no tempo da guerra. Ele abriu os cofres públicos para patrocinar o jornal da Tipografia Provincial, do senhor Teixeira, jornalista da província. *O Telégrafo* saía do prelo todas as segundas-feiras e quintas-feiras, sendo vendido na loja do senhor Paiva, na Rua da Botica, em Oeiras. "Ouçam todos o mal, que a todos toca", destacava a epígrafe do alto da página. Teixeira deixou claro no primeiro número que usaria seu jornal para atacar as "cobras" maranhenses, que só respeitavam São Bento, o santo italiano que encontrou uma serpente dentro de um cálice.

A decisão de Né de enviar homens para lutar contra os balaios reacendeu uma guerra em família. Um dos primeiros a morrer nos combates foi o major Manuel Francisco de Sousa Martins, filho primogênito de Joaquim, irmão de Né. A morte do sobrinho e afilhado incendiou a relação do brigadeiro com o irmão.

No dia 13 de setembro de 1839, ao meio-dia, o jovem Manuel atravessou com sua coluna o Rio Parnaíba. Só nessa travessia morreram oito de seus homens. Na manhã seguinte, o relato em tom épico e possivelmente inflado do jornal simpático ao barão enfatizou que fez desaparecer mais de mil sediciosos com a rapidez com que um "tufão" rasga a "densa nuvem".

Ao entrar na mata do Baixão, em território maranhense, ele encontrou o inimigo oculto na vegetação. Teria sido baleado na mão direita. Assim, continuou na perseguição aos balaios. "É quando quase ao mesmo tempo recebendo um tiro num olho, que lhe vazou, e uma bala sobre o umbigo e sentindo-se sem forças, e passado de dor, manda a seu ordenança que o esconda e volte a fazer acelerar a marcha da coluna, que não poderia acompanhar seu intrépido chefe", relatou *O Telégrafo*.

A morte do sobrinho do barão foi descrita em tom triunfal. "Com palavras roubadas pela morte, brada: 'Avancem, camaradas, só vos peço que sejais constantes e que me vingueis a morte: por morrer um homem não se perde a causa'", teria proferido. "Morro contente por haver empregado meus dias no serviço de minha pátria e ela recompensará ajudando à minha família liquidar minha causa."

Pintar o sobrinho de herói não foi suficiente para Né acalmar o irmão. Joaquim passou a reclamar que os filhos do brigadeiro permaneceram o tempo todo na retaguarda, onde a água era potável e a carne não fedia. Na sombra, acumularam honrarias e aumentaram o soldo, sem descer das mulas, sem atravessar um rio, sem brigar com as hordas nuas e encobertas de feridas.

A guerra familiar arrefeceu quando Né conseguiu que o Império concedesse ao finado, "independente" de apresentação de documentos, uma pensão robusta para a viúva, Maria Josefa. A "recompensa ao mérito" não chegou a famílias de praças e combatentes mortos na guerra contra os balaios.

20

COGUMELOS LUMINOSOS (1833)

Diante do aumento de dependentes do ópio, governo chinês destrói estoques do entorpecente importados pelos britânicos. Reino Unido envia frota naval e ocupa o Cantão. Início da Primeira Guerra entre as duas nações.

NA PROVÍNCIA DO PIAUÍ, o presidente Manuel de Sousa Martins, o Né, se opôs às famílias de José Pereira Filgueira e de Dona Bárbara de Alencar na guerras que sangraram o sertão. Assim, conseguiu dar as cartas no jogo político do Norte, sempre aliado ao Império.

Ele estava atento às oportunidades de se aproximar das autoridades da Corte. As chances vinham sempre na companhia das guerras. Jamais deixou de se esforçar para mandar soldados e oficiais às batalhas. O início de um conflito era época em que o brigadeiro se animava em mostrar serviço.

Sentava na ponta da grande mesa de cedro de sua casa e mandava os serviçais e secretários trazerem os papéis de recenseamento – 80 mil almas no Piauí, sendo 40 mil homens. Destes, estimava-se que 30 mil estavam prontos para ajudar o Império se meio de transporte existisse para levá-los ao campo da guerra. Os adversários sabiam que quase todos os potenciais soldados eram empregados de suas fazendas ou mesmo filhos e genros.

"Vamos encher os batelões de heróis, pelo imperador e pelo país!", Né conclamou, quando a guerra foi contra os orientais na Cisplatina.

E nos brigues ancorados no porto da Parnaíba entraram animados os jagunços dos fazendeiros adversários, alguns ainda meninos. Parente mesmo de Né não entrou nenhum.

Se fosse preciso uma origem para o termo "curral eleitoral", o Piauí teria uma história a oferecer. Vaqueiro de formação, Né chegou ao poder absoluto na província pela habilidade de usar a experiência na lida das fazendas e no transporte das boiadas na construção da imagem política capaz de cooptar legiões de sertanejos. O homem que nunca deixou de aparecer em público com chapéu de couro e gibão procurou escolher a arena de seus embates. Fez política no tempo de conflito armado e ameaçou com guerra nos dias de tranquilidade.

Num primeiro momento, ele soube se destacar entre companheiros de quartel, um universo onde chegou ainda adolescente, emprego máximo que o filho de um açoriano remediado do sertão poderia almejar. Conseguiu enxergar os momentos ideais para ganhar a confiança dos comandantes.

Fora da caserna, recorreu ao prestígio militar para negociar compra de animais em condições vantajosas. Na falta de dinheiro, diziam os adversários, aproveitava a posição para se vender no mercado da morte matada.

Aos poucos, se aproximou da máquina pública. Com seu carisma e sua brutalidade, se impôs na classe das lideranças regionais. Ao mesmo tempo que subia na estrutura da máquina pública, ocupava fazendas do poder público abertas ainda no tempo dos jesuítas e abandonadas pelo Império.

De ambição contínua, costurou as melhores alianças com autoridades da Corte em missões políticas ou viagens de guerra pelo Norte. Procurava ajeitar filhos, sobrinhos e genros em cargos públicos no Piauí ou fora da província.

Ele mandava com mão de ferro no Piauí desde a expulsão dos portugueses no processo da independência. Havia quase duas décadas que Né concentrava poder político e acumulava bens pessoais.

O palácio onde despachava era sua residência pessoal, cada cômodo abrigava um poder – o gabinete da Justiça ficava no quarto de frente à rua, a Assembleia Provincial atuava na sala e o Executivo, isto é, ele próprio, entrava em qualquer canto do casarão para dar ordens. Os serviçais atuavam como funcionários do governo, os escravizados acumulavam o papel de sentinela e os recursos da província eram movimentados como bens de família.

Quem bem descreveu Né foi um jovem médico e naturalista escocês que percorria os sertões em busca de novas espécies de borboletas e fungos. "A sua fisionomia tinha uma expressão desagradavelmente sinistra, não obstante procurasse disfarçá-la com um sorriso", escreveu George Gardner sobre o brigadeiro.

Aos 24 anos, o naturalista escreveu que o presidente do Piauí tinha uma cabeça grande e torta e se vestia muito diferente dos nobres daquela época. Né usava uma camisa branca de algodão bem larga, uma ceroula até os joelhos, um crucifixo e rosários de contas no pescoço e uma medalha de santo no braço.

Naquele tempo de guerra conflagrada dos balaios e quilombolas no Maranhão e de liberais no Piauí, Gardner se aproximou do brigadeiro para garantir estrutura às viagens de coleta de materiais.

O brigadeiro disponibilizou um grupo de vaqueiros e escravos para o trabalho do naturalista pelo Cerrado do Piauí e pela Caatinga. Após um dia de andança sob o sol abrasador, Gardner voltava à Mocha no começo da noite estampando um sorriso. Atrás dele vinham os homens com caixas de madeira nas costas, repletas de borboletas, besouros, folhas de pau-santo, de catingueira, de canafístula e pequenas pedras.

Nenhuma descoberta de espécie tinha sido mais marcante para o naturalista que aquela de uma noite de lua nova em Natividade, uma vila da região do Tocantins bem distante da Mocha. Na escuridão, ele viu cogumelos que emitiam luz, possivelmente para atrair insetos, retirados de uma palmeira por um grupo de meninos. A flor-de--coco, como os garotos chamavam o fungo, tinha coloração verde, iluminada como um vaga-lume. O naturalista ficou louco. "A princípio, supus fossem pirilampos, mas, fazendo indagações, descobri que era um belo fungo fosforescente", anotou Gardner. "A luz emitida por uns poucos destes, em quarto escuro, é suficiente para a gente ler", registrou.

Pelas anotações do viajante, a espécie bioluminescente tornou-se uma obsessão naquelas terras áridas e de guerra.

Nos seus papéis, o escocês não deixava de anotar a fama de violento de seu anfitrião. Gardner apelidou Né de Francia do Piauí, uma referência a José Rodríguez de Francia, ditador do Paraguai.

O naturalista escreveu que Né era homem mais temido que respeitado pela população e, em casos de emergência, podia reunir mais de 2 mil cabras para uma guerra. Mas o poder de atrair aliados e atuar para massas também era sua marca. "Pela severidade do seu governo tem suscitado muitos inimigos, particularmente pela decretação de algumas leis provinciais que, seja dito em seu favor, tendem sempre a beneficiar as classes necessitadas. Entre outras coisas, proibiu que a carne de vaca e a farinha — os dois principais artigos de alimentação — se vendam na cidade acima de certo preço prefixado, e que é bem módico", registrou.

Por outro lado, observou Gardner, Né aproveitava a estrutura de poder para proveito pessoal. Tinha o "cuidado" de fazer com que o seu gado fosse mandado para a Bahia e outros mercados distantes e, para isso, dispunha de "amplas facilidades".

Sem a formação de um Simplício Dias, revolucionário de família rica e viajado, incapaz até mesmo de uma leitura mais atenta de um livro, Né tinha outras habilidades. "Ignorante de quase tudo, possui todavia grande atilamento e astúcia, qualidades altamente propícias à manutenção do despotismo com que tem regido a Província, dando-lhe, é certo, com este regime mais paz e sossego do que fruem as outras Províncias do Império", escreveu o naturalista. "É de admirar que, apesar de seus numerosos inimigos, só houve até aqui um atentado para assassiná-lo, isto no ano anterior à minha chegada ali."

Ele referia-se à tentativa de assassinato de um homem chamado Joaquim Seleiro. O tiro de bacamarte feriu apenas o ombro do brigadeiro e levemente a cabeça. Seleiro foi assassinado dentro da cadeia. Né reclamou que os adversários mataram o infeliz para incriminá-lo.

Não há registros, entretanto, de que o brigadeiro reclamou por ter sido acusado pela morte de um escravizado. O homem ficou preso quinze dias na cadeia pública da Mocha.

Na vila muitos diziam também que o brigadeiro declarou guerra ao padre Quintino para abrir uma vaga para o filho, João, que voltava à Mocha depois de cursar o seminário. Sem Quintino nas redondezas, João teria mais meninos para batizar, mais mulheres para casar, mais velhos de 40 anos para recomendar a alma.

Né andava pela Mocha com seus rosários e penduricalhos de santos amarrados no pescoço. Era um homem supersticioso e apegado à religião. Estava sempre junto aos padres da vila e das missões que chegavam ao Piauí.

Ele só faltava ter o controle da Igreja. Certo dia, ele comprou uma velha construção jesuítica na praça da Matriz de Nossa Senhora das Vitórias, mandou reformar com dinheiro do governo, transformando-a num palacete. A casa de taipa e coberta de telha de um pavimento, ampla, tomando conta de um vasto terreno, ganhou cinco janelas e três portas na parte da frente. Era para abrigar Joãozinho, que voltaria de Olinda como o padre João de Sousa Martins, o futuro cônego, o vigário-geral do Piauí. Ninguém no palácio questionou o uso do dinheiro público para acomodar o filho do presidente. Ninguém ali tinha palavras na boca para fazer um questionamento desses.

Os arcos de pedra que sustentavam o telhado da varanda interna da casa eram decorados com uma mitra em seu topo. Joãozinho iria olhar para as mitras todas as noites, enxergar o sonho do pai de ver um filho bispo e ter pesadelos só de pensar na dificuldade de convencer autoridades eclesiásticas a lhe darem o título.

Nos currais, o presidente falava aos vaqueiros que coronel algum iria colocar cabresto neles. Os homens sorriam e, agradecidos, tiravam o chapéu de couro. Nas portas das casas-grandes, diante dos coronéis, ele dizia que governo nenhum iria botar espora em fazendeiro. Falava as palavras certas para cada grupo e, assim, ia passando os dias, falando o que as pessoas queriam ouvir dele. O sertão não era um lugar de palavras. Ninguém falava uma frase completa. A coerência corria igual passarinho assustado. Um discurso rebatia o outro.

Para Né, falar de igual para igual com os homens estudados de Parnaíba era uma prova definitiva de uma inteligência natural. Mas isso não o deixava sossegado. Queria dominar as conversas usando suas próprias palavras e seus próprios gestos, sua fisionomia de astuto, seu jeito de se expressar. Só assim, na condição de vaqueiro, se sentia de fato senhor da situação.

Dizia conhecer cada vaqueiro, o nome do cabra, o dia do batismo, o dia da morte, o número de animais que ele tratava, o número de bois que perdeu, cada palmo de chão da beira do Parnaíba, o número de fogos nesse quadrilátero.

E continuava a dizer até ter a certeza de que os outros, os adversários, não sabiam fazer contas ou não tinham vontade de conferir a quantidade de cabeças de bois e almas existentes em cada curral. Ele tornou-se o senhor dos carnaubais diante da falta de vontade dessa gente de contar vacas e bezerros.

Era homem de vingança, de procurar desafetos e escolher adversários. Buscava controlar cada beco da Mocha.

O presidente gostava de ouvir falar de guerra. Seus desafetos viam nisso uma contradição, pois ele nunca chegou perto de um campo de batalha. Mas uma guerra não se faz apenas no *front*. É longe dela que tudo se decide e se agigantam os grandes generais. Quando vinha a notícia de uma guerra, Né sentia uma força que mandava ele ficar para trás, na retaguarda. Ele tinha necessidade de se enxergar como vaqueiro na grande mesa de cedro da casa, com lamparinas nas pontas.

Era na oitava janela da esquerda para a direita na fachada do casarão numa esquina da Praça das Vitórias, em Oeiras, que Né cumprimentava as pessoas nos finais de tarde. Ele acenava, ouvia rápidas lamúrias, prometia fazendas de tecidos para mulheres grávidas ou velas para senhoras com maridos moribundos.

No salão de sua casa, perto da sala do santo, ele pôs uma mesa de madeira escura e um banco para receber as pessoas. Ia pouco ao Palácio do Rosário, até então local de despacho da autoridade provincial, que deixou de ser sede do governo aos poucos, sem ninguém reclamar.

Pôs a filharada para morar nos cômodos dos fundos da residência, voltados para o pátio interno. Nesta área aberta ficava uma banheira esculpida num bloco de pedra, onde tomava no máximo quatro banhos por ano.

A casa não era silenciosa. Os moradores conviviam com os sopros e relinchos dos cavalos, alojados em baias ao lado dos aposentos num puxado mais ao fundo da construção. Também eram ali os quartos dos jagunços, que com a troca de governo se tornaram oficialmente sentinelas do governo.

Quando instalou a Assembleia Legislativa Provincial em sua casa, em junho de 1835, Né deu posse a vinte deputados que eram fiéis aliados, gente que saiu dos currais como ele para fazer a vida no entorno da máquina do governo. A lista incluía os filhos Raimundo, Francisco e Manuel Clementino, o irmão Joaquim e os primos Marcos de Araújo Costa, o padre Marcos, e Inácio Francisco de Araújo Costa.

Um dos primeiros atos aprovados pelos parlamentares e sancionados pelo presidente do Piauí foi a criação do Corpo de Polícia. Ele abria 309 postos para seus milicianos mais destemidos. Assim, o brigadeiro adequava a província às exigências vindas da Corte. A milícia de jagunços era absorvida pela estrutura do Estado, sem deixar de prestar serviço pessoal a Né.

A resolução aprovada pelos deputados deixava claro o poder de Né na escolha do quadro policial. "Ao presidente da província fica competida a nomeação dos referidos oficiais, podendo empregar, em comissão neste Corpo, quaisquer oficiais de primeira linha, que estejam a serviço da província, uma vez que mereçam a sua confiança", destacou artigo da norma. Né garantiu para o sobrinho Antonio de Sousa Mendes o cargo de comandante da força. Mendes era filho de Maria, irmã do visconde. No posto, ele passou a ganhar o mesmo que um capitão do Exército, fora um auxílio por "cavalgadura" e diárias.

Os homens da Justiça no Piauí nunca se queixaram de trabalhar entre as paredes da casa de Né. Dr. Bembem, que comandava o Judiciário na Mocha, ocupava uma sala pertinho do rancho da jagunçada. Em vez de se escandalizar ou demonstrar desconforto com a proposta de instalar o poder na residência do presidente da província, o magistrado foi para a praça fazer discurso de elogio ao amigo.

Naquele momento, os desocupados e comerciantes da Praça das Vitórias estavam com os olhos voltados a mais um negro açoitado no pelourinho por piscar os olhos para a filha do brigadeiro.

CRIMES DE NÉ

Ainda em 1829, os desmandos no Piauí levaram o Império a destituir o Barão da Parnaíba do comando da província. João José de Guimarães e Silva, um executivo a serviço da Regência, assumiu o governo. Ele ficou pouco tempo na cadeira. Morreu dois anos depois com suspeita de envenenamento.

Né retomou o cargo. Na nova investida, expandiu ainda mais o poder de presidente da província. Uma de suas primeiras medidas foi suspender nomeações do Império para o Judiciário do Piauí e escolher aliados aos cargos. Um dos nomeados, Antonio Manoel de Freitas Fragoso, respondia por crimes de sangue.

Alexandre Tavares da Silva, um dos destituídos, escreveu uma carta de denúncia, a 27 de maio de 1831, para os representantes do Império em São Luís.

Perante o augusto trono de Vossa Majestade Imperial e Constitucional, vem Alexandre Tavares da Silva participar a mais alta prepotência com ele praticada pelo juiz de órfãos da cidade de Oeiras, capital daquela província, José Lourenço de Brito Bembem, de acordo com o Barão da Parnaíba, presidente da mesma província, que nada menos é do que uma formal desobediência às respectivas ordens de V.M.I.C, como posso demonstrar... O juiz estava de caso pensado e combinado com o Barão da Parnaíba sobre o não cumprimento da carta imperial, basta ver que o mesmo juiz subordinou o Poder Judiciário (que devia exercitar sem dependência ou conselho de alguém no cumpra-se da carta imperial) ao Barão da Parnaíba... convencido fico que na capital do Piauí nenhum caso se faz das leis e respeitáveis ordens de V.M.I.C quando umas e outras forem d'encontros aos caprichos e vontades do Barão da Parnaíba. Isto custa a crer, mas desgraçadamente o presente fato e outros muitos que por vezes já hão chegado a augusta presença de V.M.I.C. confirmarão esta verdade! Mais se reconhece o dolo, conluio e prepotência.

A denúncia de Silva ficou parada meses em São Luís e só chegou a autoridades da Regência, no Rio, em abril de 1834. Não houve resposta.

ATAQUE AO QUILOMBO DE PRETO COSME

Com homens fornecidos pelo brigadeiro Manuel de Sousa Martins e pelo governo do Maranhão, o capitão Sabino Leão cercou, em fevereiro de 1841, o Quilombo de Preto Cosme nas margens do Rio Itapecuru-Mirim, na região onde hoje é o município de Vitória do Mearim. Os moradores tentaram reagir à investida, mas logo recuaram. A maioria se refugiou no mato.

Em poucas horas de ataque, mais de 2 mil quilombolas caíram prisioneiros, entre eles Preto Cosme. Ferido com uma bala na perna, o chefe da comunidade não conseguiu fugir. Na capital, São Luís, enfrentou um júri pouco disposto a aceitar insurreições. O líder recebeu a pena de morte na forca.

Transferido para Itapecuru, Preto Cosme foi enforcado em frente à cadeia pública. Dele o Visconde do Araguaia, um escrivão da tropa de Luís Alves, escreveu que se tratava de um mero criminoso. Outros cronistas encarregados da história oficial limitaram a capacidade bélica do líder negro a suas mandingas e rezas. A propósito, as superstições do brigadeiro, um dos chefes da ofensiva contra os balaios, sempre foram minimizadas pela mesma historiografia, que a ele sempre se referiu pela força de armas ou mesmo pelo despotismo, nunca pelo sobrenatural.

Preso, o vaqueiro Raimundo Gomes, o Cara Preta, estopim da série de revoltas da Balaiada, foi transferido para o Rio. Ferido, morreu durante a viagem.

O quilombo do Itapecuru-Mirim, porém, não se dizimou completamente. Muitos dos guerreiros de Preto Cosme continuaram na luta armada. Agora pagos por fazendeiros em guerra contra outros fazendeiros, políticos dispostos a vencer pela violência e mesmo em grupos independentes.

Um cangaço florescia nas Matas de Cocais maranhenses. Relâmpago, Corisco, Raio, Sete Estrelas, Teteu, Andorinha e Caninana tornaram o jogo político do interior da província mais complexo.

SAQUES DE FAZENDAS DO PIAUÍ

Né reclamava que o Império não lhe repassou dinheiro e precisava custear sozinho a guerra contra os revoltosos. Propagava que só tinha recebido 480 armas e nem um único cartucho. Assim, alimentava o discurso de que se tivesse outra pessoa à frente da província, o movimento rebelde já teria dominado o Piauí. "Só a vigilância, a incansável diligência e a energia deste homem de século nos tem salvado", destacava O Telégrafo.

A folha, no entanto, era criticada pela parceria com o barão. "Nossa pena não está vendida ao poder, como logo dizem os desafetos do governo quando são eles sustentados por qualquer escrita", se defendia o jornal.

Sem recursos, Né determinou a apropriação de parte das fortunas dos fazendeiros da província. Adversários o acusaram de espoliar as rendas em uma escala política, tirando dos inimigos mais que dos amigos. Depois, liderou uma comissão para recolher doações. Ele mesmo teria doado duzentas cabeças de bois à campanha da guerra.

O coronel Luís Alves de Lima e Silva não impôs obstáculos à atuação de Né, muito pelo contrário. Os dois consolidaram uma aliança de interesse mútuo. A Luís Alves interessava a força miliciana bem organizada do Piauí, que compensava a falta de efetivo e o desconhecimento do campo de batalha. Por sua vez, Né melhorava suas relações com a Corte, depois de anos de estremecimento por suas práticas despóticas no comando da província.

A aliança de Né e Luís Alves mantinha atados os adversários regionais do brigadeiro. Ainda assim, passou a ser atacado na Câmara da Corte. Os ataques a Né vinham até mesmo de um sobrinho, o deputado Francisco de Sousa Martins, que sempre dependeu do dinheiro do tio para estudar e da influência dele para ganhar quatro eleições.

Dono dos currais do Piauí, o brigadeiro garantiu a eleição de José Joaquim de Lima e Silva, tio do coronel, para a Assembleia Geral.

Ao deixar o Maranhão, Luís Alves foi agraciado com o título de barão. Escolheu o nome de Caxias, cidade onde combateu os balaios. O seu parceiro na guerra, o brigadeiro Manuel de Sousa Martins, virou Visconde da Parnaíba.

REVOLUÇÃO DE OEIRAS

Os adversários diziam que Né reforçava durante a guerra a proteção e a vigilância apenas de suas fazendas, deixando as demais propriedades ao deus-dará. Ele teria concentrado homens nas estradas que davam acesso a suas propriedades, protegendo apenas seus cabras, escravos, filhos e mulheres.

Pasquins escreviam ainda que as tropas de Né, suas milícias e seus capangas, aproveitaram o momento de guerra para varrer do sertão os jagunços dos adversários, incluindo nas listas de balaios mortos gente que prestava serviço nas fazendas dos inimigos.

O exército de Né destruiu capelas de padres opositores, misturando crimes comuns a crimes patrióticos, lavando irregularidades, matando sem julgamento. Toda a província se envolveu nessa guerra. Das fazendas do presidente saiu a carne que alimentou os homens de Luís Alves de Lima e Silva a preço elevado. Também eram muitas as denúncias de que o presidente recebia, por compensação, gado mais gordo e sadio, das fazendas fiscais mantidas pelo governo, e que ele tinha exclusividade na venda da carne para os acampamentos das tropas legais. Os filhos de Né, que não tiraram os pés de Oeiras, ganharam soldo de homens de linha de frente.

Mesmo com o título de visconde, Né enfrentava situação política difícil ao final da guerra. Com a perda de espaço no nível nacional do Partido Liberal, legenda do brigadeiro, o Partido Conservador avançou pelas províncias, varrendo lideranças da sigla adversária.

Sob pressão e desgaste político, Né decidiu sair do comando da província do Piauí. Dizia estar cansado de ódio, preconceito e ingratidão. A mágoa era latente. Mas uma saída completa do jogo do poder não estava nos seus planos e ele continuava apresentando-se como o representante de fato dos vaqueiros.

Um mineiro chegou a Oeiras para assumir o cargo de presidente da província. O advogado Ildefonso de Souza Ramos assumiu o posto em dezembro de 1843. As ruas em frente à Câmara estavam lotadas. A jagunçada de Né estava a postos. Não se sabia o que seria dela.

Os adversários esperavam o fim do velho visconde. Queriam ver com seus próprios olhos o que a imaginação enxergou durante anos. Muitos quiseram a queda do brigadeiro com requintes de crueldade.

E pela primeira vez em vinte anos, desde o fim da opressão portuguesa, Né estava fora do poder. Nesse período, exercera o governo ora sentado na cadeira, ora por meio de fantoches.

Ildefonso assumiu sem transtornos o cargo. Não se confirmaram as previsões dos conservadores de que haveria banho de sangue nas ruas de pé de moleque de Oeiras por parte dos apoiadores de Né. Ildefonso se juntou a familiares do líder piauiense e tocou seu governo. Mas o fim da dinastia do visconde foi decretada mesmo com a transferência da capital da Mocha para as confluências do Riacho Mulato, mais abaixo, a atual Teresina.

Foi nesse clima de hostilidades que o padre Quintino foi emboscado em Oeiras. Eram oito da noite de 14 de abril de 1844 quando o sacerdote foi assassinado na Rua do Fogo, um logradouro estreito e escuro atrás da praça principal. O comandante da polícia, capitão Theodoro Pereira de Castro, ligado a Né, entrou na lista de acusados da autoria intelectual do crime.

Às nove da noite do dia 17 de maio, o capitão foi morto a tiros de pistola. A polícia não apontou suspeitos. Não se soube se o assassinato foi vingança ou para evitar que fizesse mais denúncias.

O homicídio e a impunidade provocaram revolta na antiga Vila da Vaca Mocha. Os adversários de Né, do Partido Conservador, ameaçaram invadir Oeiras. Os revoltosos cercaram a capital durante três dias, de 21 a 23 de março de 1845.

Após quase trinta anos de poder absoluto, dono de currais de bois e homens, Né teria deixado Oeiras na escuridão, encourado, com seu gibão de vaqueiro. Sem ser notado, passou montado em seu cavalo por tropas de jagunços adversários, cruzou porteiras, propriedades e povoados.

Ele internou-se na Fazenda Tranqueira à espera da morte. A estância na margem do riacho do mesmo nome era uma das dezenas de propriedades ocupadas pelos jesuítas e depois tomadas pela Coroa Portuguesa. Com a independência, virou Fazenda da Nação e entregue como dote de casamento à princesa Januária Maria de Bragança, que nunca apareceu por lá. O que pertencia à realeza era de Né.

21

TODA TRISTEZA DESTA VIDA (1834)

Fim do tráfico negreiro no Brasil. Charles Darwin e Wallace apresentam a Teoria da Evolução das Espécies, destronando a visão da Igreja sobre o surgimento de homens, animais e plantas. A Teoria Marxista influencia trabalhadores.

A REGÊNCIA ENFRENTAVA intensas lutas de poder nas províncias. A palavra de ordem na Corte era garantir a unidade da nação e sufocar rebeliões regionais, muitas decorrentes de demandas não atendidas no processo da independência. A abolição dos escravizados era a principal delas.

Uma batalha paralela aos conflitos pelo poder político se dava pelo controle das mentes e almas dos brasileiros. Pode-se dizer que, naquele momento em que certos grupos sociais buscavam uma identidade para o país, o negro Francisco de Paula Brito, filho de um marceneiro, saiu na frente nessa disputa com a instalação de uma tipografia no Rio.

Na Regência, ele imprimia em sua oficina pasquins anônimos, garantindo o sigilo de jornalistas e políticos, sob risco de responsabilidade. De suas prensas saíram o jornal *O homem de cor* e as revistas *A Fluminense Exaltada* e *A Marmota*. Publicou especialmente os primeiros romances impressos no território brasileiro.

O filho do pescador, do escritor negro Antonio Gonçalves Teixeira e Souza, abriu para valer a tradição do romance no país. Contava a história de Laura, resgatada num naufrágio na altura da Praia de

Copacabana por Augusto, o filho do pescador, e que depois viveria relações com uma série de pretendentes.

Paula Brito tornou-se tipógrafo oficial da Corte, ainda que dono de um passado ligado a movimentos rebeldes. Ao longo dos anos, tirou do prelo os clássicos que formaram o Brasil tal qual conhecemos, livros de Casimiro de Abreu, Gonçalves Dias, Joaquim Manuel de Macedo, José de Alencar, neto da matriarca Bárbara do Crato, e Machado de Assis.

Uma elite negra, branca e mestiça formou-se no entorno de Paula Brito. O tipógrafo imprimia a história de um país de diversas matizes e origens. A história do Brasil, incluindo a tragédia da escravidão, era publicada por Paula Brito. A tipografia dele imprimiu *A independência do Brasil*, livro de poesias, em dois volumes, de Antonio Gonçalves Teixeira e Souza. No poema "À liberdade do Brasil", oferecido ao jovem imperador Dom Pedro II, o escritor registrou um passado onde índios e negros marcavam presença:

> *De par em par as venerandas páginas*
> *Da História, abrindo, que terríveis quadros*
> *Ante mim, se desdobram...*
> *E os homens escravos de um só homem;*
> *Até Deus te julgaste!*
> *... Castelos se desabam,*
> *Cidades se prosternam,*
> *Baluartes se abatem,*
> *Ardem searas, meses se consomem,*
> *Ondas de sangue sobre os campos rolam,*
> *Voam de ponto em ponto o ferro, e chama...*
> *Ali tristes cativos:*
> *A sorte d'homens, que nasceram livres,*
> *Dos fios do seu gládio está pendente!*

Ao mesmo tempo em que a Livraria Paula Brito era reduto do poder cultural, a elite econômica se sustentava com o braço escravo em seus cafezais e canaviais.

A luta contra o preconceito era travada por uma geração de intelectuais negros e brancos no mesmo momento em que homens de cor enfrentavam condições desumanas e violência. Mas os negros faziam também história com lutas físicas, militares e políticas, nas fazendas, nas cidades e nos palácios.

RESISTÊNCIA DOS NEGROS DE VILA BELA

Todos os homens que se elegeram prefeito de Vila Bela da Santíssima, a antiga capital de Mato Grosso, na fronteira com a Bolívia, no século 20, foram negros. Não que os negros tivessem mais força política e econômica que os brancos, mas porque não restaram homens de pele clara no lugar desde 1835, quando padres, políticos, militares e comerciantes de influência não quiseram se sujeitar ao penoso tratamento da corrupção – também chamada de corrução, uma doença que inflama o ânus e causa um sono profundo.

Só os homens das senzalas aceitavam introduzir uma "pílula" de algodão, um grande supositório, com pimentas do reino e malagueta, pólvora, seiva de bananeira, sabão preto, ervas-de-bicho cinzas e outras mais ardentes das margens do Guaporé, rio que vai correr para o Amazonas. "Era um remédio agressivo como a doença." Quem conta é Nemézia Profeta, com 70 anos quando a conheci, guardiã de muitos segredos, que no tempo de menina ainda viu uma leva tardia de homens nas redes, sofrendo do mal.

A Matriz da Santíssima Trindade, a maior construção da fronteira com a Bolívia, ainda estava sendo erguida com pedras enormes, blocos de adobe e armações de aroeira, quando os senhores de engenho encheram carroções de baús, mulheres e filhos e rumaram para Cuiabá – a cidade se tornaria capital de Mato Grosso. "Deixaram os escravos para trás, para as onças e os lobos", relata Nemézia.

Os negros ocuparam as casas em volta da igreja e as sedes de fazendas. As famílias Profeta, Bispo e Cruz mantiveram os sobrenomes dados pelo vigário e as festas do Divino Espírito Santo e de São Benedito. As congadas foram estendidas por mais dias, sempre em reverência ao kanjinjin, o príncipe africano. O cheiro do furrundu, o doce de mamão verde, e do biscoito de ramos, preparado com a fécula da mandioca enfumaçada, dava sentido de vida à cidade nos meses de junho e julho. Kanjinjin virou nome de um licor afrodisíaco, agora tomado sem medo de açoite, preparado nos dias de mormaço nos tachos de cobre deixados pelos brancos ou nas cabaças colhidas no mato, com cravos, cascas de canela, as não menos adocicadas vergateza e quebra-cama, erva-doce, gengibre quase verde e mel.

São João Menino, com seus olhos amendoados, seus cabelos encaracolados, o nariz afinado, e seus olhos escuros e brilhantes também foi esquecido pelas sinhás, para disputar com os garotos negros vestidos de kanjinjin as atenções nos festejos de junho.

Os ventos e as chuvas de janeiro, fevereiro e março redefiniram as formas da matriz, dando ao templo um aspecto de catedral de neolitos de uma imensa caverna. Os sinos com imagens de Nossa Senhora estariam sempre firmes nos campanários para anunciar procissões, festas, mortes, entre outros acontecimentos duros como as rochas vermelhas das quebradas da fronteira. O importante, diriam alguns, é que na mudança da capital Deus ficou para trás, com sua barba aparada, com o controle do globo em seu colo.

Os negros viviam livres na vargem, que se estende até o paredão da serra da divisa com a Bolívia. Aqui não é Pantanal nem Amazônia. É uma transição de quebradas e rios. Terra confusa, onde bichos e plantas de biomas estranhos e diferentes se enfrentam pelo espaço.

MATANÇA DOS BICUDOS

Na noite de 30 de maio de 1834, uma turba cercou o quartel da Guarda Municipal de Cuiabá e depois de render os soldados saiu à caça de bicudos, como chamavam os comerciantes portugueses. Pela madrugada, ouviram-se passos apressados, machadadas nas portas e janelas e, depois, gritos de degolados.

O movimento foi organizado pelos integrantes mais radicais da Sociedade dos Zelosos da Independência, que aglutinava militares e fazendeiros com patentes da Guarda Nacional liberais e defendia a expulsão dos portugueses de Mato Grosso. Os radicais da entidade, chamados de rusgueiros, travavam uma disputa fratricida com a Sociedade Filantrópica, entidade formada pelos defensores da volta de Dom Pedro, os chamados regressistas, boa parte deles portugueses.

Os progressistas liberais reclamavam que os estrangeiros eram priorizados pelo governo da província. Dias antes da revolta, o Conselho de Governo de Mato Grosso chegou a tirar o governador Antonio Correia da Costa e nomear o coronel João Poupino Caldas, ligado aos liberais, para arrefecer os ânimos. A troca não foi suficiente para impedir os revoltosos de se reunirem no Campo do Ourique, onde hoje é a Praça Moreira Cabral, no centro de Cuiabá, e saírem às ruas com pedaços de pau e foices, aos gritos.

"Morram os bicudos pés de chumbo!"

Com um crucifixo, o bispo José Antonio dos Reis pediu clemência aos manifestantes. A caça continuou pela madrugada. Depois de matar os portugueses, eles cortavam as orelhas dos mortos.

Uma força enviada pela Regência pôs fim ao movimento. Pelo menos quarenta pessoas morreram.

Um novo governador foi nomeado. Antonio Pedro de Alencastro liderou a operação para prender os rebeldes. O boticário e médico Antonio Luís Patrício da Silva Manso foi preso, acusado de liderar a organização do movimento. A polícia ainda prendeu o fazendeiro José Alves Ribeiro, o bacharel Pascoal Domingos de Miranda e o capitão da Guarda Nacional José Jacinto de Carvalho. Os líderes rebeldes foram levados para julgamento no Rio, o que nunca ocorreria.

Ao deixar Cuiabá, Poupino Caldas levou um tiro de bala de prata pelas costas, um sinal deixado pelo matador de que o ex-presidente tinha sido um traidor.

REVOLTA DOS MALÊS

A decomposição dos reinos do litoral do Benin e da Nigéria, com suas batalhas de vencedores e derrotados, definia a identidade dos negros que eram desembarcados como mercadorias no porto de Salvador, na Bahia. Entre eles estavam especialmente os malês, os islâmicos na língua iorubá, também conhecidos por nagôs.

Numa noite de sábado para domingo de janeiro de 1835, mês do Ramadã, época de jejuns para os muçulmanos, um grupo de cerca de sessenta nagôs, com seus abadás brancos, miçangas e patuás, entrou em confronto com a força legal numa praça da cidade. Dali, os revoltosos foram para a Câmara Municipal, onde funcionava a cadeia pública, tentar libertar o malê Pacífico Licutan.

Em diversos pontos da capital, malês enfrentaram tropas policiais. O movimento foi sufocado em 24 horas. Os líderes Ahuna, Sule, Dassalu e Gustard foram presos. Ao longo do julgamento, eles pouco esclareceram sobre o motivo da revolta e qual sistema e modelo de governo pretendiam estabelecer.

Um total de dezesseis revoltosos foram condenados à forca. O Campo da Pólvora, local do fuzilamento de líderes da Revolução Pernambucana de 1817, contra a Coroa Portuguesa, voltava a ser palco de pelo menos quatro execuções. Licutan teve como pena 1.200 chibatadas em praça pública. Os corpos dos malês foram arrastados para o cemitério encostado ao local das execuções. O lugar recebia indigentes, escravos e suicidas, todos os tipos de homens e mulheres que não eram enterrados dentro das igrejas.

A revolta dos escravos em Salvador preocupou autoridades Brasil afora. No Mato Grosso, o governo provincial cobrou alerta de postos policiais e grupos de milícias de fazenda para evitar, especialmente, fugas de escravos para a vizinha Bolívia. As rotas da busca da liberdade passavam por Vila Bela da Santíssima Trindade, a antiga capital do Estado.

REVOLTA DA CEMITERADA

Os corpos de muçulmanos em putrefação e despedaçados por cães no Campo da Pólvora levaram o governo da Bahia a construir um cemitério afastado do Centro de Salvador, na Federação. Os gases dos cadáveres no interior das igrejas, onde gente da elite e mesmo pobres eram inumados, evidenciavam que a cidade necessitava se afastar de seus mortos.

Mas a morte era um negócio lucrativo para irmandades religiosas, que conseguiam atuar e construir seus templos com os recursos vindos das heranças deixadas por quem suplicava aos parentes um enterro digno, mais perto possível do altar. Era um luxo para mortos que foram ricos em vida.

As autoridades baianas resolveram cumprir uma recomendação de médicos sanitaristas para impedir enterros dentro das igrejas. Era uma mudança que alterava a vida na Terra e fora dela. Um pecador inumado do lado de fora de um templo arderia eternamente no fogo. Sem a intercessão de fiéis e santos, a alma não teria perdão.

Os ricos podiam ter lápides com nome, sobrenome e datas em que partiram para o céu. Os mais pobres eram jogados em buracos coletivos, às vezes numerados, afastados dos nichos dos santos. Quem muito tinha ainda podia pagar por missas em memória de suas almas até os últimos dias da existência do mundo.

A 25 de outubro de 1836, um cemitério tocado por uma empresa particular foi aberto na Federação. O Campo Santo tinha apenas três dias quando uma turba furiosa, liderada pelas irmandades religiosas, chegou com pedaços de pau e pedras para destruir o cemitério.

O lugar passou a ser administrado pela Santa Casa de Misericórdia. Com o tempo, a nobreza soteropolitana e do Recôncavo encomendou esculturas de peças únicas de mármore de Carrara e construiu pequenas capelas no Campo Santo para enterrar seus mortos. Os pobres foram atrás.

MASSACRE DA PEDRA BONITA

No sertão mais profundo, morrer era uma prova de fidelidade ao rei. Em maio de 1838, no interior de Belmonte, Pernambuco, um certo João Antonio formou uma comunidade em volta da Pedra Bonita, na verdade, duas rochas, para esperar a volta do rei de Portugal Dom Sebastião, que desaparecera num combate na África séculos antes.

Entre as duas pedras, os "sebastianistas" instalaram um trono, onde João Antonio fazia pregações em nome do soberano português. O trono foi ocupado depois por João Ferreira. O novo representante de Dom Sebastião disse que o rei português estava desgostoso com a falta de fé da comunidade e queria uma prova da fidelidade de seus súditos. Para satisfazer ao rei, mito naquele Brasil perdido, era preciso fazer sacrifícios. Ferreira pregou que, após a morte, os súditos conquistariam melhor posição: o pobre viraria rico, o negro ganharia semblante de senhorzinho de fazenda, o doente seria curado.

Os seguidores de Ferreira levavam até as pedras suas crianças e ali cortavam a garganta delas. Os velhos iam por conta própria até os maciços e esperavam um cabra degolá-los com lâmina afiada. Os cachorros também teriam espaço no outro mundo: eram arrastados para o sacrifício.

Ferreira não assistiu toda a barbárie. Pedro Antonio, irmão de João Antonio, primeiro chefe da comunidade, sentou no trono e disse para a multidão que Dom Sebastião queria agora a cabeça de Ferreira, que não escapou. A carnificina contabilizava vinte crianças, 23 adultos e dezenas de animais.

O coronel da Guarda Nacional Manoel Pereira da Silva, dono de uma fazenda nas proximidades, e seus irmãos Alexandre e Cipriano formaram uma tropa para acabar com a barbárie e a comunidade. Num combate, o chefe Pedro Antonio e uma dezena de seguidores foram mortos. Do lado dos Pereira, morreram Alexandre e Cipriano. Pelo sertão, dispersaram a multidão e o mito do reino encantado.

22

OS IRMÃOS ANGELIM (1835)

> *Início da Era da Rainha Vitória, com a consolidação da supremacia da Inglaterra. O governo dos Estados Unidos transfere à força indígenas de regiões com potencial agrícola para outras áreas do país.*

O SOBRENOME DO jagunço Eduardo Francisco Nogueira era uma árvore comum na Ásia e na Europa. A vida dele nos igarapés e igapós paraenses, desde a fuga com a família da estiagem no Ceará, em 1827, quando tinha 12 anos, lhe conferiu o apelido de uma outra espécie da botânica. Angelim era madeira dura das florestas mais altas da Amazônia.

Eduardo Angelim tinha estatura mediana, pele jambo, tipo atarracado. Fazia pose de gladiador. A cabeça era chata, os cabelos lisos e negros. Criado na fazenda de Félix Antonio Clemente Malcher, liderança da independência, na margem do Rio Acará, um curso que deságua na Baía de Guajará, no Pará, aprendeu a manusear os mosquetões, se distinguir dos escravos e ouvir as conversas dos senhores da conspiração.

Nessa época andava pelas comunidades ribeirinhas o Cônego Batista Campos, dono do jornal *Sentinela*, aliado de Malcher nas pelejas contra a Coroa e agora num movimento político contra presidentes nomeados pela Regência para governar a província.

Após a independência, o religioso e jornalista foi nomeado pelo imperador Pedro I cavaleiro da Ordem do Cruzeiro e a Igreja Católica do Pará teve de aceitá-lo de volta na estrutura da instituição. Batista Campos, entretanto, manteve-se no campo da oposição, agora contra os escolhidos pela Regência para governar a província.

A família Angelim se juntou ao movimento liderado pelo religioso e por Malcher. Geraldo, o Gavião, um dos irmãos de Eduardo, já estava envolvido nas reuniões contra a Regência que comandava o país desde a abdicação de Dom Pedro I. Até mesmo o caçula, José Francisco, ainda adolescente, foi arrastado para o movimento.

As frases políticas que Eduardo Angelim tinha prontas para qualquer conversa foram moldadas também na breve experiência dele como ajudante de guarda-livros, contabilista, nos comércios e escritórios de portugueses em Belém. O casamento com Maria Luiza, de 17 anos, viúva de um rico comerciante português, ajudava a compor a imagem de um Angelim forte. Inimigos o acusaram de matar o homem e, assim, ter também seus escravos e seu pedaço de terra. Ele negava.

O batismo de fogo na vida política do ex-jagunço Eduardo Angelim ocorreu em outubro de 1834, quando ele tinha completado 20 anos. Uma revolta no Rio Acará o jogou definitivamente no movimento político armado da província.

REVOLTA DE ACARÁ

A independência em nada alterou as condições de vida no Pará. Com a maioria de sua população mestiça e indígena na pobreza, a província assistia a um duelo eterno entre sua elite formada de abastados comerciantes portugueses, fazendeiros e mesmo o clero contra ou a favor da Regência e legiões desassistidas nos rios e igarapés.

Em 1833, a nomeação de Bernardo Lobo de Souza para o governo da província agitou antigos opositores do Império. O Cônego Batista Campos e o fazendeiro Félix Clemente Malcher, que atuaram no movimento da independência em facções diferentes, estavam agora juntos num plano que reunia setores influentes de Belém para derrubar Lobo do poder.

Batista Campos virou alvo preferencial do presidente do Grão-Pará. Lobo mandava militares espionar o religioso e revistar a casa dele em busca de argumentos para prendê-lo. A chegada à província de Vicente Ferreira Lavor Papagaio, um jornalista maranhense que publicava pasquins com críticas ácidas à Regência e na defesa do movimento republicano, agitou o governo. Lavor Papagaio se hospedou justamente na casa do cônego.

Por segurança, o padre levou o jornalista para seu sítio no furo Atituba, em Barcarena, a alguns quilômetros de Belém. Depois, Lavor Papagaio foi se esconder na fazenda de Félix Malcher, no Rio Acará. Nesta época, Malcher e Batista Campos avançavam em negociações para derrubar o presidente da província.

Informado do esconderijo de Lavor Papagaio, Lobo mandou uma expedição de dezesseis policiais prendê-lo. À frente do grupo estava o major José Maria Nabuco de Araújo, que conhecia a região.

Malcher, porém, tinha o controle das margens do Acará. Entre seus apoios estavam as famílias Vinagre e Angelim. Por influência do político e fazendeiro, Francisco Vinagre ganhou patente de tenente da Guarda Nacional. Ele e seus irmãos Antônio Raimundo, José e Manoel formavam a cúpula do exército particular de Malcher. Contra eles pesavam acusações de pistolagem a serviço de senhores de engenho. Por sua vez, os irmãos Francisco Eduardo e Geraldo Nogueira Angelim, o Gavião, ainda novos, se destacavam pela ousadia no grupo paramilitar. Índios e negros compunham a base do pequeno exército.

Coube a Antônio Vinagre e aos irmãos Angelim chefiarem um grupo de desfesa para evitar que tropas do governo prendessem Lavor Papagaio. Com cinquenta homens armados, eles surpreenderam a expedição de Nabuco de Araújo, que pernoitava num acampamento na margem do rio. Na madrugada de 22 de outubro de 1834, os homens de Malcher entraram nas barracas onde os militares dormiam.

Nabuco de Araújo foi preso. Uma antiga divergência entre ele e Eduardo Angelim extrapolou, a princípio, as ordens dadas por Malcher para não atacar. Angelim perguntou ao major se ele se lembrava de certa vez em que, no Acará, o havia prendido. Em seguida, o jagunço deu um tiro no peito do policial. Geraldo, com um terçado, ainda avançou no prisioneiro. Outros três praças foram mortos.

A possível imprudência dos Angelim deixou Malcher transtornado. A repercussão dos assassinatos incendiaria de vez a política do Pará e aumentaria a repressão do presidente da província. E não era só isso. O fazendeiro temia perder apoios na Igreja, na imprensa e no comércio de Belém, afinal, se envolvera num crime de sangue contra homens do governo.

Uma outra expedição, com mais homens e barcos, foi enviada ao Acará. Ao chegar, os militares encontraram a fazenda de Malcher deserta. Os revoltosos tinham se dispersado em sítios e na mata do rio. A propriedade foi incendiada. Só deixaram de pé uma capela. O fogo arrasou casas, senzalas e criadouros de animais. A violência foi repudiada pela elite política e econômica da província e jogou Malcher na clandestinidade.

O fazendeiro começou a ser caçado pelas tropas do governo. Foi encontrado dias depois sozinho numa cabana de uma moradora na mata. Os demais estavam numa caçada. Um dos integrantes da expedição militar tentou atirar em Malcher com uma pistola, mas acabou contido pelo chefe. Na confusão, atirou em Manoel Vinagre que chegava com veado nas costas e morreu. O irmão Antônio foi preso. Mais afastados, os Angelim conseguiram escapar.

Depois da prisão de Malcher, o presidente da província se empenhou para pôr nas grades o adversário que considerava mentor intelectual da conspiração contra seu governo. O Cônego Batista Campos ganhou contornos de lenda ao viver como um guerrilheiro, em pernoites em sítios diferentes. Andava maltrapilho e sem calçado. O drama do religioso alimentou a memória de ribeirinhos.

Ainda naquele ano, o cônego morreu após uma inflamação no rosto. Ao se barbear, a lâmina cortou uma espinha. Longe da cidade, se escondendo das tropas do governo, Batista Campos não tinha condições de se tratar e evitava ajuda médica com receios de traição, conta Domingos Raiol no clássico *Motins Políticos*. A morte do padre, entretanto, em tempo de guerra, foi assimilada como um assassinato político na memória popular ou, ao menos, atiçou a ira das ruas contra o governo de Lobo.

TOMADA DE BELÉM

O movimento de oposição ao presidente da província não ficou acéfalo. Agora, o grupo que caminhava para se constituir numa grande guerrilha passou para as mãos da família Vinagre. Francisco estava disposto a vingar a morte de Manoel.

Lobo percebeu que faltavam homens nos quartéis para uma guerra prolongada. Ele, então, adotou uma velha tática de recrutamento. Na madrugada de 13 de dezembro de 1834, dia de Santa Luzia, militares fecharam as ruas de acesso à igreja dedicada à protetora dos olhos. Ao saírem da missa, homens e adolescentes foram surpreendidos com a prisão, sendo levados para os quartéis.

Homens casados, filhos arrimos de família, velhos e doentes, ninguém foi poupado. A violência com que os fiéis eram empurrados pelos militares e presos provocou desespero em mulheres e crianças. A manobra do presidente da província irritou a cidade e aumentou a impopularidade de Lobo.

A realidade da província era fértil para uma revolta de grande dimensão. Uma boa parte dos comerciantes, jornalistas, padres e militares da província estava descontente em responder às autoridades do Rio de Janeiro. Uns não queriam pagar impostos, outros não viam compensação pelo que saía do porto. Do lado da comunidade portuguesa, também havia queixa. A separação de Lisboa era o distanciamento da praça com que os comerciantes e fazendeiros faziam negócios.

Na percepção de setores mais esclarecidos ou com poder econômico, a Regência afastara ainda mais a sociedade do Pará da Corte.

344

Agora, não havia nem mesmo a ideia de um monarca para dar unidade a mundos distantes, mas um poder exercido por quem tivesse mais força.

Multidões famintas e doentes não faltavam ao exército dos revoltosos. As cidades paraenses enfrentavam epidemias de cólera e varíola. A fome e a pobreza forjavam uma sociedade de quase zumbis nos igarapés.

Nas matas do Acará, os revoltosos tramavam a queda do presidente da província. Alguns defendiam a ideia original de prendê-lo e enviá-lo ao Rio. Antônio Vinagre, porém, avisou aos companheiros que não abriria mão da promessa de vingar com sangue o assassinato do irmão Manoel.

A morte e a saída do jogo político de Batista Campos deixaram Lobo tranquilo a ponto de considerar encerrado o movimento oposicionista a seu governo. O presidente da província minimizou a força dos Vinagre e dos jovens Angelim.

Os seus adversários, entretanto, tinham montado uma eficiente rede de apoio na elite de Belém e nos quartéis. A lenda Batista Campos garantiu a conexão desta com legiões de mestiços, índios, negros e ribeirinhos. Essa massa invisível começou a chegar, aos poucos, na capital, para esperar a chegada dos homens armados, num movimento de tomada de poder como nunca se vira na Amazônia.

Na retaguarda do movimento estavam membros da elite de Belém e figuras influentes dos quartéis. Também havia políticos e oficiais desligados da máquina pública e agora adversários do governo da província.

João Miguel, guarda-livros, isto é, contador, e seu irmão Germano de Souza Aranha, oficial da Marinha Imperial, eram nomes ilustrativos da conspiração. João Miguel estudou nos Estados Unidos, onde assimilou visões de democracia e de Estado.

O aparato revolucionário e militar montado por Malcher tinha unido universos distantes. Entre seus homens fortes estavam jagunços iletrados e logo abaixo deles indígenas e negros. Os

345

Vinagre e os Angelim se movimentavam entre as armas e a pistolagem e as negociações políticas com membros da elite oposicionista de Belém.

A 6 de janeiro de 1835, a Folia de Santos Reis, uma antiga tradição ibérica, agitou, como sempre, a capital da província. O governo demorou a perceber que o grande fluxo de pessoas na cidade, vindas de vilarejos e comunidades ribeirinhas, porém, era anormal, ainda que fosse dia religioso, de movimentação nas igrejas e largos.

Como aprendiz e braço direito de Antônio Vinagre, o jovem Francisco Eduardo Angelim integrava o exército rebelde que entrou, na manhã do dia seguinte, em Belém, e tomou o quartel do Batalhão de Caçadores. A invasão resultou na morte de quatro oficiais que não conseguiram se evadir. Após tomar a unidade militar, os revoltosos soltaram os presos da cadeia e se dirigiram para a área do palácio do governo.

A casa de uma amante de Lobo, próxima ao palácio, também foi cercada. Os revoltosos sabiam que lá estava o presidente da província. Antes da residência ser invadida, Lobo foi para a casa vizinha e depois entrou em outra. Antes do dia amanhecer, foi reconhecido enquanto voltava para o palácio.

Armado, um dos guardas, o índio Domingos Onça, atirou em Lobo, que caiu morto. Os revoltosos ainda mataram o comandante de armas, posto comparado ao de um secretário de segurança pública, o major Joaquim Silva Santiago, e o mercenário britânico James Inglis, chefe de uma força naval que dava suporte ao governo. Foi Inglis o responsável em tocar fogo na fazenda de Malcher.

BATALHA DOS VINAGRE

Posto em liberdade pelos irmãos Vinagre, o fazendeiro Félix Malcher assumiu o governo rebelde. No posto, procurou acalmar os comerciantes da capital e mandar recados à Corte de que tinha sido aclamado presidente do Grão-Pará. Procurava dar garantias de que não liderava um movimento separatista e era legal ao Império.

O movimento dos cabanos, termo usado mais tarde por historiadores, era uma referência aos ribeirinhos caboclos, índios e negros que viviam em casas de palha nas beiras de rios e igarapés. Mas sua cúpula, num primeiro momento, se constituía de donos de engenhos, como Malcher.

No comando do governo revoltoso, o fazendeiro atuou para desarmar seu grupo. O fim da milícia facilitava seu entendimento com o Rio de Janeiro e garantia o poder especialmente em relação aos comandantes guerreiros da revolta.

Houve um racha no movimento. Pela Baía de Guajará vieram os primeiros fogos e as pressões para Malcher entregar o poder. A 19 de fevereiro de 1835, guerrilheiros ligados aos Vinagre e homens do presidente duelaram nas ruas de Belém. Malcher refugiou-se no *Cacique*, barco da Marinha ancorado no porto da cidade.

Numa negociação que contou com a presença do tenente José Eduardo Wandenkolk, comandante da embarcação, Malcher recebeu dos Vinagre garantia de segurança para voltar à terra firme e tocar sua vida. O cabano Quintino Barbosa entrou para a história como o homem encarregado de dar um tiro no peito do fazendeiro ainda no escaler que o transportava do barco ao cais.

Antônio Vinagre empossou um irmão, Francisco Pedro, na presidência do Grão-Pará. Agora, era a vez de uma classe intermediária, quase média, assumir o comando da revolução amazônica, sempre em confronto com os estrangeiros do Rio de Janeiro e de Londres e sob desconfiança dos portugueses.

MASSACRE DE VIGIA

A Regência mandou para Belém um dos nomes mais influentes das forças legais. Em abril de 1835, o marechal Manuel Jorge Rodrigues chegou à capital da província com uma fragata comandada pelo mercenário inglês John Taylor e cinquenta homens.

Logo que assumiu o posto, ele iniciou um entendimento com o presidente rebelde. Em julho, Francisco Vinagre repetiu Malcher. Para fúria dos irmãos, declarou lealdade ao Império e fez um acordo entregando o governo a Manuel Jorge Rodrigues, em troca de anistia aos revoltosos.

Antônio Vinagre e Eduardo Angelim deixaram a capital com alguns canhões roubados dos quartéis. Estavam certos de que Rodrigues não cumpriria o negociado e partiram em busca de mais armas e munições para esperarem a chegada da tropa legal.

No retorno ao labirinto de águas, o grupo tomou a cidade de Vigia e cercou um depósito de armas onde vereadores do município se refugiavam. Os políticos decidiram se render após os rebeldes lhes darem garantia de vida. Não ficou um.

O movimento cabano não tinha uma voz única de comando. Na chefia do governo do Grão-Pará, Rodrigues não cumpriu o prometido e mandou encarcerar Francisco Vinagre, como previam os irmãos do líder revoltoso.

Em agosto, Antônio Vinagre e Eduardo Angelim entraram outra vez em Belém para resgatar Francisco. Antônio morreu no primeiro dia de combate. O jagunço Angelim assumiu o comando revolucionário. Era, de fato, representante de uma classe baixa na chefia do movimento, não tão baixa por fazer questão de estar acima dos negros escravos, aos quais não permitia que participassem das ações guerrilheiras.

Angelim ocupou o palácio da província. O jovem rebelde, agora com 21 anos, chefiava um Grão-Pará arrasado pela guerra e pela miséria. O governo dele estava isolado, sem condições de movimentar a economia e atender a demandas das camadas populares que deram base ao seu movimento.

BATALHA DOS ÍNDIOS PIRATAS

Mesmo diante da fragilidade do governo rebelde de Eduardo Angelim em Belém, o movimento cabano continuou a se alastrar pela província. Para demonstrar poderio bélico, os rebeldes tingiam de breu toras de buritizeiros e espalhavam pelas praias do Amazonas. Do estirão, de longe, os soldados legais diminuíam a velocidade de seus batelões, amedrontados com tantos "canhões" feitos na verdade de palmeiras.

Nessa época, São José do Rio Negro, hoje estado do Amazonas, ainda pertencia à província do Pará. O comandante das armas da comarca, espécie de secretário de segurança pública, o major Manuel Machado da Silva Santiago, decidiu fugir depois de ser informado de que o irmão, Joaquim, chefe militar no Pará, tinha sido morto pelos cabanos.

Os chefes políticos da Vila de Bararoa, atual Barcelos, a 940 quilômetros pelo Negro de Manaus, recorreram a um condenado do Império para liderar a resistência.

Ambrósio Pedro Aires era um criminoso do sul do país, que foi desterrado pelo governo na floresta. Agora, a Regência, por meio dos chefetes amazônicos, concedia a ele a patente de capitão na guerra contra os cabanos. No início de agosto de 1838, no verão amazônico, com as praias formadas ao longo dos rios e ninhadas de tracajás nas areias claras, o comandante partiu rumo à Vila do Tapajós, hoje Santarém, meio do caminho para Belém. Tinha nove canoas e 130 soldados.

Os cabanos controlavam o Forte de Ecuipiranga, no Tapajós. Estavam em número bem maior. Ao lado deles, os muras garantiam barreiras ao avanço do inimigo. Senhores temíveis do médio Amazonas e do Madeira, sabiam todos os caminhos e furos. As autoridades da província não desafiavam esse exército das águas.

No século 18, o jesuíta João Daniel viajou pela Amazônia e não foi indiferente à fama de índios corsários. "A nação Mura também tem muita especialidade entre as mais. É gente sem assento, nem persistência, e sempre anda a corso, ora aqui, ora ali", registrou. "E tem muita parte do Rio Madeira até o Rio Purus por habitação. Nem tem povoações algumas com formalidades, mas como gente de campanha, sempre anda de levante, e ordinariamente em guerras, já com as mais nações, e já com os brancos, aos quais querem a matar ou tem ódio mortal."

Sem homens suficientes, Ambrósio pediu ajuda ao padre Antonio Sanches de Brito. O vigário de Juruti, vilarejo próximo, mobilizou os munducurus, indígenas com os quais mantinha fortes relações, para compor o exército contra os muras, seus inimigos tradicionais.

A batalha pela conquista do forte se arrastou por horas. Estima-se que quatrocentos homens morreram, especialmente do lado rebelde. Após a expulsão dos cabanos do Tapajós, Ambrósio e seus homens tomaram o caminho de volta ao Rio Negro. O chefe da expedição era agora chamado de capitão Bararoa, nome de sua vila, pelos comandados.

Em seu retorno, Ambrósio decidiu passar pelos lagos de Soares e Autazes, território fluvial dos muras. Nesse momento, os índios da região tinham informações da queda de Ecuipiranga e da matança de dezenas de parentes.

A tropa legal foi surpreendida por uma chuva de flechas quando passava por Autazes. Por um dia, os índios atacaram e perseguiram Bararoa e seus homens. De mais de uma centena de soldados, o capitão estava agora na chefia de nove sobreviventes atônitos. Ele ainda deixou a canoa e entrou em terra firme, sendo capturado. Recebeu sentença imediata de morte.

QUEDA DO GOVERNO ANGELIM

A Regência nomeou o brigadeiro Francisco José de Sousa Soares de Andrea para comandar a província do Pará. Ele tinha por missão sufocar o movimento cabano. Português de origem italiana, Andrea chegou ao Brasil, em 1808, na comitiva do príncipe Dom João. Com a independência, virou militar de confiança do Império, chegou ao posto de marechal na Guerra da Cisplatina.

Em 1836, Andrea chegou com quatro navios de guerra à Baía de Guajará. Nos seus últimos momentos à frente do governo revolucionário, Angelim tomou uma medida para sufocar a velha narrativa dos grandes centros do sul de que todo movimento provinciano mais afastado da Corte era separatista. Ele recebeu oferta de apoio de comandantes de barcos ingleses para fazer o desbloqueio do porto e montar a resistência. Não aceitou. Foi preso em outubro numa tapera perto de uma lagoa na mata do Rio Acará. Trancafiado na Fortaleza da Barra, em Belém, ele estava assim protegido da vingança das famílias de adversários que havia fuzilado.

Pesavam contra Angelim denúncias de ter ordenado a execução não apenas de adversários, mas de negros, índios e trabalhadores pobres que atuaram contra o governo dele.

Os cabanos e seus aliados muras, entre outros povos dos rios e matas, começaram a enfrentar uma caçada sem fim pela Amazônia. Milícias incentivadas pelo governo saíram com as armas nas mãos para punir os derrotados. O exército dos índios corsários capitulou.

Tempos depois, Angelim e sua gente mais próxima foram embarcados aos poucos para o Rio de Janeiro. Andrea ficou na Amazônia até abril de 1839. No porão de seu navio, ele levou alguns dos presos cabanos. O irmão caçula de Angelim, o adolescente José Francisco Nogueira, de 12 anos, fazia parte do grupo.

Andrea avaliou que era preciso transferir lideranças cabanas do Pará e mesmo militares para províncias do Sul. Ele enxergava um "pacto secreto" nativista dos homens de cor para matar "estrangeiros", isto é, qualquer um que viesse de fora.

Os Angelim enfrentaram as masmorras das fortalezas de Lajes e Santa Cruz, na Guanabara, prisões controladas pelas ondas gigantes do inverno, as baratas marinhas e os fungos da tuberculose. Eduardo Angelim foi transferido para o presídio de Fernando de Noronha. O irmão caçula, José Francisco, também retirado à força de Belém, teve futuro ainda mais incerto.

23

O JOVEM CABANO VIRA FARRAPO (1835)

Movimento cartista no Reino Unido defende melhorias das condições de trabalho. Após surto econômico, Estados Unidos enfrentam a crise do Pânico, com falência de bancos e aumento do desemprego.

NAS PRISÕES FÉTIDAS, sufocantes e quentes do Rio, o caçula dos revoltosos Angelim tentava sobreviver. A guerra da vida era travada por José Francisco tanto contra os soldados e sentinelas que comandavam as masmorras, muitos deles sedentos em torturar, quanto os prisioneiros que nelas tinham se transformado em monstros sem perspectivas de escapar da morte lenta nas celas úmidas.

O governo regencial via aumentar a perda de recursos com os presídios de características cada vez mais políticas. Os cofres públicos eram insuficientes para sustentar o aparato de vigilância, que precisava ser reforçado a cada leva de presos trazida do continente, e os prisioneiros ociosos, entregues aos ratos, aos baratões do mar, à loucura, à fome, mantidos entre os paredões das fortalezas. Ao mesmo tempo nunca se precisou tanto de combatentes nos campos de batalha abertos nas províncias por elites em revolta.

A situação do menino José Francisco Angelim não passou despercebida pelos carcereiros que iam jogar as tinas de água e comida e recolher dejetos nas celas. O corpo franzino, o rosto imberbe e o olhar profundo o diferenciavam entre os prisioneiros adultos, muitos coléricos e sedentos em sair do inferno.

A sorte do adolescente cabano começou a mudar quando, nos gabinetes do Rio, a Regência entregou ao general Andrea, o mesmo da repressão aos Angelim no Pará, a missão de chefiar uma expedição militar com destino ao Rio Grande do Sul. A província vivia um momento de revolta e instabilidade.

José Francisco foi listado como potencial combatente por um grupo de militares que percorria as prisões do Rio em busca de soldados. É possível, claro, que a escolha dele para embarcar rumo à província do Sul pode ter ocorrido também graças ao contato que tinha com Andrea, o algoz de sua família.

Assim, o adolescente foi retirado da cela e empurrado até uma fileira de soldados que embarcou com o general para o Rio Grande do Sul. O Império precisava de homens, ainda que em formação, para derrotar insurgentes no Pampa. O minuano soprava notícia do recrudescimento de uma outra guerra contra a Regência.

CERCO DE PORTO ALEGRE

Os veteranos das batalhas da Cisplatina estavam com sede de guerra. Em setembro de 1835, o deputado, fazendeiro e coronel gaúcho Bento Gonçalves da Silva liderou um movimento rebelde que tomou a cidade de Porto Alegre, capital da província de São Pedro do Rio Grande do Sul, e expulsou o presidente Antonio Rodrigues Fernandes Braga, escolhido pela Regência.

Os dois travavam um duelo. Braga acusava Bento de tramar a separação da província do restante do Brasil com líderes de países vizinhos. Por sua vez, o coronel se defendia. Afirmava sua lealdade ao imperador e acusava o presidente da província de não lutar pelos interesses do Rio Grande nem representar os estancieiros, descontentes com as taxas de impostos da carne-seca, da erva-mate e do sebo.

A criação de gado e a produção de carne-seca no Rio Grande do Sul para abastecer as cidades e vilas do litoral brasileiro transformavam o território estratégico e de longas disputas com castelhanos numa fronteira econômica. A segurança e a política estavam nas mãos dos estancieiros, geralmente veteranos nas batalhas contra os espanhóis e uruguaios e nas matanças de tribos indígenas. Eles eram o Estado antes e depois do ciclo do charque. Em ascensão econômica, os velhos combatentes passaram a cobrar mais autonomia em relação à Corte.

Era notório que Bento arregimentava homens com experiência na guerra contra o Império. Era o caso do padre alagoano José Antônio Caldas, veterano dos exércitos de Juan Manuel de Rosas e Juan Antonio Lavalleja. O sacerdote virou o "vigário dos farrapos", como os combatentes de Bento foram batizados pelos adversários, e estaria nas principais batalhas para abençoar os vivos e dar a extrema-unção aos mortos.

Porto Alegre foi retomada depois por um novo presidente enviado pela Corte, José Araújo Ribeiro. Os farrapos não desistiram da cidade e do porto na margem do Guaíba e montaram um cerco que duraria 1.283 dias.

Os insurgentes montaram seu Q.G. em Piratini, no sul da província. Aos poucos, o movimento republicano formou seu Estado-Maior. Com a prisão de Bento numa batalha contra tropas imperiais, os generais rebeldes Antônio de Souza Neto e Davi Canabarro se destacaram no comando dos insurgentes.

Entre as lideranças do movimento havia quem era monarquista e quem defendia a República, quem queria a separação e quem desejava simplesmente a redução de impostos, quem queria a liberdade dos negros e aqueles que não queriam ouvir falar de mudanças na estrutura da sociedade gaúcha. O interesse econômico era o elo que unia as milícias de cada chefe.

BATALHA DO ARROIO SEIVAL

À frente de quatrocentos homens, o general farrapo Antônio de Souza Neto, de 33 anos, seguiu, em setembro de 1836, para Bagé, no Rio Grande do Sul, território de domínio do miliciano João da Silva Tavares. A intenção de Neto era pressionar Tavares a aderir ao movimento republicano.

Senhor de terras de um lado e outro da fronteira do Brasil com o Uruguai e de uma implacável milícia de quinhentos integrantes, o coronel recusara convite do chefe máximo dos revolucionários, Bento Gonçalves, para ingressar na força rebelde.

O confronto estava armado. No dia 10 de setembro de 1836, os republicanos de Neto e os milicianos de Tavares se enfrentaram com lanças e espadas na margem do Arroio Seival, terras onde hoje é o município de Candiota.

Embora em menor número, os farrapos avançaram na direção dos imperiais.

"Não quero ouvir um só tiro", disse Neto à tropa. "Vamos acabar com isto à baioneta e à lança."

Num imprevisto, os arreios do cavalo que Tavares montava se desprenderam. O comandante caiu do animal. A tropa miliciana ficou sem rumo, o que abriu uma vantagem para os republicanos na batalha à baioneta.

Tavares perdeu 180 homens, menos da metade de sua milícia. Ele deixou o Seival com o que restara de seu exército.

Com a vitória acachapante, a tropa farrapa montou acampamento a alguns quilômetros dali, na localidade de Campo dos Menezes, na margem do Rio Jaguarão.

No dia seguinte, os oficiais republicanos começaram a pressionar Neto a não esperar mais tempo para proclamar a República. O comandante se entusiasmou. Sem esperar por Bento Gonçalves, Neto mandou perfilar a tropa.

"Camaradas, viva a República Rio-Grandense!", bradou. "Viva a independência!"

BATALHA DO FANFA

Ao ser informado da proclamação da República Rio-Grandense, o comandante farrapo Bento Gonçalves da Silva deslocou mais de mil homens para a região do Rio Jacuí, onde juntaria seu contingente ao de Antônio de Souza Neto.

Nas proximidades da Vila de Bom Jesus do Triunfo, hoje município de Triunfo, no Rio Grande do Sul, a tropa de Bento se preparava para atravessar o rio e chegar à Ilha do Fanfa quando foi surpreendida com uma esquadrilha do comandante John Pascoe Grenfell, mercenário que começou a atuar pelo Império ainda na época da independência.

Grenfell não apenas dificultou a passagem da tropa de Bento como conseguiu derrotar os republicanos que disparavam canhões instalados na ilha.

Bento Gonçalves capitulou com a chegada de uma tropa de imperiais vinda por terra. O contingente era liderado pelo coronel Bento Manuel Ribeiro, um ex-chefe farrapo que havia passado para o lado da tropa legal.

Preso, Bento Gonçalves foi enviado por barco para o Rio de Janeiro. Após meses nas prisões de Santa Cruz e de Lajes, teve de embarcar para ainda mais longe, Salvador.

Na capital da Bahia, ficou recolhido no antigo Forte do Mar, hoje Forte de São Marcelo. Um grupo de maçons conseguiu libertar o líder farroupilha, em setembro de 1837, da unidade militar. Dois meses depois, o mesmo grupo deflagrou um movimento revolucionário na província.

REVOLTA DA SABINADA

A revolta começou em quartéis de Salvador. Na madrugada de 6 de novembro de 1837, militares maçons ocuparam o Forte de São Pedro. Um dia depois, a Câmara foi invadida por um grupo de médicos, professores e jornalistas. Ali, os rebeldes proclamaram a República Bahiense.

O cirurgião Francisco Sabino Álvares da Rocha Vieira, um dos líderes do movimento, defendia uma República definitiva, separada das demais províncias do Império. Um companheiro, o advogado João Carneiro da Silva, entretanto, propôs dias depois que o governo autônomo fosse concluído quando Dom Pedro II atingisse a maioridade – o pequeno imperador tinha completado apenas 12 anos.

Assim como os farrapos, que inspiraram o movimento, os rebeldes não eram unânimes em relação ao regime republicano. A revolta, porém, ocorria num momento de insatisfação das classes mais abastadas da Bahia com o poder centralizado da Regência, a alta dos impostos e a crise econômica. A província enfrentara uma estiagem que acabou com criações de gado e plantações e a queda do preço do açúcar no mercado externo.

Diferentemente da época da independência, os proprietários de terra e donos de engenho do Recôncavo se recusaram a aderir ao movimento. As palavras de alguns dos chefes da revolta em defesa da abolição de escravizados que participassem dos embates afastaram os homem ricos da região.

O movimento se alastrou pelos meses seguintes, mas sempre restrito à capital. Os moradores da classe pobre da cidade muito menos se animaram a engrossar a revolução.

Em março do ano seguinte, barcos militares enviados pela Regência bloquearam o porto. Uma tropa legal e um contingente de homens armados enviado pelos engenhos fecharam as estradas de terra que davam acesso a Salvador. Estima-se que mais de mil pesso-

357

as morreram nos combates, boa parte delas sem envolvimento com um lado ou outro da disputa.

Sabino foi preso e degradado para Mato Grosso. Outras lideranças, como Daniel Gomes de Freitas e Francisco José da Rocha, conseguiram escapar. Entraram num barco e chegaram ao Rio Grande do Sul para integrar a tropa farrapa na luta contra o Império.

BATALHA DO BARRO VERMELHO

De volta ao Pampa, Bento Gonçalves recebeu do general Antônio de Souza Neto o comando do movimento farroupilha. Os dois lideraram um contingente que atacou as posições militares do Rio Pardo, naquele abril de 1838, uma das cidades mais ricas do Rio Grande do Sul, com 12 mil moradores.

A resistência montada pelo marechal Sebastião Barreto durou pouco. Com o ataque dos republicanos no dia 30, o oficial e o major José Joaquim de Andrade Neves, o futuro Barão de Triunfo, deixaram o campo de batalha quando os soldados ainda mantinham o fogo contra os farrapos e fugiram de barco pelo Rio Jacuí.

A revolução ganhara adesões de peso. Fugido da Itália após matar um homem e experiente em batalhas marítimas, Giuseppe Garibaldi, de 26 anos, conheceu Bento Gonçalves no Rio, onde o líder revolucionário estava preso. Meses depois, entrava no Rio Grande do Sul pelo Uruguai para chefiar a força naval do movimento rebelde.

Diferentemente de suas batalhas na Europa, o combatente não empunharia bandeiras libertárias como a abolição dos escravos ou mesmo uma defesa intransigente da República no sentido amplo da liberdade dos cidadãos. O revolucionário estava a serviço.

A Regência tentou mudar o jogo da guerra. Uma legião de oficiais e praças sem experiência foi despejada nos campos do Sul para sufocar o movimento republicano.

Da prisão no Rio, José Francisco Nogueira, irmão do chefe cabano preso Eduardo Angelim, entrou no contingente enviado ao Rio Grande. Agora, com um uniforme azul dos imperiais ele era soldado da Monarquia que venceu anos antes sua família nos igarapés e igapós da Amazônia.

No Pampa, a fome, o frio e a febre castigaram a soldadesca imperial. Francisco, porém, se adaptou ao clima do Sul e a mais uma guerra e, aos 15 anos, era promovido a alferes por seus superiores. Não fora difícil sobreviver no Rio Grande. Ele tinha enfrentado as chuvas e as insolações sem calçado, apenas com roupas de tecido grosso tingidas de urucum, nos alagados amazônicos. O caçula dos irmãos cabanos se acostumara a usar a bota típica do Rio Grande, feita com o couro da perna traseira da vaca, que deixava apenas os dedos descobertos.

Da Amazônia ao Pampa

Na guerra, José Francisco participou de uma batalha contra a tropa do italiano Giuseppe Garibaldi. Após horas de combate, o jovem cabano acabou feito prisioneiro pelos insurgentes.

Diante da falta de soldados para enfrentar os imperiais, Garibaldi mandou seus homens colocarem uma arma nas mãos de José Francisco, que partiu com eles rumo a outras batalhas. O jovem estava novamente no *front* contra o Estado. Agora, ele era um farrapo.

A maior façanha de Garibaldi no Rio Grande não está ligada exatamente a uma estratégia de guerra vitoriosa, mas a um capítulo de pura aventura e ousadia humanas.

TOMADA DE LAGUNA

No outono de 1839, os farroupilhas decidiram unir forças para ocupar Laguna, no litoral de Santa Catarina, onde tinham simpatizantes. Uma tropa comandada por Davi Canabarro tentou chegar por terra. O italiano Giuseppe Garibaldi conseguiu permissão do comandante Bento Gonçalves para liderar uma ofensiva contra a cidade por mar.

Como os portos gaúchos estavam ocupados pelos imperiais, o italiano montou uma operação fantástica. Dois barcos de madeira com mais de 15 toneladas cada foram construídos num estaleiro em Camaquã, no sul do Rio Grande. Dali, o *Seival* e o *Farroupilha* foram levados para a Lagoa dos Patos. Neles, um grupo de setenta revoltosos sob a liderança de Garibaldi e do mercenário americano John Griggs, o João Grandão, que se unira aos farrapos, seguiram até a boca do Rio Capivari, de onde prosseguiriam para Santa Catarina.

Em terra, os homens construíram duas carretas com quatro rodas de dois metros de diâmetro e colocaram as embarcações em cima. Duas centenas de bois e mulas foram juntadas para puxar os barcos. A epopeia dos carreiros e da tropa revolucionária por mais de 100 quilômetros de campos abertos e alagados levou seis dias até o mar, na barra do Rio Tramandaí.

Numa tempestade no litoral de Santa Catarina, na altura da foz do Rio Araranguá, o *Farroupilha* comandado por Garibaldi naufragou. Dos trinta tripulantes, metade morreu afogada. O revolucionário italiano e o que sobrou de sua tropa foram resgatados pelo *Seival* de Briggs. O grupo reduzido conseguiu aportar em Laguna.

A cidade à beira-mar guarnecida por uma unidade militar foi atacada ainda por terra pela tropa do general farrapo Davi Canabarro. Ali, Garibaldi ajudou a proclamar a República Juliana, conheceu e se apaixonou pela jovem Anita, mulher de um sapateiro local, que se juntou a ele, e cometeu o que consideraria o pior erro de sua vida revolucionária.

MASSACRE DE IMARUÍ

Próxima a Laguna, a freguesia de Imaruí produzia boa parte da aguardente e da farinha de mandioca que abasteciam tropas militares e tropeiros dos caminhos do sul. A vila de pescadores de tainhas e camarões fundada por famílias açorianas recebeu imperiais em fuga e não deu mostras de que iria colaborar com os revolucionários. Os farrapos temiam que o lugar se transformasse num ponto de resistência dos imperiais.

Uma milícia formada por moradores de Imaruí iniciou, com as poucas armas de caça das propriedades, quitungos e engenhos, os preparativos para se defender de possíveis ataques. Mesmo com o litoral catarinense dominado pelos revolucionários, uma bandeira do Império foi hasteada na praça em frente à igrejinha de São João Batista. Os movimentos de autoridades, comerciantes e pescadores estavam sendo acompanhados por espiões farrapos.

Era madrugada de novembro de 1839 quando, numa praia afastada, Garibaldi desembarcou com dezenas de combatentes, percorreu uma longa trilha pela montanha nos fundos do centro e chegou de assalto ao casario de Imaruí. Os milicianos que não tinham nem mesmo força para evitar um ataque pela frente, a partir do mar, pouco puderam resistir.

Nas primeiras horas do dia, os farrapos invadiram casas, arrombaram portas de comércios, saquearam o que era de comer, espalharam sacos de alimentos pelo chão, beberam a aguardente ainda em produção nos alambiques e os vinhos nas prateleiras das vendas, mataram homens, violentaram mulheres adultas e adolescentes.

Pouco importava Imaruí no projeto de poder dos farrapos. Nem mesmo sua farinha e sua cachaça eram estratégicas na guerra travada pelos republicanos contra os imperiais. Giuseppe Garibaldi culparia a soldadesca pelo horror e ainda jogou a culpa pela decisão de conquistar a vila em Davi Canabarro, seu chefe. Não teria tido escolha ao receber a ordem de "castigar" o lugar pelo "fogo". Ao romancista francês Alexandre Dumas, autor de *Memórias de Garibaldi*, o italiano chegou a lamentar o ataque. "Deus me perdoe! Mas não tenho, em toda a minha vida, sucesso que me deixasse tão amargas recordações como o saque de Imaruí", disse. "Infelizmente, a vila, ainda que pequena, tinha muitos armazéns cheios de vinho e de licores, de modo que, excetuando-me, porque não bebo senão água, e alguns oficiais que consegui conservar ao pé de mim, tudo se achava embriagado. Além disso os meus soldados eram na sua maioria recrutas, homens que eu apenas conhecia, e por conseguinte indisciplinados."

A imagem de revolucionário de Garibaldi, entretanto, jamais teria retoques nas lembranças de quem, naquela manhã de fúria e sangue, foi humilhado e violentado, teve pais, irmãos e amigos estraçalhados sem piedade ou apenas perdeu seu barco de pesca, queimado ou levado pelos farrapos.

Não demorou para os imperiais chegarem a Laguna em barcos a vela e expulsarem os republicanos. O americano John Briggs recebeu uma descarga de tiros e teve o corpo partido ao meio. Garibaldi, acompanhado de Anita e de seus homens, após participar da resistência, conseguiu escapar para o Rio Grande e se juntar à tropa farroupilha concentrada na província.

24

O SEQUESTRO DO PEQUENO IMPERADOR (1840)

Na Guerra do Ópio, ingleses dominam Hong Kong, que torna-se colônia do Reino Unido. James Ross descobre a Antártida. Dom Pedro II é coroado aos 14 anos. Revolução dos liberais contra conservadores no Rio, Minas e São Paulo.

A EXPERIÊNCIA DE QUASE uma década sem um rei no poder foi frustrante. A guerra no Sul se arrastava. No Maranhão, os negros e mestiços prolongavam a luta contra as tropas da Regência nos quilombos das margens do Rio Mearim. Rebeliões, motins e crimes políticos se sucediam pelo Império. Os militares se empoderavam na repressão a grupos republicanos e nativistas nos rincões.

As guerras aumentavam o número de pedidos de aposentadorias e pensões, elevando os gastos do Império. As despesas com os benefícios, registrou o deputado liberal e padre mineiro José Antonio Marinho, eram muitas vezes "desnecessárias" e "acintosas". Foi preciso aumentar a produção de papel-moeda. O crédito do país se arruinou ainda mais no exterior.

Marinho era um crítico ao negócio da guerra que tanto beneficiava a elite da caserna. A história do religioso foi construída justamente em campos de batalhas contra as forças legais. Criou-se nas revoluções.

Ele descendia do grande quilombo do Brejo do Amparo, hoje Januária, nas margens do Rio São Francisco, no norte de Minas. Não conheceu o pai, de mesmo nome, um agricultor pobre. A mãe, escolástica, pouco podia oferecer na instrução do filho que tinha urgência para aprender a ler e a escrever.

O garoto miúdo, pele parda, estava sempre atento às conversas dos adultos. Aprendeu cedo a ler e a escrever. Ainda adolescente, um fazendeiro lhe deu apoio para uma viagem ao Recife, onde poderia entrar num seminário. Com poucas roupas e rapaduras, entrou numa canoa e desceu sozinho o São Francisco.

Chegou a Pernambuco nos anos de agitações republicanas. O Seminário de Olinda era reduto de revoltas contra a Coroa Portuguesa e depois contra Dom Pedro I.

Antes de entrar para a instituição, Marinho chegou ao movimento armado. No período em que viveu em Pernambuco, presenciou a Revolução de 1817 e a Confederação do Equador, em 1824. Aos 21 anos, estava nas trincheiras dessa revolta. Com o fim da guerra, foi acolhido pelos diretores do seminário. A repressão por parte do imperador Pedro I tinha sido dura. As mortes de Frei Caneca e demais líderes deixaram em alerta a Igreja. Marinho, que tomara gosto pelos discursos políticos, foi afastado.

Retornou a Minas sem poder rezar missa. Tinha assimilado os princípios republicanos. A cada vilarejo do caminho de volta, pregava a religião e a política. Em Barra, na margem do São Francisco, sobreviveu dando aulas.

Com alguma lábia, foi aceito pelos padres do Colégio do Caraça. Assim, conseguiu aos 26 anos, finalmente, se ordenar. Ao longo do tempo, ganhou fama na província pelos sermões e discursos.

Nas Minas pós-ouro, quase 70% das pessoas livres eram pardas, mestiças, negras. Os partidos dos coronéis logo perceberam a força dos brasileiros de cor. Na Regência, para contrapor aos adversários conservadores, os liberais usaram seus pequenos jornais para se aproximar da maioria da população. Valia até mesmo a tática usada no passado pelos próprios conservadores de propagar a possibilidade dos adversários de jogar os pardos nas senzalas.

Mas, independentemente das armas políticas, uma geração parda avançava no entorno do Estado e nos espaços das elites da política, da economia e da cultura. Marinho era um exemplo eloquente do homem negro dentro de um *establishment* em mutação. A aproximação dele aos liberais foi natural. O grupo formava a oposição aos conservadores que estavam no governo regencial, mais identificado aos proprietários de terra tradicionais, de raízes portuguesas.

No Partido Liberal se sobressaíam a elite agrária e miliciana do Vale do Paraíba e outras frentes de expansão agrária de São Paulo, mestiça, que começava a ganhar dinheiro com o café, a elite originária do tropeirismo dos homens de cor do sul mineiro, os bacharéis e rábulas de pele mais escura que, como Marinho, conseguiam romper o cerco da política de controle de poder dos brancos europeus nos centros urbanos de Ouro Preto, Mariana e Barbacena.

A geração parda letrada aproximava-se das elites estabelecidas e procurava rejeitar a liderança dos escravizados no movimento revoltoso. Ao escrever as memórias da luta travada pelos liberais contra os conservadores em Minas, em 1842, da qual foi um dos protagonistas, Marinho disse que os adversários na província, sim, usavam "hordas africanas" em suas tropas.

Ele chamou de "calúnias" notícias publicadas nos jornais de Ouro Preto e Barbacena de emprego de cativos nos batalhões liberais. "A acusação de entregar armas a escravos, para combaterem a seus senhores, a de os insurrecionar, dando-lhes cartas de alforria em nome do Sr. D. Pedro II, incorporando-os ao exército, cai toda sobre os sustentadores da oligarquia, como em outro lugar se há de ver", escreveu. "O batalhão de Santa Bárbara, composto, como todos os do exército insurgente, de abastados proprietários, capitalistas e negociantes, continha em seu seio muitos indivíduos, sobre cujos peitos brilhava a medalha da independência. Com menos moralidade, menos atenção aos princípios, não seriam os insurgentes iniquamente havidos como saqueadores, rebeldes e assassinos."

Entre a acusação dos conservadores escravocratas e o receio de ser classificada de abolicionista e mesmo republicana, uma geração parda e mestiça ou simplesmente preta – que procurava tirar o peso da origem africana imposto pela ordem – buscava um atalho no poder representativo do Império.

O que se viu nas lutas regenciais travadas nas províncias de São Paulo e Minas, especialmente, foi mais que a disputa entre dois partidos de proprietários brancos de terras – narrativa predominante na historiografia. Os negros estavam não apenas nos lamaçais das guerras, mas no *front* político delas.

GOLPE DA MAIORIDADE

Na Câmara e no Senado, no Rio, facções políticas liberais e conservadoras mantinham uma relação fratricida nas sessões. A guerra travada na vida real atingia o parlamento com o mesmo poder bélico das palavras e gestos.

Com origem na antiga elite portuguesa e sustentado por grandes proprietários rurais do Nordeste e altos funcionários públicos, o Partido Conservador passou a dominar os governos da Regência. Por outro lado, o Partido Liberal, legenda de fazendeiros do Centro-Sul e que agregava camadas mais progressistas dos centros urbanos, se via sufocado pela estrutura de poder.

A resistência aos conservadores surgia de dentro do Palácio de São Cristóvão: O seleto grupo de mordomos, camareiros e cuidadores do adolescente Pedro, filho do primeiro imperador, que ainda não tinha idade para assumir o trono, tornou-se um poder paralelo, diante da expectativa de poder do príncipe.

Os conservadores acusavam os camareiros de manterem o menino rei sequestrado. Na mira deles estavam o mordomo Paulo Barbosa, que se sobressaía no grupo palaciano, Aureliano de Sousa, mais tarde Visconde de Sepetiba, e a aia Mariana Carlota Coutinho, uma viúva portuguesa contratada ainda pelo pai do garoto. Em minoria na Câmara, os liberais abriam canal de diálogo com eles.

Nos salões da Quinta da Boa Vista, Pedro vivia alheio à política e às agitações brasileiras. Passava dias em estudos de línguas e lições de matemática e filosofia. Cresceu angustiado com celebrações públicas, grandes almoços, bajuladores e multidões.

A coroa deixada pelo pai em sua cama não iria servir em sua cabeça. Dela se aproveitariam os diamantes. O ouro seria fundido novamente. O manto de veludo e a murça de penas amarelas deixados pelo primeiro imperador ao filho pareciam agora desajustados ao corpo de um país de uma elite menos romântica, uma realidade mais dura e complexa e uma imprensa sem censura.

Os ilustradores dos pasquins se deliciariam com a volta das vestimentas monárquicas quase insuportáveis no calor dos trópicos. Ao menos, o novo comandante divino trocaria a roupa militar e as botas da cena de sagração do pai por um robe branco que pertenceu ao avô materno, Francisco I da Áustria, e sapatos de seda.

Pela Constituição, ele deveria assumir o poder no final de 1843, quando completaria 18 anos. Mas, antes disso, no princípio de 1840, os liberais viram na figura do adolescente imberbe e tímido, de 14 anos, um rei para contentar as ruas, um atalho na conquista do poder.

Se não tinham votos suficientes na Câmara para derrubar a Regência e, por consequência, os conservadores, os liberais contavam com o descontentamento da população. Os governos pós-Primeiro Reinado tinham sido ineficientes em resolver problemas sociais e garantir perspectivas de melhorias nas cidades.

O padre Martiniano de Alencar, senador e filho da matriarca Bárbara, do Crato, abriu sua casa no Rio para as reuniões do Clube da Maioridade. Entre os cabeças do movimento estavam os irmãos Antônio Carlos e Martim Francisco de Andrada, de São Paulo.

No início de 1840, o projeto de antecipação da maioridade de Dom Pedro para assumir os poderes definidos pela Constituição incendiou as ruas e o parlamento. Líderes conservadores, porém, conseguiram uma manobra que adiou a votação em plenário. Um grupo de parlamentares liberais foi ao palácio consultar Pedro, que ainda não completara 15 anos. "Quero já", disse o menino. Com a palavra do garoto, os conservadores agora nada podiam fazer.

Num domingo de sol de julho de 1841, uma multidão foi para a frente do Paço, na atual Praça XV, para ver uma cena que o Rio deixara de ver há tempo. Um adolescente apareceu na sacada do palácio com manto e coroa para cumprimentar seus súditos. A figura do rei estava de volta. "Há de salvar o Brasil do abismo da guerra civil", destacava o *Diário do Rio de Janeiro*, na sua cobertura da coroação do novo imperador. O assunto predominante, porém, era a guerra no Sul.

GOLPE CONTRA OS PAPOS AMARELOS

Um dos primeiros atos de Pedro no trono, ainda em 1840, foi a nomeação de um ministério formado por membros do Partido Liberal. Com o menino rei em suas mãos, a legenda partiu para a conquista do poder legislativo. O imperador marcou eleições para a Câmara. A disputa ocorreria em outubro daquele ano.

Os liberais foram acusados pelos adversários de pôr as tropas legais na intimidação de eleitores e tudo o mais que podiam na tentativa de fazer o maior número de parlamentares.

Se estavam fora do controle maravilhoso da máquina do governo para forçar votos, os conservadores em nenhum momento tinham perdido o poder econômico. Eram donos das grandes propriedades de algodão e açúcar e, agora, de boa parte das lavouras de café no Vale do Paraíba, o novo ouro brasileiro. Eles estavam dispostos a tirar o rei menino do jugo adversário e voltar ao controle da política.

As eleições de 1840 tinham sido marcadas, como boa parte dos pleitos brasileiros, por fraudes às claras e violência política envolvendo candidatos e aliados. Mas, principalmente, pelo discurso tático dos derrotados de que houve irregularidades. A tática antidemocrática de não reconhecer a vitória do adversário dominou as páginas dos jornais do Rio no começo do ano seguinte, às vésperas dos parlamentares eleitos, a maioria deles liberais, assumirem seu mandato.

A imprensa ligada aos conservadores desdobrou-se nos relatos de ações violentas de jagunços que usavam lenços e laços amarelos no pescoço e na cabeça, os "papos amarelos", nos quebra-quebras das "eleições do cacete", como descreviam as disputas no interior.

No Maranhão, mais de cem pessoas capitaneadas por um certo Major Sanches, todas usando chapéus de palha com laços amarelos, símbolo dos liberais, entraram numa manhã na Vila de Vitória do Mearim, vociferando que chegaram para "vencer" as eleições. "Puseram em movimento todas as máquinas de intrigas, insultos e vilezas", destacou carta publicada pelo *Diário do Rio de Janeiro*.

As notícias das guerras da Balaiada, no Maranhão, e dos Farrapos, no Rio Grande do Sul, no tom do separatismo e da criminalidade, se misturavam a casos de supostas fraudes nas disputas por votos. Os conservadores começavam, assim, a reverter na opinião pública o resultado real das urnas com os discursos da vitória roubada, do racismo e do medo de desintegração do território nacional.

Num relato da disputa em Canindé, no Ceará, a violência que deslegitimizara o pleito foi associada à cor de pele e à rebeldia. Os liberais teriam contado com o apoio de um homem negro ligado ao movimento balaio para invadir o local da votação.

"A igreja foi atulhada de soldadesca, a mesa posta em um cantinho e não no corpo da matriz, como determinavam as instruções, cercada de gente de punhal e cacete, capitaneada pelo Negro Cabral!!!", registrou a folha.

"A maior parte da oposição, indignada com o procedimento tão aviltante em que era notabilidade o Balaio Cabral, se retirou sem votar e abandonou quase inteiramente a eleição."

Na Câmara, o líder liberal mineiro, Teófilo Ottoni, desafiou os conservadores a apresentarem provas de suas denúncias.

"Quantas foram as vítimas?", questionava.

Sob pressão, o imperador destituiu o gabinete liberal e anulou todo o processo eleitoral. Os conservadores davam o troco aos adversários pelo golpe da maioridade.

A aliança com os cativos que os conservadores imputavam aos adversários tornou-se mais visível, de certa forma, décadas depois no campo político. Novas composições liberais entraram para valer na luta do abolicionismo.

CERCO DE CAPELA

Os conservadores tentavam anular também à bala a vitória dos adversários. Na Vila de Nossa Senhora da Purificação da Capela, em Sergipe, o padre Manoel José da Silva Porto, líder do partido governista, não aceitou o resultado das urnas que lhe tiraram a possibilidade de chegar à Câmara. Ele estava convicto de que o juiz de paz tinha atuado pelos liberais.

Na madrugada de 6 de março de 1841, ele foi para a frente da casa de José Alves Pereira, organizador das eleições, com um bando armado de jagunços e parentes. Integravam o grupo os sobrinhos do padre, José Antonio Ribeiro e José Zacarias de Oliveira, o cunhado Pedro Ramalho e o tenente Manoel José de Melo.

Às 4 horas, o juiz acordou com a movimentação. Não cedeu. Às 9 horas, Porto ordenou a seu bando entrar na casa. Pereira foi retirado de lá, amarrado e arrastado pelas ruas, num linchamento como poucas vezes se vira no lugarejo. Os criminosos levaram todos os documentos que o magistrado guardava em suas gavetas.

Diante do terror de Capela, o presidente conservador de Sergipe, Sebastião Gaspar de Almeida Boto, nada fez para salvar a pele do antigo correligionário. Integrantes da legenda partiram para uma campanha nos jornais pela "traição" do presidente em relação ao amigo e compadre. Padre Porto foi preso semanas após o crime.

EXPURGO DE HOMENS DE COR

Os integrantes do gabinete liberal se desentenderam. Aureliano Coutinho convencera o imperador a mudar o comando da tropa que combatia no Rio Grande do Súl, provocando uma grave divergência no grupo. A disputa interna resultou na dissolução do gabinete. Numa conversa, o seu líder, Antônio Carlos de Andrada, se lamentou com o irmão Martim Francisco, ministro da Justiça.

"Não te disse, Martim. Quem se mete com criança amanhece molhado."

Com os liberais fora, os conservadores foram chamados para formar um novo gabinete em março de 1841.

Aos liberais restava esperar que os eleitos em 1840 tomassem posse na Assembleia Geral a 3 de maio do ano seguinte.

Antes disso, porém, o imperador cedeu aos conservadores e iniciou uma contrarreforma. Espalhou-se o boato de que Dom Pedro tinha sido preso pelos novos donos do poder e não acompanhava as decisões que alteravam a vida política.

Mais que um contragolpe para restituir a liderança nacional, os conservadores promoveram a derrubada das mudanças na estrutura das províncias que permitiram, em uma década, um balanceamento dos pesos das facções nos cargos públicos. Uma reforma no Código de Processo Criminal reduziu o poder dos juízes de paz, nomeados regionalmente, que tiveram atribuições repassadas a juízes municipais nomeados pelo governo.

A Lei 261, de dezembro de 1841, estabelecia a figura de um chefe de polícia no município do Rio e em cada província, com delegados e subdelegados igualmente nomeados pelo presidente local. A centralização de poder colidia com as características das províncias, muitas delas com elites compostas por homens de cor.

De certa forma, os buracos que permitiam à geração parda respirar no jogo do poder político eram fechados. O freio à expansão da cidadania de homens de cor ocorria no Brasil décadas antes de processo com certas similaridades posto em prática nos Estados Unidos. Após a guerra civil americana que resultou em 600 mil mortos nas frentes de batalha, lideranças do Partido Democrata, base política dos escravocratas, reverteram direitos da população negra, garantindo a supremacia da legenda no Sul do país.

A discreta e mais ainda pragmática aliança entre homens de cor e liberais brasileiros, que evitara até mesmo o debate sobre o abolicionismo, foi sufocada.

A pá de cal nas aspirações liberais veio às vésperas da posse dos novos deputados. Martim Francisco tinha sido eleito presidente da Câmara e o Cônego Marinho, secretário da mesa. Mas, a 1º de maio de 1842, a dois dias da abertura do ano legislativo, o gabinete conservador apresentou a Dom Pedro um pedido para cancelar as eleições e dissolver o parlamento. Eles argumentaram que as listas de eleitores não tinham apenas nomes de adultos livres. "Das mãos dos que as proclamaram, recebem as Mesas as listas aos maços, aos centos e sem conta, quer venham ou não assinadas, quer os nomes que por baixo delas se leem, sejam ou não de cidadãos ativos, de meninos, de escravos, e ainda mesmo imaginários", ressaltaram em documento ao imperador.

Dom Pedro assinou um decreto para dissolver a Câmara. O golpe conservador estava completo.

REPÚBLICA EM SOROCABA

Com o controle da Regência nas mãos, o gabinete conservador substituiu os presidentes liberais das províncias de São Paulo e de

Minas por nomes aliados. Ainda naquele mês, no dia 17, o brigadeiro Rafael Tobias de Aguiar, liberal demitido do poder em São Paulo, anunciou um governo paralelo em Sorocaba, apoiado por um exército rebelde de 1.500 homens.

Afastado da vida pública, o padre Feijó se dirigiu para a cidade paulista com intuito de reforçar o movimento. Itu, Itapevi, Porto Feliz e Capivari anunciaram adesão à República de Sorocaba, como os conservadores chamaram o movimento.

Tobias de Aguiar planejou uma marcha miliciana e militar de Sorocaba rumo à cidade de São Paulo, onde pretendia derrubar o fazendeiro baiano José da Costa Carvalho, o Barão de Monte Alegre, que o substituíra na presidência da província.

Da Corte, a Regência enviou a São Paulo o brigadeiro Luís Alves de Lima e Silva. O agora Barão de Caxias era um oficial talhado na repressão a movimentos sociais no Rio e aos balaios no Maranhão e nas guerras na Bahia e na Cisplatina.

A notícia da escolha de Caxias como vice-presidente e governador das armas de São Paulo, no início de 1842, animou antigos subordinados. O capitão Sabino Leão abandonou mais uma vez as aulas de latim e francês no interior maranhense para reforçar a tropa do brigadeiro. O barão entregou a Sabino o comando da 5ª Companhia de Caçadores, formada por duzentos praças.

Numa primeira ação, Sabino tomou conta da Vila de Santo Amaro, pressionada pelos revoltosos. Depois, marchou com seus homens para Taubaté. Caxias o informou que seguia na retaguarda com uma força integrada por oficiais e soldados de três armas. A cidade, porém, estava vazia.

Os liberais retiveram o seu movimento em Campinas. No Sítio da Lagoa, os revolucionários se entrincheiraram. A tropa do capitão rebelde Boaventura do Amaral foi atacada ferozmente, a 17 de junho, por soldados liderados pelo coronel Amorim Bezerra, enviado por Caxias. Estima-se que 59 rebeldes morreram. Agora, era o barão que avançava pelo interior da província.

O Q.G. dos liberais em Sorocaba não resistiu ao avanço das forças de Caxias. As tropas legais destroçaram o núcleo principal dos revoltosos. Na sequência caíram os focos insurgentes das cidades de Taubaté e Jacareí, terras do café no Vale do Paraíba.

BATALHA DAS TRINCHEIRAS

A revolução alterou as peças do jogo da política e de famílias de Silveiras, uma vila de 3 mil homens livres e outros 1.500 escravos cercada de fazendas de café no Vale do Paraíba. O capitão Manuel José da Silveira, de 48 anos, descendente de fundadores do lugar, tinha assumido, graças às mudanças feitas pelo governo da Regência, o cargo de subdelegado.

À frente do Partido Conservador em Silveiras, ele foi surpreendido, na manhã de 3 de junho de 1842, com seu sobrado cercado por homens armados. À frente da tropa rebelde estava o tenente Anacleto Ferreira Pinto, 60 anos, de outro clã tradicional, e líder dos liberais na vila.

Pouco depois do meio-dia, o capitão Silveira se entregou. Ao sair de casa com as mãos para o alto, ele foi crivado de balas. O corpo foi profanado com fúria pelos adversários, a barriga aberta, o rosto desfigurado. Os liberais arrastaram o cadáver até o cemitério. Para surpresa de muitos, entre os assassinos estava o tenente Antonio Bueno da Silva, de 24, que era filho de outro líder conservador da vila, o coronel Manuel Bueno da Siqueira, 74 anos, ligado ao chefe morto. A guerra não era apenas um acerto de contas entre duas facções políticas. O conflito trazia à tona, possivelmente, dramas pessoais não resolvidos.

A vila foi tomada pelos liberais. O padre Manuel Félix de Oliveira, também de família tradicional, liderou a resistência espiritual do lugar. Por sua vez, Anacleto organizou a defesa de Silveiras. O grupo construiu duas grandes trincheiras de madeira e terra na estrada de acesso e esperou, armado, a chegada da tropa dos imperiais.

No dia 12 de julho, uma coluna legalista de trezentos homens saiu de uma fazenda em Areias, uma vila vizinha, rumo a Silveiras. Logo no início da estrada, a tropa do comandante Manuel Antonio da Silva deparou com a primeira trincheira. "Houve um vivo fogo de parte a parte", registrou o oficial.

Os legalistas afastaram os rebeldes para o mato e derrubaram a trincheira com foices e machados. "A coluna passou dando vivas a Sua Majestade, o Imperador, mas tendo perdido alguns", lamentou.

Mais perto da vila, na segunda trincheira, os imperiais tiveram sua provação. O capitão Joaquim José de Sá Almeida Lobão, que ia na frente, foi logo ferido. "Vencer ou morrer", gritavam os legalistas. "Viva a reforma", reagiam os rebeldes.

A resistência dos liberais era maior. A nova trincheira tinha sido construída de um lado a outro da estrada, dificultando sua ultrapassagem. O comandante imperial, então, orientou uma parte de seus soldados a avançar sobre um morro descampado ali perto. A tomada da área permitiu uma posição privilegiada. Os rebeldes tiveram de recuar.

A batalha terminou com oito mortos do lado legal e outros trinta a quarenta rebeldes. Minutos depois, os imperiais chegaram ao centro de Silveiras. A vila estava deserta, sem uma alma.

Em carta à Regência, o comandante dos imperiais disse ter tratado bem as dezenas de prisioneiros. "Não quero que se diga que a Força Imperial assola e espanca", escreveu.

A mensagem em tom épico nada registrou sobre a presença dos oficiais e soldados na vila.

Nas semanas seguintes, jornais do Rio publicaram pedidos de promoção e medalhas por parte dos oficiais que travaram a Batalha de Silveiras. Um major teria agido com "bravura" e "sangue-frio", um capitão enfrentou gravemente ferido os rebeldes. Os relatos de heroísmo foram ofuscados, depois, por denúncias que chegaram à Câmara. Moradores da vila acusaram os militares de saquear casas e destruir propriedades. Virou escândalo.

Uma comissão formada pelo próprio governo conservador admitiu os crimes contra os civis. "As tropas não só saquearam as casas dos rebeldes como dos legalistas", afirmou o ministro da Guerra, José Clemente Pereira. "O comando da coluna não pôde obstar a estes excessos, que na verdade o governo muito sente."

O último foco de resistência liberal era Pindamonhangaba. Ali, a milícia da família Marcondes dominava. Desde 1822, quando integrou a comitiva de Dom Pedro na viagem da independência, o clã controlava a Câmara da vila.

MILÍCIA DOS MARCONDES

Ainda em julho daquele ano de 1842, o Monsenhor Marcondes liderou a Câmara Municipal de Pindamonhangaba num ato em defesa do presidente revolucionário Rafael Tobias de Aguiar. Mas dias antes o comando do movimento já tinha sido sufocado pela tropa do Barão de Caxias.

Com sua tropa em Jacareí, a 80 quilômetros de Pindamonhangaba, Caxias mandou um emissário ao reduto do Monsenhor Marcondes. O barão propôs ao sacerdote e seu irmão Manuel a entrega das armas de sua milícia em troca de uma entrada pacífica na cidade. O clã exigiu que a Câmara Municipal ficasse sob seu controle. Também não perdeu seus escravos.

Na cidade paulista de Pindamonhangaba, no Vale do Paraíba, um dos líderes liberais era um padre que não abria mão de seus escravos. Monsenhor Marcondes, da família dos milicianos que acompanharam Dom Pedro I na viagem da independência, do Rio a São Paulo, fez um alentado testamento muitos anos antes de morrer. Ao explicar a distribuição dos seus bens, argumentou que por "fragilidade humana" tinha sete filhas. O número de escravos, algo que não procurou justificar, era bem maior.

Ele pediu que, após sua morte, o "mulato" Cipriano deveria ser liberto. O "mulatinho" Claudino, filho da escrava Quitéria, ficaria para o irmão, o Barão de Pindamonhangaba. À filha Clara ele deixaria outro "mulatinho", Américo, filho de Fortunata. Um parente mais distante ganharia o "crioulo" Izidoro.

A ascensão dos irmãos Marcondes, da passagem de Dom Pedro I por Pindamonhangaba e o início do reinado do filho dele, Dom Pedro II, se deu no ritmo da expansão das lavouras de café no município e nas margens do Paraíba. A região, que vivia de escravizar índios, criar mulas e bois e plantar roças de subsistência, logo ganhou uma nobreza sustentada pelos cafezais.

O monsenhor ainda tinha a deixar de herança parte das fazendas Mombaça e Trabiju, mantidas em sociedade com o irmão. Era dono também do sobrado onde pernoitou o príncipe. Monsenhor Marcondes só não pôs no testamento a Igreja Matriz de São José, que ele construiu depois de pôr abaixo a antiga capela do município, e a Câmara Municipal, casa em que reinava absoluto, sempre em dobradinha com o irmão Manuel, agraciado com o título de barão.

Era uma gente patriarcal, católica e pouco afeita a expandir princípios coletivos. Até 1829, a cidade não contava com uma única escola. O sobrado da família da Praça Formosa era um símbolo do poder, do patriarcalismo e do autoritarismo.

Na sua atuação política, o monsenhor dividia ainda com Manuel o diretório do Partido Liberal. Os conservadores de Pindamonhangaba, liderados por outro sacerdote, Francisco de Paula Toledo, viviam sufocados. A relação dos Marcondes com a Regência tinha sido tranquila.

Caxias não apenas entrou na cidade como se hospedou no sobrado dos Marcondes na praça principal. Duas décadas depois de abrigar o príncipe, a família de milicianos recebia uma das figuras mais influentes no Segundo Reinado. Se o clima não era novamente de festa, o clã não podia reclamar do tratamento. O barão até tirou os liberais do legislativo local, mas garantiu a continuidade do grupo armado.

377

Após derrotar os revoltosos paulistas, Luís Alves de Lima e Silva foi enviado a Minas. A guerra de armas entre liberais e imperiais migrara para a província vizinha.

REVOLTA DE BARBACENA

Em Minas, os aliados do deputado liberal Teófilo Ottoni proclamaram, a 10 de julho de 1842, um governo revolucionário em Barbacena. O presidente conservador da província, Bernardo Jacinto da Veiga, pediu reforços à Corte, que naquele momento pouco podia fazer. Afinal, os embates contra os revoltosos de São Paulo ainda não cessaram em muitas vilas do interior.

À frente dos liberais mineiros estavam Teófilo Ottoni e o padre José Antônio Marinho. Eleitos deputados, eles ainda não tinham tomado posse na Câmara.

Os dois parlamentares estiveram desde as primeiras horas no campo de batalha e com armas nas mãos. A liderança do movimento, porém, foi entregue a um tenente-coronel da Guarda Nacional, que não escondia, logo no primeiro momento, o receio de parecer desleal a Dom Pedro e ao Império.

José Feliciano Pinto Coelho da Cunha, escolhido pelos liberais mineiros para chefiar a revolução, publicou um manifesto sobre o sequestro do menino imperador pelos conservadores.

Mineiros! O grito heroico que acabaram de soltar os valorosos paulistas em sustentação das liberdades brasileiras e do Trono Constitucional do nosso adorado Imperador, o Senhor Dom Pedro II, deve ser repercutido ou contrariado pela província de Minas! Contrariá-los fora prestar auxílio e força a uma oligarquia turbulenta e opressora que, conservando-se como debaixo de sua tutela o monarca, afastando-lhe toda verdade dos ouvidos, nem ao menos os gemidos de seus filhos para lhe enxugar as lágrimas...

Ele escreveu uma carta a Dom Pedro para avisar que deporia as armas assim que o imperador estivesse "livre" de homens "perversos". O objetivo da luta era apenas tirar os conservadores do poder e, isso ocorrendo, "então, irei eu mesmo aos pés do nosso monarca e meu augusto amo pedir o castigo, se o merecemos empunhando as armas para melhor servirmos e sustentarmos o seu trono". "Os mineiros, senhor, são essencialmente monarquistas, amam até a adoração ao seu imperador."

O mensageiro da carta foi preso no caminho para o Rio e a mensagem jamais chegou ao imperador.

Bernardo Jacinto da Veiga, o presidente legal de Minas, procurou desmontar a narrativa de que os revoltosos não queriam derrubar o monarca.

Ouro-pretanos! Os agitadores, aqueles que sob falso pretexto tramam contra o Trono Constitucional do Senhor Dom Pedro II, e contra a nossa liberdade, já começaram a execução de seus planos na cidade de Barbacena, recorrendo às armas em coação às autoridades constituídas.

À frente de mil homens, José Feliciano marchou de Barbacena para São João del-Rei, estabelecendo ali o Q.G. revolucionário. Chamou logo a atenção o fato de não querer conquistar Ouro Preto, a capital. Baependi foi tomada por outros mil combatentes. Itabira, por sua vez, pôs para correr os revoltosos. Paracatu, mais ao norte da província, aderiu ao movimento rebelde.

Em poucos dias, o governo legal em Ouro Preto tinha o controle de 28 cidades, incluindo Mariana, Uberaba, Araxá e Diamantina. Os rebeldes sediados em São João conquistaram catorze, dentre as quais Lavras, Curvelo, Sabará e Barbacena.

Em meados de junho, um embate entre legais e liberais em Presídio, atual Visconde do Rio Branco, na Zona da Mata, deixou onze mortos. A ponte de Paraibuna, por onde circulavam as tropas do comércio de feijão, milho, toucinho, café e queijo de

Minas para a Corte, foi destruída pelos revoltosos para impedir a comunicação.

Feliciano ainda hesitava em ir para Ouro Preto. Os vacilos desanimavam a tropa insurgente. O padre Marinho anotou em suas memórias do conflito: "Se o presidente interino, conduzindo de São João del-Rei a força, que inútil ali ficara, e aproveitando os imensos recursos que lhe ofereciam os importantes municípios de São José, Bonfim, Queluz e Barbacena, se empenhasse imediatamente em reforçar a coluna de Queluz, se apresentasse a 25 ou 26 de junho em frente da capital com uma tão respeitável força, teria tomado facilmente o Ouro Preto".

Uma batalha sangrenta ocorreu em julho em Queluz, hoje Conselheiro Lafaiete. Uma coluna legal de setecentos combatentes foi escorraçada da cidade pela tropa rebelde do coronel Antônio Nunes Galvão, veterano das lutas pela independência. Do lado legalista, cinquenta homens foram mortos e duzentos presos. O coronel foi chamado para reconhecer o corpo do filho, o alferes Fortunato Nunes Galvão.

"Ainda tenho três filhos para dar a vida pela liberdade da pátria", disse o revoltoso.

BATALHA DE SANTA LUZIA

Em julho de 1842, o Barão de Caxias chegou a Minas tendo sob seu controle quatro colunas. Uma delas, chefiada por José Leite Pacheco, integrada por setecentos oficiais e soldados, entrou sem dificuldade, no dia 23, em Barbacena. O movimento rebelde começava a cair.

A coluna de Pacheco, acompanhada na retaguarda por Caxias, entrou em Ouro Preto a 5 de agosto. Dali, o barão organizou a ofensiva final contra os rebeldes e a tomada do poder na província.

Mais de 3 mil combatentes liberais estavam concentrados no arraial de Santa Luzia, em Sabará. Os rebeldes começaram a fazer trincheiras à espera dos inimigos. Eles apostavam no terreno montanhoso e íngreme para vencer os legais. O comandante dos insurgentes, porém, mandou carta secreta a Caxias. Pedia garantia de vida e anistia.

Uma tropa de 460 homens foi enviada pelo barão para desviar a atenção dos revoltosos. No dia 20, ele seguiu rumo a Sabará com outros oitocentos oficiais e praças.

Na manhã do dia seguinte, a tropa legal atingiu Santa Luzia. Os revoltosos estavam sem seu comandante. Feliciano havia fugido do campo de batalha. Restaram Teófilo Ottoni e o padre Marinho para manter o moral dos liberais.

Eram oito horas e meia da manhã do dia 21 quando o combate iniciou. Por volta das quinze horas, Caxias simulou ou tentou mesmo fazer uma retirada do campo de batalha. Ele, no entanto, recebera informação de que o irmão, José Joaquim de Lima e Silva, se aproximara com outra tropa numerosa para dar apoio. Ao se afastar dali, o barão atraía os inimigos, que abandonavam posições privilegiadas, logo ocupadas pela segunda tropa legal.

Os liberais não tinham mais forças para reagir a duas frentes adversárias. Ao final daquele dia, 59 deles tinham morrido. Outros trezentos foram feitos prisioneiros. O número de legalistas mortos chegou a 24, incluindo dois militares, pelas contas oficiais. Dez lideranças liberais se entregaram e foram levadas acorrentadas numa viagem de dois dias até Congonhas. Na fileira estavam o deputado Teófilo Ottoni e os padres Manoel Dias do Couto Guimarães e Joaquim Camilo de Brito.

Em cascata, grupos rebeldes se entregaram pelo interior mineiro. Os coronéis Nunes Galvão e Francisco José de Alvarenga se entregaram em Matozinhos, com mais de setecentos homens.

A 29 de agosto, Caxias voltava triunfalmente a Ouro Preto. A capital recepcionou o barão com chuva de pétalas de flores e celebrações na Igreja do Carmo.

Nessa época, o brigadeiro Rafael Tobias de Aguiar, líder rebelde derrotado em São Paulo, estava a caminho do Rio Grande do Sul, onde tentaria obter abrigo por parte dos líderes dos farrapos, que tinham entrado em duelo com o Império. Tobias, entretanto, foi logo preso pelas forças legais e retirado de ação.

Rumo a Porto Alegre iria também Luís Alves de Lima e Silva. Sem descanso, o oficial foi nomeado por Dom Pedro II para sufocar a revolta. Com Caxias estava o sempre leal capitão e professor de latim Sabino Leão, que lutara ao seu lado em Minas e também em São Paulo e no Maranhão. O subordinado não chegou a participar de mais uma batalha. Ao receber a notícia da morte da mulher e do pai, abandonou as armas. Prevaleceu nele o espírito civil.

Ao lado dos insurgentes estavam os homens de cor. No Rio Grande do Sul, um acordo tático entre liberais brancos e os negros era explícito. As fileiras rebeldes formadas eram mistas.

25

ÁRVORES NEGRAS (1842)

Sob o mantra de expandir a "civilização" por toda a América, os Estados Unidos dão início à era do faroeste, com o avanço para as terras indígenas do oeste. Numa guerra contra o México, os americanos anexam praticamente a metade do país vizinho, ocupando os territórios onde hoje são os estados da Califórnia, Nevada, Texas, Utah e Novo México.

No Rio Grande do Sul, os generais farrapos travavam duelos internos. A economia da província se diluía e a tropa revoltosa não tinha mais farda e armas para enfrentar os imperiais. Era impossível encontrar vaca para arrancar o couro e fazer a bota de potro, que mal durava alguns meses. Os seus homens faziam jus cada vez mais ao apelido de farrapos. Antes mesmo dessa guerra começar, o termo era usado para designar os membros do Partido Liberal, de oposição ao governo central. A deterioração das fardas e a perda dos calçados, a ponto de os combatentes andarem quase nus e na sola dos pés nos campos de combate, deram vida ao apelido. Do outro lado estavam os caramurus, palavra não menos pejorativa, usada na referência aos integrantes do Partido Restaurador.

Em 1842, Caxias chegava ao Rio Grande para reorganizar as forças legais e liquidar o movimento dos farrapos. Não era o mesmo oficial acusado de crimes de guerra contra a Balaiada, no Maranhão. No Pampa, o militar assumiu postura mais política. Um tio dele, João Manuel de Lima e Silva, tinha sido um dos primeiros comandantes da revolta gaúcha. Lideranças tentavam agora salvar sua própria pele. Por sua vez, Caxias deixava de lado a imagem de linha-dura para exercitar a lábia. Começavam as deserções.

O barão tinha consciência também de que a guerra foi além do razoável. Mesmo a tropa legal sofria com a falta de farda. Alguns praças não tinham nem mesmo roupas para continuar a luta. Os grupos de cavalaria estavam em batalha com menos animais que soldados da infantaria. Tanto os republicanos quanto os imperiais se precipitavam nos embates corpo a corpo por não disporem de armas de fogo.

As lanças dos imperiais não eram também na mesma quantidade de combatentes em guerra. Um general reclamou a Caxias que os desertores levavam a arma de ferro. Os homens de fazenda que aderiam à tropa vinham sem armamentos. Agora, na nova luta travada por Caxias, os contingentes legais eram formados por homens negros, árvores resistentes de uma floresta em formação.

MASSACRE DOS LANCEIROS NEGROS

No início do movimento farrapo, o general revoltoso Antônio de SouzaNeto, defendia a libertação dos escravos. Ao final, Davi Canabarro e Antônio Vicente da Fontoura, seus últimos líderes, não incluíam os negros que lutaram contra os imperiais nas conversas pela anistia dos revoltosos. Boa parte daqueles homens tinha sido cooptada de senzalas de fazendeiros das regiões mais ao sul da província, onde o movimento farroupilha não tinha se alastrado.

Ao longo da guerra, foram criados dois Corpos de Lanceiros, contingentes formados em sua maioria por negros. Eram homens que tinham prática de adestrar cavalos e manejar armas. Veterano na Cisplatina, o tenente-coronel Joaquim Teixeira Nunes foi encarregado de chefiar o exército dos guerreiros de cor.

Em novembro de 1844, últimos dias do conflito, o general Canabarro estava com sua tropa na área do Cerro dos Porongos, atual município de Pinheiro Machado. Ao saber da presença dos farroupilhas, Caxias, comandante dos imperiais, mandou o coronel Francisco Pedro de Abreu para a região. Chico Pedro ou Moringue era um filho de comerciante de Porto Alegre que, juntamente com três irmãos vaqueanos, entrou na guerra contra os republicanos. Tinham experiência apenas no trato com animais.

Na madrugada do dia 14, Chico Pedro cercou o acampamento onde dormiam os lanceiros negros e massacrou os combatentes. Às vésperas da tragédia, Canabarro teria desarmado esses soldados e não tomara medidas para salvar a vida deles. O general, ainda em vida, foi acusado de traição e, na interpretação de historiadores, de ter feito um acordo tácito com Caxias. Uma carta atribuída ao comandante imperial recomendava que fossem poupados farrapos brancos e índios.

Em suas memórias, Chico Pedro escreveu que, a 24 daquele mês de novembro, chefiou uma tropa de 1.170 praças que, durante quatro noites e quatro dias, perseguiu o grupo de 1.200 homens do general Canabarro em Arroio Grande de Cerro dos Porongos. A ação teria resultado em mais de cem mortos e feridos, além de trezentos prisioneiros. Canabarro escapou.

Dois dias depois, ele teria alcançado o tenente-coronel Joaquim Teixeira Nunes, veterano da Cisplatina que comandava os lanceiros negros. "O TC F.P. de Abreu, comandante da 8. Brigada do Exército, no dia 26 de novembro de 1844, bateu por perto do Velho Martins e dos Canudos o intitulado coronel Teixeira, ou Joaquim Teixeira Gaviam, ficando morto no campo, e 12 soldados e 20 prisioneiros", escreveu Chico Pedro em terceira pessoa.

Uma parte dos lanceiros sobreviventes da guerra foi retirada da província. Alguns ganharam espaço em unidades do Exército. A anistia concedida pelo governo se limitou aos estancieiros, muitos dos quais tiveram suas patentes obtidas no *front* reconhecidas pelo Império.

Após a possível traição aos negros no Rio Grande, os liberais mantiveram a guerra contra os conservadores em outras províncias.

O embate entre os partidos arrefeceu na Corte, mas a luta era alimentada nas demais províncias pela sanha por cargos públicos.

REVOLTA DE QUEIMADO

Na freguesia de São José do Queimado, uma colina na margem do Rio Santa Maria, hoje município da Serra, no Espírito Santo, o "baixo povo" acreditava construir a liberdade. Os escravos aproveitavam as folgas dos dias santos nos canaviais para trabalhar na edificação de uma igreja e, assim, conseguir um assento no reino terrestre.

Era um templo com uma imponente fachada e pé-direito alto. O missionário capuchinho italiano Gregório José Maria de Bene contava com a ajuda financeira dos fazendeiros e a mão de obra dos negros. As obras começaram em 1845. Ao longo da construção, surgiram conversas de que o religioso negociava a alforria dos homens que ajudavam a erguer a igreja. De ideias abolicionistas, ele não desmentia os rumores.

Tinha quem dizia que a liberdade viria no dia de São José, a 19 de março de 1849, data prevista de inauguração do templo. Frei Gregório marcou uma missa de abertura para as 15 horas.

O clima na cerimônia era de inquietação. Escravos que construíram a igreja estavam presentes. O religioso falava em latim quando barulhos e outras vozes foram ouvidos.

"Carta de alforria!", alguém gritou.

Mais de trinta negros cobravam a liberdade. Com medo, o frade deixou o altar e se trancou na sacristia. A revolta saiu da igreja e se espalhou pela freguesia. Grupos de escravos percorreram fazendas para chamar companheiros das senzalas. Armas foram tomadas de moradores do vilarejo e proprietários de terra.

À frente do movimento estavam Francisco, o Chico Prego, Elisiário Rangel, João da Viúva Monteiro e João, o Pequeno. Cerca de trezentos escravos aderiram à revolta.

Os fazendeiros correram para comunicar a revolta às autoridades de Vitória, a 25 quilômetros. O presidente da província do Espírito Santo, Antônio Joaquim de Siqueira, mandou, na madrugada do dia 20, uma tropa de vinte praças.

Numa repressão violenta, os policiais mataram os negros que viam pela frente. Francisco, um escravo idoso, sem ligação com a revolta, foi fuzilado. Virou uma caçada ultrajante. O alferes José Cesário Varela de França, chefe da tropa legal, foi ferido por balas.

Aos poucos, a polícia prendeu os revoltosos. No dia 24, o mais influente deles, Chico Prego, foi capturado. Os açoites se iniciaram ali mesmo no Queimado. Com as costas em carne viva, os escravos foram levados para a cadeia de Vitória. O governo da província conseguiu do governo imperial o deslocamento de 31 soldados para a região. O presidente ainda expulsou o italiano.

O jornal *Correio da Victoria* avaliou que os revoltosos "malvados" foram surrados como mereciam e criticou o hábito de fazendeiros entregarem armas e permitirem certas "regalias" aos escravos. "Cautela e vigilância, senhores fazendeiros", recomendou. "Todo homem livre é um soldado", destacou. "A audácia de alguns escravos, tanto da cidade quanto da roça, a maneira insolente como se portavam, os insultos que direcionavam aos homens livres, tudo denuncia a existência de um plano horroroso. Pois bem, estamos livres, graças à Providência."

Trinta e seis participantes da revolta foram levados a julgamento. O júri popular, formado, claro, apenas por brancos, impôs sentenças duras aos acusados de participarem do movimento. Cinco escravos receberam a pena de morte, 25 a de receber até mil chibatadas e apenas seis ganharam a liberdade.

Entre os sentenciados para a forca, Elisiário, João, o Pequeno, Eduardo e Manoel conseguiram fugir da prisão no final de dezembro daquele ano, dias antes da data marcada para sua execução.

A 8 de janeiro de 1850, João da Viúva era carregado amarrado pelo Queimado e enforcado. Três dias depois, na Serra, uma escolta acompanhou Chico Prego pelas ruelas da vila sob o som de tambores e dos sinos da igreja matriz. A corda do cadafalso foi puxada. O condenado teve o pescoço comprimido, mas não o suficiente para matá-lo. O carrasco colocou o corpo do escravo no chão e, com um pedaço de pau, esmagou sua cabeça.

Não há registros do paradeiro dos revoltosos que escaparam da prisão. Elisiário, em especial, teve sua memória transformada em lenda nos sítios e fazendas da Serra. Maria Stella de Novaes, grande dama da história do Espírito Santo, contou que os brancos não puderam festejar o encontro do corpo dele e o trucidamento. É possível que tenha se embrenhado na Mata Atlântica. "Contam os antigos a aparição de um vulto, semelhante a uma árvore, árvore enorme e negra, nas matas do Queimado. Parecia assinalar a sepultura de Elisiário, cavada pelos seus companheiros, errantes, na mata. Parecia cabiúna. Temiam todos que os machados e as serras a atingissem. Desaparecia, misteriosamente, quando um corajoso se lhe aproximava, sem contudo conseguir localizá-la", relatou a pesquisadora.

Estive em Queimado para visitar o local da revolta. A freguesia que abrigava 5 mil homens, entre forros e escravos, morreu. A floresta onde vingou a árvore negra há muito deu lugar a descampados, a pastos e a uma mancha urbana caótica, com bairros residenciais se interligando. Da vila restaram apenas as ruínas da igreja construída pelos revoltosos. A fachada da frente caiu há alguns anos. As paredes laterais do templo ainda estão de pé.

Nos portos, novos africanos chegavam acorrentados ao Brasil. A Regência aprovara, ainda em 1831, uma lei que proibia o tráfico e o desembarque de escravos. A norma, porém, era burlada. O comércio de gente continuou movimentado no litoral.

BOMBARDEIO NAVAL DE PARANAGUÁ

Numa manhã de sábado de junho de 1850, três pequenos barcos entraram na Baía de Paranaguá sob perseguição de um vapor inglês.

O *HMS Cormorant* estava à caça das embarcações suspeitas de tráfico de escravos. Em frente à cidade, Hubert Schumberg ordenou que seus homens jogassem as cordas e rebocassem os brigues *Dona Ana* e *Sereia* e a galera *Campeadora*, conhecidos no transporte ilegal de africanos. Um outro brigue, o *Astro*, ancorado no porto, foi afundado pelo seu capitão para não ser levado.

Os navios da Marinha do Reino Unido estacionados na Bacia do Prata receberam orientação para apreender barcos suspeitos. Cinco anos antes, o Parlamento Britânico aprovara um ato de autoria do Lorde Aberdeen, que autorizava as medidas de combate aos traficantes da rota entre a África e o Brasil.

A postura de Schumberg irritou Paranaguá. As autoridades portuárias, policiais e políticas subiram a bordo do *Cormorant* para reclamar. Aquilo tinha sido uma afronta a um país soberano – que não respeitava tratados internacionais para impedir a escravidão desde o início daquele século. Era um capítulo da história da infâmia brasileira.

João Francisco do Nascimento, capitão do *Astro*, liderou uma turba raivosa de mais de oitenta homens em nome da pátria "violentada". O grupo foi até a Ilha do Mel, onde ficava a Fortaleza de Nossa Senhora dos Prazeres, na saída da baía, para esperar o *Cormorant* deixar as águas do município.

O barco inglês passou em frente ao forte na segunda-feira seguinte, arrastando as três embarcações do tráfico. Um escaler que saiu da fortificação tentou se aproximar do cruzador, mas foi repelido com tiro de pólvora seca. Daí em diante, soldados e a milícia dispararam canhões há muito tempo não usados numa guerra. As bombas atingiram o casco do vapor, mas o seu comandante conseguiu afastar-se a ponto de não ser alcançado pelos torpedos. Um tripulante morreu.

Numa ilha mais à frente, Schumberg conseguiu fazer reparos na embarcação para seguir viagem. Os dois brigues foram incendiados. O inglês decidiu só levar a galera.

O incidente causou preocupação na Corte, pois a diplomacia do parceiro britânico estava atenta. Quando o *Astro* foi retirado do fundo do mar, autoridades encontraram provas de que o barco era utilizado no tráfico de escravos. Uma investigação mais atenta concluiu ainda que os brigues afundados pertenciam a um consórcio formado por juízes, comerciantes e fiscais da Alfândega. Paranaguá era um centro de violações humanas e do direito internacional. Três meses depois do bombardeio, em setembro, o ministro da Justiça, Eusébio de Queirós, conseguiu uma nova lei para proibir o tráfico. Era mais uma norma que foi burlada pelos traficantes. O comércio de gente estava chancelado por comerciantes, políticos, juízes, delegados e religiosos.

O tráfico ilegal era apoiado por gente graúda do Império. Daí autoridades fazerem vistas grossas a relatos de desembarques de escravos mesmo após a nova lei.

CAPTURA DE PORTO DAS CAIXAS

Roberto, um escravizado da Fazenda Santa Cruz, na região do Porto das Caixas, em Itaboraí, no Rio, estava com as nádegas e as costas em carne viva. O administrador da propriedade mandou açoitá-lo além das cinquenta lapadas como era tradição nas lavouras de cana-de-açúcar da província.

Naqueles dias de janeiro de 1860, o doutor Quintanilha foi chamado para tentar salvar a vida do escravo. Ao chegar, o médico percebeu que Roberto mal respirava. Estava praticamente morto. Encontrou ainda outros cativos estirados no chão da senzala, também vítimas de maus-tratos do administrador.

João Gonçalves Lopes estava no comando da propriedade desde o ano anterior. Ele fora convidado a trabalhar lá pelo tio e dono da fazenda, Antônio Joaquim. O fazendeiro, no entanto, morreu em situações suspeitas.

Três escravizados levaram o corpo de Roberto até o campo santo da propriedade para ser enterrado. Por decisão de João Gonçalves, não houve ritos fúnebres. Essa notícia causou perplexidade nos demais escravos.

A passagem do cativo para o céu fora comprometida por um ato cruel. Para agravar o clima de perplexidade e ódio na senzala, um outro escravo veio a morrer. Frederico não suportou os castigos ordenados pelo administrador.

Uma denúncia sobre as mortes dos dois escravos chegou ao delegado Antonio Pinto de Carvalho. Uma equipe dele foi investigar o caso. Carvalho decretou a prisão de João Gonçalves. O homem, porém, conseguiu escapar para o mato.

Os escravos montaram um grupo de caça ao assassino. João Gonçalves estava na margem de um riacho no momento em que os homens o localizaram. Sob escolta, ele foi levado acorrentado como um cativo até a prisão. A captura de um senhor inverteu a lógica do sistema do poder social e econômico da zona do açúcar da Baía da Guanabara.

Fazendeiros e políticos reagiram. O delegado foi afastado. Uma denúncia de que os escravos teriam feito a captura por promessa de liberdade ganhou notas na imprensa.

26

ZUMBI E O MENINO
DE ENGENHO (1848)

> *Revolução na França derruba a monarquia e dá início à Primavera dos Povos, uma série de revoltas contra governos autocráticos na Europa.*

Os caminhos possíveis para um menino no Brasil do século 19 vencer a pobreza ou manter a posição social da família, caso tivesse um engenho de açúcar e *status*, eram o seminário e o quartel. Não havia limite de idade de acesso à vida religiosa e militar. O governo e a Igreja tinham poucos recursos para a contratação de quadros ou o pagamento de bons soldos. Assim, todo soldado imberbe era aceito nas trincheiras das tropas legais, de qualquer clã e cor da tez.

Não se perdia tempo em colocar as crianças no quartel. Pedro Ivo Velloso da Silveira, de uma família de proprietários de engenho em Olinda, foi colocado aos 11 anos numa unidade do Exército Português no Recife.

Em poucos meses, estava nas trincheiras contra os brasileiros separatistas, no movimento de 1822, no Nordeste. Com a independência brasileira, ele foi incorporado à força do novo país. Aos 21 anos, com alguma experiência, estava no Ceará para combater o movimento do Benze-Cacete, a revolta de Pinto Madeira pela restauração do reinado de Dom Pedro I.

O batismo de fogo de Pedro Ivo numa guerra ocorreu três anos depois, quando entrou na tropa que combateu o governo da cabanagem no Pará. A repressão aos irmãos Angelim deixou marcas profundas no jovem soldado pernambucano. A miséria dos cabanos revoltosos tornou a experiência bélica indigesta.

Na volta para casa, o jovem militar deparou-se com as lutas fratricidas entre lisos e cabeludos, como eram chamados respectivamente os militantes dos partidos Conservador e Liberal, por cargos e poder no Recife e que, logo, contaminariam classes mais pobres da cidade e virariam guerras de guerrilhas na Zona da Mata sempre conflagrada.

GUERRA ENTRE LISOS E CABELUDOS

Em 1844, um representante do Partido Conservador foi enviado pelo Império a Maceió para assumir o governo alagoano. A nomeação de Bernardo de Souza Franco, porém, descontentou o chefe da legenda na província, José Tavares Bastos. O novo presidente era amigo pessoal do liberal João Lins Vieira Cansanção de Sinimbu, ex-presidente de Alagoas e Sergipe com influência na Corte.

A ligação ainda que pessoal de Franco com a facção dos cabeludos ficou nítida, na visão dos lisos, logo nas primeiras medidas que tomou no cargo. Franco fez uma demissão em massa de funcionários apadrinhados pelos lisos. Revoltados, o grupo de Tavares Bastos ensaiou um movimento para tomar o governo dos cabeludos.

A 5 de outubro daquele ano, uma milícia de lisos capitaneada por Salvador Pereira da Rosa, chefe conservador, marchou da Vila de Bebedouro para Maceió. A adesão de populares garantiu a força do movimento oposicionista. O presidente Franco abandonou o palácio do governo e se refugiou a bordo do *Caçador*, um barco ancorado no porto do Jaraguá.

Enquanto Maceió assistia a tiroteios entre oposicionistas e forças legais, lideranças dos dois partidos iniciaram a costura de um acordo de paz. Os lisos exigiam, em primeiro lugar, a recontratação dos demitidos e uma anistia ampla.

As negociações entre os grupos políticos ainda ocorriam quando, a 21 daquele mês, uma improvável tropa rebelde entrou na vila. Mais de quatrocentos homens liderados pelo guerrilheiro mestiço Vicente de Paula Ferreira surpreenderam as posições militares. O pernambucano que havia liderado no passado os "papa-méis", negros e indígenas leais ao imperador Pedro I, ainda era visado pelos senhores de engenho das matas de Jacuípe, no sul alagoano, por libertar escravizados. Agora, ele foi convencido por chefes conservadores do interior a tomar parte no movimento.

Sem conversas políticas, o embate recrudesceu nas ruas e praças de Maceió. Nas contas oficiais, vinte lisos e dez cabeludos morreram no tiroteio. O governo de Franco foi restabelecido por tropas legais. Vicente se retirou para o interior sem ser capturado. Mas voltaria a ter o nome divulgado nos jornais por conta de um novo conflito entre conservadores e liberais, desta vez na vizinha província de Pernambuco.

REVOLTA DO ENGENHO LAGES

Desde o embate entre lisos e cabeludos nas ruas de Maceió e o ressurgimento do movimento de Vicente na Zona da Mata, Pedro Ivo Velloso da Silveira não sabia o que era guerra. Em 1848, ele completava quatro anos sem ser convocado para uma batalha. Nunca passara tanto tempo de paz como agora.

A província de Pernambuco, governada pelo liberal Antônio Chichorro da Gama, um burocrata enviado pelo Império, vivia a intensa polarização política.

Ao passar uma temporada em Água Preta, na Zona da Mata, Pedro Ivo enviou informações ao governo de Chichorro da Gama sobre uma milícia armada que tinha sido formada no Engenho Lages, pertencente a um tio, o conservador José Pedro Velloso da Silveira. Os donos dos canaviais da região pretendiam derrubar o presidente liberal da província.

Em abril daquele ano, a milícia de José Pedro reuniu mil homens, entre agregados dos engenhos e escravizados.

A partir das informações repassadas por Pedro Ivo, o governo da província mandou uma tropa de 350 soldados comandados por Antonio Feijó de Melo para dispersar o grupo armado. O contingente foi recebido à bala pelos milicianos.

O combate durou duas horas. Sem armas e homens suficientes para manter o fogo, o comandante da tropa legal voltou à capital sem demover os revoltosos. A saída de Chichorro da Gama do comando da província e a nomeação de um conservador, Vicente Pires da Mota, para o cargo, dias depois, desmobilizou a milícia.

REVOLUÇÃO DA PRAIA

Pedro Ivo mantinha relações políticas bem diferentes das formadas pelo tio e chefe conservador de milícias José Pedro. Ainda no quartel, o militar colaborava com artigos no *Diário Novo*, um jornal da Rua da Praia, no centro da cidade. A redação era formada por intelectuais e militares contrários tanto aos chefes do Partido Liberal quanto do Conservador. Na ótica do grupo, as grandes famílias patrimonialistas Cavalcanti, Rego Barros dominavam engenhos e facções políticas, independentemente das cores das legendas.

Assim, os redatores da folha criaram uma espécie de dissidência liberal, o Partido Nacional de Pernambuco, o chamado Partido Praieiro. Na legenda e na equipe do jornal estavam os irmãos Luís e José Inácio Abreu e Lima, filhos do padre Roma, rebelde da Revolução Pernambucana fuzilado em 1817.

José Inácio era agora um homem maduro. Após a morte do pai, percorreu a América Latina em companhia de Simón Bolívar e, entre um movimento de independência e outro de colônias espanholas, como a Colômbia e a Venezuela, tornou-se general. Ao voltar ao Brasil, no entanto, avaliou que a fragmentação da América Espanhola não tinha sido um bom negócio e passou a defender a Monarquia. Mas mantinha sangue revoltoso.

A cúpula do Partido Nacional era integrada ainda pelo deputado liberal Joaquim Nunes Machado e, mais tarde, pelo jornalista Antônio Borges da Fonseca, nome conhecido no Recife. A guerra deles contra os conservadores deixou as tintas da tipografia para ganhar o chumbo das armas. Em maio de 1848, o gabinete liberal caiu no Rio. Os praieiros logo vislumbraram um expurgo de oposicionistas na estrutura da máquina pública e retaliações à imprensa adversária. Meses depois, em novembro, o movimento armado estava nas ruas.

No dia 7, um grupo rebelde bloqueou o acesso do Recife às vilas do interior. Uma semana depois, praieiros e imperiais se enfrentaram no Engenho Mussupinho, em Igarassu. A batalha de três horas ensopou o canavial. Do lado liberal, quinze combatentes morreram. Da parte legal, dez.

O movimento de uma elite letrada e de tradição política se espalhou pelas camadas populares. A vida estava extremamente difícil para as famílias das capitais e do interior das províncias. Se a economia brasileira vivia a boa fase do café plantado no Vale do Paraíba, no Rio e São Paulo, a agricultura no norte ainda tinha a cana e o algodão, produtos em baixa no mercado externo, como carros-chefes. A falta de emprego fez Pernambuco voltar a viver o projeto revolucionário de República.

A guerra civil se prolongou na província. Na manhã de 2 de fevereiro, uma tropa praieira de quatrocentos homens liderada pelo militar dissidente Pedro Ivo entrou no Recife. A Guarda Nacional que protegia a cidade estava espalhada em vários pontos. Os rebeldes tinham a chance de conquistar o palácio do governo, que estava desguarnecido. Mas a tropa também se dividiu.

A batalha se arrastou por todo o dia. Nesse dia, com um fuzil na mão, o jovem segundo-tenente Deodoro da Fonseca enfrentava os rebeldes.

Um assalto frustrado do quartel militar do Largo da Soledade, no centro, resultou numa baixa impactante do lado dos revoltosos. O deputado Joaquim Nunes Machado levou um tiro na testa. A morte dele diminuiu o ímpeto dos praieiros e coincidiu com o avanço dos imperiais. Borges da Fonseca e os irmãos Abreu e Lima foram presos.

A repressão não conseguiu, no entanto, prender o chefe militar do movimento. Pedro Ivo deixou o Recife, mas não abandonou a batalha. Ele seguiu rumo ao interior com algumas centenas de homens, tornando-se uma lenda nas páginas dos jornais liberais do país. Ao seu encalço foi o tio, José Pedro, do Engenho das Lages, nomeado chefe de uma das frentes de comando da repressão.

O lugar escolhido por Pedro Ivo para reorganizar seu grupo era a região onde, séculos antes, vivera Zumbi dos Palmares e agora atuava o líder guerrilheiro Vicente Ferreira de Paula, o general do imperador e das matas.

GUERRILHA DE VICENTE

A transformação do militar Pedro Ivo em guerrilheiro foi completa. Com vasta experiência em tropas legais, ele se internou nas matas do sul de Pernambuco e norte de Alagoas com seu homens à espera de contingentes enviados pelo governo. Foi justamente nessa região onde fora o chefe militar da milícia conservadora do tio José Pedro e atuara na repressão ao rebelde Vicente Ferreira de Paula.

Uma aliança entre Pedro Ivo e Vicente era o que o governo regencial mais temia. Com sua tática de guerrilha, Vicente sobrevivia há dez anos nos morros e buracos de Jacuípe. Libertava escravos e mantinha uma comunidade ativa nas matas. Nunca ficava mais de dois dias no mesmo rancho. Roças foram plantadas em áreas estratégicas para abastecer os combatentes, sempre em fuga.

O governo de Pernambuco prometeu anistia a Vicente e ainda o nomeou capitão para evitar que o líder entrasse no movimento dos liberais. O guerrilheiro prometeu reforçar a tropa que caçava Pedro Ivo, mas não cumpriu o escrito.

O recuo de Vicente deixava as autoridades tensas. Em março de 1849, Pedro Ivo contava com quatrocentos rebeldes em seu Q.G. nas matas de Água Preta. Assim, os agrados a Vicente continuavam. O governo alagoano enviou um lote de carne-seca ao revoltoso, que agradeceu a oferta e jurou, agora, lealdade ao imperador.

Os dois chefes de guerrilha não se uniram, mas também não partiram para ataques decisivos um contra o outro. Nem Vicente aceitou juntar seus homens aos militares para sufocar Pedro Ivo. Eles chegaram a ter entreveros por conta de território e homens, mas nada que facilitasse a vida da repressão.

A 15 de setembro daquele ano, Pedro Ivo escreveu carta ao presidente de Pernambuco, Honório Carneiro Leão, para dizer que só se defendia de perseguições e, ao contrário de outros insurgentes, não tinha recebido garantia de anistia. Relatou que desejava apenas ter a liberdade para garantir o sustento da mulher e de seis filhos menores. A família enfrentava dificuldades.

Em novembro, Carneiro Leão propôs uma anistia a Pedro Ivo. O líder guerrilheiro avisou que só aceitava um perdão amplo, inclusive para os rebeldes presos. O presidente de Pernambuco, então, respondeu com um anúncio em jornais de prêmio de quatro contos de réis pela cabeça do guerrilheiro. O presidente da província disse que a luta do rebelde não era política, mas criminosa.

Jornais liberais denunciaram país afora o "decreto de sangue" do "ditador" de Pernambuco. O nome de Pedro Ivo ganhava destaque no Brasil. Na Fala do Trono de 1850, uma solenidade tradicional no primeiro dia do ano, Dom Pedro II reclamou dos "homens perdidos" que estavam dispostos a acabar com a tranquilidade do Império.

O mergulho de Pedro Ivo na vida de guerrilheiro atingia as profundezas familiares. Um dos comandantes das forças de operação do governo era seu tio, José Pedro Velloso da Silveira. Dono do Engenho de Lages, em Escada, Pernambuco, José Pedro fez da guerra contra o sobrinho uma profissão de fé. O filho dele, Fabio, foi morto num combate nas matas de Jatobá com os revoltosos e, nas narrativas da imprensa, teria tido o corpo crivado de balas mesmo depois da morte.

A pedido do pai, o coronel Pedro Antonio Velloso, o líder guer-rilheiro se entregou ao presidente de Alagoas, o conservador José Bento Figueiredo. A negociação envolveu outro conservador, Gon-çalves Martins, presidente da Bahia, onde Pedro Antonio atuava. O acordo de prisão enfureceu Carneiro Leão, que perdeu, assim, o tro-féu de guerra para colegas do mesmo partido.

Figueiredo chegou a trocar o barco que levaria o prisioneiro a Salvador para evitar que o comandante previamente escalado para a tarefa seguisse na direção do Recife. Na capital baiana, o presidente baiano entrou na embarcação para acompanhar Pedro Ivo até o Rio. Mas, ainda na baía, uma força militar enviada por Carneiro Leão entrou no navio para fazer a escolta do líder liberal.

Trancafiado na Fortaleza de Santa Cruz, no Rio, Pedro Ivo foi le-vado dois meses depois, em maio de 1850, para a de Lajes, após Dom Pedro II receber uma informação de que ele poderia fugir da prisão. Sem esconder o temor com o guerrilheiro famoso em todo país, o imperador cobrou de seus subordinados uma vigilância "incessante". Ele temia o "açulamento" do "baixo povo", isto é, uma "revolução" social. Em Lajes, a segurança era máxima e as condições das celas eram absolutamente insalubres. Ali, os presos chegavam para morrer de forma lenta. Pedro Ivo, aos poucos, tornava-se herói dos liberais e poetas, um ícone na poesia abolicionista da geração de Castro Alves.

FUGA DE PEDRO IVO

Na manhã da Páscoa de 1851, Dom Pedro estava na missa na capela imperial com a família quando recebeu a notícia que temia havia meses. O guerrilheiro Pedro Ivo tinha escapado da prisão na

Fortaleza de Lajes, a mais vigiada da Corte. A maçonaria e chefes liberais teriam organizado o plano de libertação.

O Grito, jornal simpático à legenda dos liberais no Rio, zombou do governo, na sua edição de 14 de maio daquele ano:

> *Pedro Ivo se safou*
> *No dia em que JESUS CRISTO*
> *Com glória ressuscitou*

Pedro Ivo foi levado para a Fazenda Marambaia, do Comendador Joaquim Breves, no sul da província. Nenhum representante do Império ousou entrar na propriedade para investigar a denúncia da presença do guerrilheiro.

Era um paradoxo. Nos inúmeros portos das fazendas dos irmãos José e Joaquim Breves, no sul da província do Rio, homens e mulheres vindos como escravos da África continuaram a desembarcar.

Os "reis do café" atuaram até os seus limites também na política, como deputados, para impedir a proibição de entrada de navios negreiros. A luta deles se dava em trincheiras diferentes – José era conservador e Joaquim, liberal. Nessa época, possuíam dezenas de fazendas e milhares de escravos.

A diferença política entre os irmãos ficou nítida em 1842. José organizou uma milícia em Piraí para combater os revoltosos liberais. Por sua vez, Joaquim tornou-se o principal chefe do movimento na província. Ao saber que o irmão estava preso, José lavou as mãos. Voltaram a se falar no fim da revolta. Só não divergiam naquilo que movia o império econômico familiar, o trabalho dos pretos nos cafezais.

As relações políticas de Joaquim não passavam despercebidas pela Corte. O homem de grande fortuna nunca escondeu proximidade com revolucionários. Ele acoitava e apoiava as lideranças mais radicais do Partido Liberal, gente que tirava o sono do imperador.

Nome forte do Partido Liberal, Joaquim organizou o embarque de Pedro Ivo para fora da província. O guerrilheiro entrou numa embarcação acompanhado de um criado, disponibilizado pelo fazendeiro.

Na prisão em Santa Cruz e Lajes, o líder rebelde teve a saúde deteriorada. Pedro Ivo não resistiu à viagem. Na altura de Pernambuco, ele morreu a bordo do navio. A imprensa liberal reproduziu análises de aliados que ressaltaram o assassinato político. Os governistas rebateram e conservadores acusaram os adversários de pregarem uma inverdade.

Se não era uma Monarquia reconhecidamente tirânica, o Brasil não escondia, porém, sua rede perversa de prisões de presos políticos. Eles viviam em situações degradantes em presídios no continente e no mar aberto. Lajes, na Baía de Guanabara, era onde a insalubridade das celas enlouquecia seus internos e os matava lentamente. Fernando de Noronha, a 545 quilômetros da costa de Pernambuco, perturbarva e degradava pelo isolamento.

REVOLTA DO 797 E 798

Quando o corpo de Pedro Ivo foi jogado no mar de Pernambuco, em março de 1852, a província ainda fazia as contas dos mortos e das depredações no movimento revoltoso contra os decretos 797, do Censo Geral do Império, e 798, do Regulamento do Registro de Nascimentos e Óbitos.

Nas vilas e engenhos corria o boato de que o governo pretendia, na verdade, registrar homens e mulheres livres para depois escravizá-los. Essa notícia fazia algum sentido, na visão popular, pelo fato da importação de africanos ter sido proibida.

A revolta começou mesmo em Paudalho, em Pernambuco. Adultos e crianças munidos de pedras e velhos mosquetões entraram na Matriz do Divino Espírito Santo e arrancaram editais sobre a convocação do censo. Um certo João dos Remédios liderava o movimento.

Uma tropa do 9º Batalhão de Infantaria do Recife foi enviada para conter os revoltosos. Num combate, dois soldados foram mortos. O comandante da tropa evitou uma chacina completa. Ele decidiu recuar. Dali o movimento se espalhou por outras vilas da Zona da Mata de Pernambuco e das províncias de Alagoas, Paraíba, Sergipe e Ceará.

O regulamento de registro civil que deveria entrar em vigor no final de janeiro de 1852 foi suspenso. Depois de massacrar as insurreições políticas e nativistas, a Regência vivia um momento de macrocefalia, observou José Murilo de Carvalho no livro *A construção da ordem, a elite política imperial*. A estrutura centralizada sufocava qualquer representatividade nas províncias. Não havia elos com os brasileiros ditos forros, livres, que viviam ao redor dos engenhos, prisioneiros do regime de grandes lavouras.

As autoridades aprenderam com os marimbondos – termo usado pelo historiador Mário Melo – que o corte de cabeças de lideranças não impedia o vespeiro de agir na hora que lhe fosse conveniente.

Novas levas de prisioneiros chegavam a Fernando de Noronha. Outras, agora com a saúde debilitada, deixavam a prisão de segurança máxima. Eduardo Angelim, líder da cabanagem, preso havia anos, foi liberto e pôde voltar ao Pará. Na ilha estava, ainda, Vicente Ferreira de Paula, rebelde das matas de Alagoas. Não era hora ainda de soltar o líder de uma região que se mantinha tensa.

Diferentemente de outros revoltosos do período regencial, Vicente não contava com apoio de nomes liberais ou poetas. Ele não foi cantado nem virou símbolo do abolicionismo, movimento que se intensificava no país, embora tenha sido por anos o líder quilombola de maior expressão da rica Zona da Mata.

REVOLTA DE FERNANDO DE NORONHA

A 545 quilômetros da costa de Pernambuco, a ilha principal do Arquipélago de Fernando de Noronha era o presídio brasileiro mais distante e isolado do continente.

Só a neutralização do comando militar da cadeia poderia garantir uma fuga. Jangadas improvisadas de toras e restos de tonéis dificilmente venceriam as ondas do mar aberto. A imensidão das águas, entre o azul e o verde, era a mais pura opressão na vida de quem, todos os dias, pretendia sair dali. O paradoxo entre paraíso de beleza natural e o sentimento humano de repressão é clichê na literatura quando se conta uma história num lugar isolado e de restrições de liberdade.

Noronha que o agora cabo conheceu tinha uns duzentos militares para algo a mais de presos. Os desterrados eram, geralmente, falsificadores de moedas e, nos tempos revoltosos, gente de movimentos fracassados contra o governo. Havia poucas mulheres, tanto presas quanto acompanhantes de oficiais. Ainda que pudessem constranger autoridades que vez ou outra aportavam, casais de homens se formavam nas noites e nos dias claros.

Todos estavam sob domínio constante do comandante do presídio, senhor da vida e da morte. Era ele quem decidia se o prisioneiro ficaria na Vila de Nossa Senhora dos Remédios, onde havia a igreja, a sede do comando, o armazém de gêneros alimentícios, o maior dos cinco fortes do arquipélago, e quem ficaria ainda mais preso, na Ilha Rata, a Ilha dos Ratos, quase uma solitária cercada de mar.

O castigo imposto a um sentenciado nos julgamentos momentâneos do comandante tinha por pena uma série de trezentas chibatadas no preso amarrado pelo pescoço e pelos pés no tronco. O limite era as chagas dos ombros e das nádegas se fundirem numa só, com o corpo ensanguentado e a lucidez perdida.

Numa manhã de janeiro de 1854, o coronel José Antonio Pinto, comandante do presídio de Fernando de Noronha, acordou assustado. Ele recebeu informações de que uma revolta estava para ser deflagrada na ilha.

Ele convocou os oficiais e montou um rápido plano para sufocar a insurreição. O mestiço Vicente Ferreira de Paula, guerrilheiro alagoano, foi um dos quatro detidos e chamados para prestar depoimento.

Pelos relatos conhecidos, todos da pena do comandante da ilha, Vicente era o "cabeça" das "ciladas" descobertas. O guerrilheiro tinha conseguido a adesão de mais de oitenta prisioneiros. A rebelião estava marcada para o dia 22 de janeiro. Na hora da missa, às 8 da manhã, os líderes entrariam na Igreja de Nossa Senhora dos Remédios e prenderiam a cúpula militar.

Depois, se apossariam do patacho do comando e seguiriam para Barra Grande, em Alagoas. Após o desembarque no porto, rumariam até as matas de Jacuípe, onde se integrariam a remanescentes da guerrilha rural deixada por Vicente.

Em seu relatório, o coronel Pinto tentou destruir a reputação de Vicente. Ele escreveu que os insurgentes tinham sido instigados pelo mais "bárbaro" e "perverso" dos homens. O "famigerado" e "assassino" pretendia, segundo o oficial, distribuir entre seus adeptos o dinheiro do almoxarifado e ainda "roubaria" as "carinhosas e inocentes" filhas das famílias. "Estupro!!!", registrou o oficial. Não se conhece a versão do líder rebelde.

Uma missa foi marcada pelo comandante, no dia 2 de fevereiro, para agradecer à Divina Providência por salvar "tantas vidas". A missa foi celebrada pelo padre Luiz José de Oliveira Diniz. Nada se conhece de escritos do religioso sobre a vida dos presos na ilha.

Fernando de Noronha abrigava mais de quinhentos prisioneiros, uma boa parte revoltosos políticos. Um barco ancorado no Recife e com destino ao Pará foi deslocado pelo governo para dar apoio à repressão aos insurgentes. A revolta, porém, tinha sido sufocada.

A imprensa ligada aos conservadores aproveitou para associar os nomes do guerrilheiro das matas Vicente Ferreira de Paula, do

404

balaio Raimundo Gomes e do cabano Francisco Eduardo Angelim aos adversários liberais.

Nessa época, os liberais dominavam a política em Alagoas e reprimiam remanescentes do movimento de Vicente nas matas. O principal chefe regional do partido estava prestigiado pelo Império e ocupava, agora, o cargo de presidente do distante Rio Grande do Sul. Com experiência no enfrentamento de motins e revoltas de famílias conservadoras alagoanas, o ex-presidente e senhor de engenho João Lins Vieira Cansanção de Sinimbu recebeu missão de acabar com as últimas arestas políticas e recuperar a economia da província gaúcha, que ainda sofria os efeitos da guerra entre republicanos e imperiais.

27

O CAÇULA DOS ANGELIM
VOLTA À GUERRA (1849)

Em busca de expansão para o Mar Egeu, a Rússia tenta ocupar a Crimeia. O Império Otomano, atual Turquia, consegue apoio da França e da Inglaterra e vence a disputa. Formação do Reino da Itália pelo Império da Sardenha, com territórios da Áustria e da Igreja.

ERA TEMPO DE pobreza e feridas abertas no Rio Grande do Sul. No começo dos anos 1850, a idolatria de José Francisco ao irmão Eduardo levou o jovem combatente das guerras dos cabanos no Pará e dos farrapos no Rio Grande do Sul, agora um pequeno proprietário de terra no Pampa, a adotar o sobrenome Angelim. Era uma marca de peso sentimental e humano que pouco valia na fronteira arrasada pela guerra de dez anos entre os imperiais e os republicanos.

Os irmãos trilharam destinos diferentes. Depois de dez anos de prisão, Eduardo conseguiu ser liberto e sair vivo do presídio de Fernando de Noronha. Passou a viver em Belém, um homem doente e fora de batalhas políticas. As memórias escritas por ele na ilha sobre o passado revolucionário se perderam.

Por sua vez, José Francisco, o caçula da família Angelim, tentava escrever uma vida de legalidade no Sul. A presença forçada na tropa farroupilha – ele foi feito prisioneiro e cooptado a pegar em armas contra o Império – lhe custou caro. Ao final da guerra entre farrapos e imperiais, o mais novo dos irmãos cabanos estava no contingente de soldados republicanos presos pelo Exército em Bagé, na fronteira com o Uruguai.

O Império do Brasil não tinha um plano para adaptar à ordem os rebeldes, ligados quase todos a uma tradição guerreira. Um vaqueiro era um combatente na hora da necessidade. Um soldado era homem conhecedor do gado a qualquer momento de fome na luta armada.

A situação de José Francisco era peculiar. Mesmo experiente como imperial e republicano, talvez tenha saído de tantas guerras sem entender de montaria. Foi, possivelmente, soldado de chão, que mal tinha uma lança para compor os corpos de infantarias, os grupos que seguiam na direção do inimigo para matar e tentar sair vivos à espera de um novo combate ordenado pelos comandantes. Era um eterno cabano sem proteção nos pés.

Agora, no Pampa, longe dos igarapés e igapós da Amazônia, terra onde a guerra se trava na água e na umidade da floresta, tinha de ganhar a vida no mundo de campos abertos, solares e ao mesmo tempo de nevoeiros e frentes frias, na economia e na sociedade em torno de bois e cavalos.

Se Angelim não sabia dominar os animais, o Império muito menos entendia aquela geração de ex-soldados farrapos. Na ótica do poder central, o problema maior era o que fazer com os estancieiros donos de milícias, que aderiram à causa imperial e ajudaram de forma decisiva o governo a liquidar os revolucionários republicanos.

Um desses milicianos era Chico Pedro. No currículo de repressão aos farrapos, destruiu o estaleiro de Garibaldi – antigo chefe de José Francisco –, foi braço direito de Caxias em batalhas decisivas e, por fim, tornou-se o algoz dos lanceiros negros, escravos que pegaram em armas na guerra contra os republicanos e depois foram solenemente traídos pelos imperiais.

O Império chegou a mandar a Chico Pedro o título de Barão de Jacuí, uma posição de nobreza para um miliciano que descobriu no conflito contra os republicanos o prazer da guerra e dela não podia mais se distanciar.

Chico Pedro era quem podia oferecer serviço a ex-combatentes como José Francisco Angelim e causar preocupação a um governo que queria apenas restabelecer a paz no Sul após décadas de provocações, invasões e guerras.

CALIFÓRNIAS DE CHICO PEDRO

Nas estâncias e coxilhas do Rio Grande, homens e meninos estavam mais pobres e exaustos e mutilados. Brasileiros reclamavam que não podiam tirar o gado do lado uruguaio, onde o tinham posto para não perder no conflito. Um bando armado, ligado ao coronel Diego Lamas, provocava terror mesmo nas propriedades brasileiras.

A tropa do militar uruguaio renovava o terror na terra empapada de sangue, denunciavam brasileiros. Os estancieiros acusavam os orientais de aproveitar a situação de pós-guerra para mostrar força e tirar proveitos econômicos. O Império, diziam, não demonstrava interesse de conter os bandos e impedir roubos de animais e mortes de homens. A todo momento corria na região a história de uma terra invadida, uma família que teve as cabeças cortadas, de pastos sangrados e de plantações arrasadas.

Em 1849, um grupo de 21 soldados subordinados a Diego Lamas entrou na Estância São Pedro, próxima ao Rio Quaraí, na fronteira do Brasil com o Uruguai, e se chocou com a milícia do capitão Palácios, da Guarda Nacional. O brasileiro e outros dois homens de seu grupo foram mortos. O embate teve impacto nas estâncias quando o relato do horror chegou. Os uruguaios amarraram os corpos no teto da casa da propriedade, de cabeça para baixo, como se fossem porcos em dia de abate, descreveram tropeiros e viajantes.

Havia um poder vago na fronteira. Numa reunião, Chico Pedro, agora Barão de Jacuí, foi escolhido chefe de uma milícia formada por estancieiros, peões e agregados das propriedades. O próprio barão reclamava que não podia tirar do Pampa uruguaio 30 mil reses de uma de suas estâncias.

Com uma tropa inicial de 150 homens, ele entrou no Uruguai para garantir o transporte de gado para o lado brasileiro. A tática de marchar à noite e se antecipar ao inimigo, empregada com sucesso por Chico Pedro contra os farrapos, voltava a ser usada na luta da fronteira.

Num combate próximo a Três Lagoas, Chico Pedro perdeu sete homens de sua milícia. Outros ficaram feridos. A campanha solitária no país vizinho enfrentava a falta de recursos e apoios.

Ao mesmo tempo que combatia os orientais, o miliciano se afastava das autoridades brasileiras na região. Ele acusava o brigadeiro Arruda, responsável pelas armas na fronteira, de dar apoio a Lamas. Também acusava de integrar o consórcio "famigerado" a família do general Bento Ribeiro, veterano da Cisplatina e que atuou tanto do lado legalista quando dos rebeldes na Revolução Farroupilha.

A milícia de Chico Pedro só aumentava. Nos cálculos dele, o grupo contava, em 1850, com oitocentos homens. Foi possivelmente com um contingente de peso que, em fevereiro desse ano, derrotou a tropa do general de fronteira Servando Gomes. Num combate, trinta uruguaios teriam sido mortos.

O barão perdeu incontáveis homens nas suas "califórnias", como se chamavam as corridas de dois cavalos emparelhados. As incursões de Chico Pedro pelo território além da fronteira eram associadas ainda aos relatos do velho oeste americano pelos jornais.

A vida do combatente faz juz à máxima do Pampa de que de guerra o gaúcho só conhece o surpreender e o ser surpreendido. Ele estava sempre no passo do rio da morte. Numa travessia forçada do Rio Quaraí, sob pressão de Lamas, nove milicianos e muito mais animais morreram afogados, levados pela correnteza de água fria.

INVASÃO DE BAGÉ

O coronel João da Silva Tavares e o filho Joca voltavam a comandar a cidade e a região, anos depois de serem vencidos pelos republicanos. A aposta no Império na guerra contra os farrapos permitiu à família Tavares refazer seus currais e sua milícia. Na sombra deles, ex-combatentes como José Francisco Angelim ganharam anistia e tocaram a vida nas lides do Pampa, em pequenas posses e no comando de muares e tropas de bois. Mais. O caçula dos irmãos cabanos tornou-se dono de um cartório de notas na cidade gaúcha.

A guerra era agora a residência de José Francisco Angelim. Radicado em Bagé, nos domínios do coronel João Tavares, ele casou-se com Luiza Amália, uma jovem viúva da família Picanço, outro clã com trajetória nas batalhas da Bacia do Prata. Repetia assim o irmão cabano ao viver com uma mulher de linhagem tradicional.

Na posse de uma terra, Francisco construiu um curral, adquiriu bois e contratou peões. A guerra não demorou a bater na porteira de sua propriedade. Ainda nos anos 1840, o Império foi pressionado por estancieiros gaúchos a deter o avanço do ditador argentino Juan Manuel de Rosas.

O negócio do gado movia a economia da Argentina, do Uruguai e do Rio Grande do Sul e a guerra.

Em paralelo à formação do Estado Argentino independente desde a Revolução de 1810, Juan Manuel de Rosas formou seu império de terras de bois no interior do país. Da força obtida com seu poderoso exército pessoal ao domínio da política foi um átimo. O homem de modos do campo, que levou os cidadãos a usarem bigode mesmo que postiços e pintados, numa identidade nacional, não lutava mais por movimentar cercas de currais, mas marcos de fronteiras. A obsessão era reconstruir o Vice-Reino do Rio da Prata, o território espanhol na América do Sul que incluía o que hoje é a Argentina, o Uruguai e o Paraguai, além de terras da Bolívia e do sul do Brasil.

Rosas estava disposto a embaralhar o jogo geopolítico do continente americano, que tinha sido alterado por processos de independência que extinguiram as colônias da Espanha e Portugal e que agora caminhavam separadas.

As turbulências políticas em Montevidéu, ora aliado ao ditador argentino Juan Manuel de Rosas, ora sintonizado ao Império do Brasil, tinham impacto imediato nas estâncias gaúchas.

As terras de Bagé, no Rio Grande do Sul, foram logo impactadas pela guerra, com o fechamento dos caminhos dos tropeiros que levavam a produção de charque para outras províncias.

A região fronteiriça do Rio Grande do Sul com o Uruguai virou zona de combate. A propriedade de José Francisco Nogueira Angelim, em especial, foi invadida pelo exército argentino, que destruiu todas as benfeitorias. As plantações foram arrasadas e os animais consumidos pela soldadesca faminta.

CERCO DE MONTEVIDÉU

A conjuntura política e militar do Uruguai assustava o Império, que ainda guardava as lembranças amargas do tropeço da tropa de Dom Pedro I derrotada na Guerra da Cisplatina, que resultou na independência da antiga província.

Ao assumir o governo uruguaio, em 1830, o primeiro presidente constitucional do país, José Fructuoso Rivera, se destacou por ações para exterminar os índios charruas a pedido dos estancieiros e iniciar um confronto político com seu principal opositor, Juan Antonio Lavalleja.

Em 1836, o general Manuel Oribe, ex-ministro da Guerra de Rivera, foi eleito presidente. Veterano da Batalha de Passo do Rosário, luta travada contra o exército brasileiro, Oribe se afastou de Rivera e se aproximou de Lavalleja e do argentino Juan Manuel de Rosas.

Rivera travou uma batalha para derrubar Oribe nas margens do Arroio Carpinteria, departamento de Durazno, sendo derrotado. Dois anos depois, com apoio do general Bento Manuel, um dos líderes do movimento republicano dos farrapos, do Rio Grande do Sul, consegue voltar ao Uruguai, desta vez para ocupar Montevidéu.

Oribe não desistiu. Exilado em Buenos Aires, ele ganhou de Juan Manuel de Rosas homens e cavalos para enfrentar Rivera. Após uma série de batalhas no interior do Uruguai, Oribe chegou nas proximidades de Montevidéu, onde montou um cerco à capital e um governo revolucionário paralelo. Rivera, então, buscou apoios externos para resistir a Oribe e a Rosas. O revolucionário italiano Giuseppe Garibaldi, que atuou na Revolução Farroupilha, comandou a força naval para impedir a entrada de barcos enviados pela Argentina.

A Guerra Grande, entre os brancos, liderados por Oribe, e os colorados, por Rivera, início da atuação dos dois maiores partidos da história do Uruguai, foi uma sucessão de trocas constantes de apoios. E, numa reviravolta, Rivera abandonou o apoio aos farrapos e conseguiu a adesão do Império do Brasil.

A luta travada entre brancos e colorados mantinha a turbulência política no Rio Grande do Sul mesmo após o fim da Guerra dos Farrapos, entre imperiais e republicanos. Para os estancieiros, o conflito no país vizinho impunha cercas que separavam não apenas países antes aliados, mas seus próprios pastos, que não viam fronteiras políticas e nacionais. As propriedades se estendiam pelos territórios brasileiro e uruguaio, boiadas cruzavam um Pampa sem divisas.

Sob pressão dos estancieiros gaúchos, o Brasil ajudou Rivera com recursos para resistir ao cerco de Oribe. Em 1851, o Conde de Caxias organizou no Rio Grande do Sul uma tropa de 16 mil homens para aniquilar a força do caudilho uruguaio. No início de setembro, os brasileiros invadiram o país. Nessa época, o Uruguai contava com 132 mil habitantes, uma parte deles de origem portuguesa.

Oribe não impôs resistência e encerrou, no mês seguinte, seu governo revolucionário em Montevidéu. O governo de Rivera tornou-se único. Pela vitória contra os brancos, pagou ao aliado com o reconhecimento de dívidas e a entrega de parte de seu território e o controle exclusivo da navegação na Lagoa Mirim.

Com a conquista de Montevidéu, Caxias aproximou-se de nomes influentes nas casernas do Uruguai e da Argentina. Um deles era o general uruguaio Eugenio Garzón. Agora aliados contra Rosas, Caxias e Garzón trocavam impressões sobre antigas batalhas em que estiveram em campos opostos.

Foi o caso do embate em Passo do Rosário, no Rio Grande do Sul, luta decisiva da Guerra da Cisplatina. Garzón relatou estratégias do comandante da tropa que bateu os brasileiros, o general argentino Carlos María Alvear. Nas conversas, Caxias pôde avaliar a "confusão" dos brasileiros, que foram surpreendidos pelo inimigo, marchando às cegas, sem informações, enquanto o outro lado tudo tinha planejado.

Garzón chegou a namorar uma antiga namorada do brasileiro. Ao menos entre as cúpulas militares, as relações entre os dois países estava consolidada para enfrentar outras guerras juntos.

O general uruguaio era o nome de aposta das diferentes correntes que derrotaram Oribe para chefiar o país. Candidato à presidência, Garzón morreu repentinamente, em dezembro de 1851, no caminho para Montevidéu, por vírus contraído em campo de batalha.

BATALHA DE SANTOS LUGARES

Após derrubar Oribe no Uruguai, o Império do Brasil enviou uma divisão de 4 mil oficiais e soldados brasileiros para reforçar a dissidência argentina formada pelas províncias de Corrientes e Entre Rios. No princípio de 1852, o grupo liderado pelo brigadeiro Manoel Marques de Souza se juntou à força do governador entrerriense, Justo José Urquiza, principal adversário de Juan Manuel de Rosas.

Desde 1827, quando brasileiros e argentinos se duelaram na Batalha de Passo do Rosário, no Rio Grande do Sul, militares dos dois países mantinham uma relação quase de guerra permanente. A missão de Urquiza de unir dois polos era das mais arriscadas.

À espera do Grande Exército Aliado de Libertação, como a tropa de Urquiza foi batizada, Rosas concentrou sua força nas cercanias de Buenos Aires.

O caudilho tinha o controle de uma cavalaria de 15 mil combatentes e outros 20 mil homens da infantaria e da artilharia. Carregava sessenta canhões.

Por sua vez, brasileiros, entrerrienses e dissidentes contavam com 16 mil cavaleiros, de um total de 25 mil oficiais e praças, além de mais de quarenta peças de artilharia. O contingente contava ainda com 2 mil uruguaios e dissidentes de Buenos Aires.

A 1º de fevereiro de 1852, os aliados chegaram à região de Monte Caseros, onde hoje é o Colégio Militar de la Nación, na Grande Buenos Aires. Soldados brasileiros se misturavam a argentinos e uruguaios na tropa formada para derrubar Juan Manuel de Rosas.

"Viva o Brasil, viva o imperador", gritou Urquiza diante da divisão brasileira, na madrugada de 3 de fevereiro. Os imperiais reagiram gritando o nome do comandante argentino.

Rosas estava numa chácara na área de Caseros para organizar pessoalmente o combate.

Ainda pela manhã, as duas vanguardas começaram a atirar. O exército de Rosa impôs um pesado bombardeio. Em meio à fumaça e ao odor do chumbo, tiveram início no terreno lamacento as manobras das infantarias e uma guerra de baionetas. A guerra corpo a corpo alastrava o horror, com seus homens sem braços e pernas, seus feridos e seus desenganados.

Os aliados avançaram. Os combates se estenderam até as três da tarde. Ao final, Santos Lugares era canteiro de corpos, sangue e horror. Estima-se que 1.200 militares de Juan Manuel de Rosas e quatrocentos combatentes aliados morreram.

O caudilho argentino deixou o *front* e voltou a Buenos Aires disfarçado de marinheiro. Na cidade, ele apelou à diplomacia do Reino

Unido, que o embarcou num navio britânico com sua filha Manuelita para Londres, de onde nunca mais sairia. Os Aliados entraram na capital portenha. Das fileiras vitoriosas sairiam três futuros presidentes da Argentina. Urquiza e Bartolomeu Mitre e Domingo Sarmiento, oficiais adversários de Rosas.

Era mais um tempo de paz de um lado a outro da fronteira sul do Brasil. Em Bagé, no Rio Grande, José Francisco Angelim, o ex-combatente cabano e farroupilha, aumentou a criação de bois, fez novas plantações e ainda ganhou uma patente de tenente da Guarda Nacional, o que mostrava sua boa inserção na sociedade bageense. Nesse período, ele e sua mulher, Luiza Amália, aumentaram a posse de terra que possuíam e tiveram as filhas Rita e Maria Januária.

As meninas eram bem pequenas quando o pai se preparou para sua quarta refrega. O veterano dos movimentos separatistas da Amazônia e do Pampa estava isolado em sua propriedade quando foi informado de que o Império recrutava as milícias do Rio Grande do Sul para combater Solano López, ditador do Paraguai. Os senhores das estâncias que comandavam escravos e homens livres se prontificaram a apoiar o governo no novo conflito continental.

Exatamente vinte anos após a tomada de Belém pelo movimento contra a Regência que tinha seus irmãos entre os líderes, Angelim era recrutado agora pelo Estado para um conflito armado contra outro país. Não era mais um conflito pendente da guerra pela independência, mas um embate entre nações.

Na fronteira, a guerra começou para valer mesmo a 26 de dezembro de 1864, quando soldados paraguaios escalaram a muralha do Forte Coimbra, num despenhadeiro da margem do Rio Paraguai, na então província perdida de Mato Grosso, e puseram para correr famílias militares brasileiras.

O Império voltava a recrutar homens capazes de pegar em armas, de todas as cores e raças. A guerra era novamente tempo de inclusão numa ofensiva de país, ainda que negros, mestiços, europeus pobres e indígenas fossem incluídos dentro de uma rígida hierarquia bélica.

O Brasil tornou-se livre, iniciou a consolidação do Estado nacional, estava num Segundo Reinado e abria a jornada de embates de espírito republicano sem, no entanto, resolver os problemas da morte por convicções políticas, da disputa por terra, da tortura e principalmente da escravidão.

O processo separatista nem sempre foi inclusivo. Muitos sucumbiram ao desejo de levar o debate da abolição para dentro dos movimentos ou ver a liberdade plena do indivíduo. O senhor de engenho que brigava contra Lisboa jamais estendia seu embate a demandas de seus escravos, afinal ele era o Estado no microcosmo de sua propriedade. Era assim também no Pampa, na Amazônia, em Mato Grosso.

Em todas as fases da guerra pela independência e soberania, como agora, a luta por liberdade não era necessariamente uma batalha por direitos de todos – ou muitos. Essa visão ao menos perturba quem se dispõe a levantar papéis, a cruzar dados, a comparar tempos, a refletir sobre o exercício do poder no passado mais remoto ou no presente.

Se demorou para o Estado Português reconhecer que os indígenas eram seres diferentes de uma tartaruga, o Império do Brasil e suas elites de sustentação ainda não aceitavam que um corpo não era propriedade do outro. A guerra da independência se arrastava.

Com o conflito na Tríplice Fronteira à vista, o tempo da guerra viria diferente.

A nova disputa ocorria por questão de terra. Entretanto, pela primeira vez os brasileiros se envolveriam num confronto da era da fotografia. Os feridos, os soldados descalços, os prisioneiros e os homens e meninos na hora da execução seriam eternizados pela luz, talvez mais impactante paradoxo da escuridão da guerra.

A cólera, letal mesmo nos dias de vitória, o surto psíquico na lama perversa da batalha e o delírio de quem matou ou foi atingido por estilhaços também poderiam ser registrados, a partir dali, pelas imagens congeladas das faces de horror dos mortos, dos sem esperança e dos dispostos a enfrentar o impossível, os inteiramente vivos.

LISTA DAS GUERRAS

1. GUERRA SEM FIM
Guerra dos Aimorés, Minas Gerais e Espírito Santo, 1808
Guerra dos Tupiniquins, Espírito Santo, 1808
Guerra de Guarapuava, Paraná, 1810
Guerra das Missões, Rio Grande do Sul, 1809
Guerra dos Xoklengues, Santa Catarina, 1809

2. A ESPADA GUARANI
Batalha da Banda Oriental, Uruguai, 1811 (Primeira Campanha)
Invasão de Montevidéu, Uruguai, 1816 (Segunda Campanha)
Ataque de Ibicuí, Rio Grande do Sul, 1816 (Segunda Campanha)
Cerco de São Borja, Rio Grande do Sul, 1816 (Segunda Campanha)
Batalha de Índia Muerta, Rocha, Uruguai, 1816 (Segunda Campanha)
Batalha de Santa Maria, Rio Grande do Sul, 1819 (Segunda Campanha)
Emboscada de Camacuã, São Borja, Rio Grande do Sul, 1819 (Segunda Campanha)
Batalha de Taquarembó, Uruguai, 1820 (Segunda Campanha)
Tomada de Caiena, Guiana Francesa, 1809

3. RECIFE REVOLUCIONÁRIA
Motim do Leão Coroado, Recife, Pernambuco (Revolução de 1817)
Insurreição em Fernando de Noronha (Revolução de 1817)
Milícia dos índios de Cimbres e Jacuípe (Revolução de 1817)
Batalha do Merepe, Ipojuca, Pernambuco (Revolução de 1817)
Batalha do Trapiche, Paulista, Pernambuco (Revolução de 1817)
Queda do governo revolucionário, Recife (Revolução de 1817)

4. BÁRBARA REPÚBLICA
República no Crato, Ceará (Revolução de 1817)
Movimento do Paraíso Terreal, Bonito, Pernambuco, 1820
Movimento dos Cerca-Igreja, Crato, Ceará, 1821

5. DUAS NAÇÕES EM BUSCA DE INDEPENDÊNCIA
Revolta Liberal de Belém, Pará, 1821
Morte dos 16 da Bahia, 1821
Movimento do Rossio, Rio de Janeiro, 1821
Revolta da Praça do Comércio, Rio de Janeiro, 1821
Revolta de Goiana, Pernambuco, 1821

6. RECORDAI-VOS DAS FOGUEIRAS DO BONITO
Invasão do Convento da Lapa, Salvador, Bahia, 1822 (Independência)
Movimento de Cachoeira, Bahia, 1822 (Independência)
Batalha do Funil, Itaparica, Bahia, 1822 (Independência)
Ataque a Itaparica, Bahia, 1822 (Independência)

7. A GUERRA DOS SEM-OURO
Golpe de Vila Boa de Goiás, Goiás Velho, 1821
Movimento Separatista de Cavalcante, Goiás, 1821
Movimento repressivo no norte goiano, Goiás e Tocantins, 1822

8. O CAVALO
Motim da Polícia de Santos, São Paulo, 1821
Cerco do Castelo, Rio de Janeiro, 1822 (Independência)
Movimento do Ipiranga, São Paulo, 1822 (Independência)
Movimento independente de Icó, Ceará, 1822 (Independência)

9. GUERRA DA BAHIA
Manobra do Morro de São Paulo, Cairu, Bahia, 1822 (Independência)
Batalha de Pirajá, Salvador, Bahia, 1822 (Independência)
Ataque de Itaparica, Bahia, 1823 (Independência)
Motim dos Periquitos, Cachoeira, Bahia, 1823 (Independência)

Batalha de Caravelas, Bahia, 1823 (Independência)
Cerco de Salvador, Bahia, 1823 (Independência)
Revolta da Cidade da Bahia, 1823 (Independência)
Revolta dos Periquitos, Salvador, Bahia, 1824

10. O VAQUEIRO
Movimento do Doutor Caú, Oeiras, Piauí, 1821 (Independência)
Movimento de Parnaíba, Piauí, 1822 (Independência)
Movimento da Vaca Mocha, Piauí, 1822 (Independência)
Batalha do Jenipapo, Campo Maior, Piauí, 1822 (Independência)

11. JOÃO BUNDA
Tomada de Manga, Maranhão, 1823 (Independência)
Combate de Itapecuru-Mirim, Maranhão, 1823 (Independência)
Cerco a Caxias, Maranhão, 1823 (Independência)
Assalto a São Luís, Maranhão, 1823 (Independência)

12. A CONQUISTA DA AMAZÔNIA
Tragédia do *Andorinha*, 1823 (Independência)
Saque do Rio Tejo, Lisboa, Portugal, 1823 (Independência)
Movimento de Independência no Marajó, Pará, 1823
    (Independência)
Fuzilamento dos cinco, Belém, Pará, 1823 (Independência)
Massacre do *Palhaço*, Belém, Pará, 1823 (Independência)
Guerra civil de Cametá, Pará, 1823 (Independência)
Batalha do Rio Amazonas, Monte Alegre e Alenquer, Pará, 1824
    (Independência)
Movimento de Turiaçu, hoje Maranhão, 1824
Batalha do Tocantins, Cametá, Pará, 1826

13. DA CONSTITUINTE À GUERRA
Noite da agonia, Rio de Janeiro, 1823
República em Campo Maior, Ceará, 1824
Revolta do Recife, Pernambuco, 1824 (Confederação do Equador)

Chacina dos índios de Dom João, Pernambuco, 1824
(Confederação do Equador)
Batalha de Maragogi, Alagoas, 1824 (Confederação do Equador)
Revolta da Parnaíba, Piauí, 1824 (Confederação do Equador)
Batalha de Picadas, Triunfo, Paraíba, 1824 (Confederação do Equador)
Batalha de Santa Rosa, Ceará, 1824 (Confederação do Equador)

14. NO INFERNO DO MAR DA PATAGÔNIA
Ataque de Rincão das Galinhas, Soriano, Uruguai, 1825
(Guerra Cisplatina)
Batalha de Sarandí, Flores, Uruguai, 1825 (Guerra Cisplatina)
Batalha de Passo do Rosário, Rio Grande do Sul, 1827
(Guerra Cisplatina)
Batalha da Ilha Juncal, Carmelo, Colônia, Uruguai, 1827
(Guerra Cisplatina)
Terror no Dia do Corpo de Deus, Vitória, Espírito Santo, 1827
(Guerra Cisplatina)
Ataque pirata contra o imperador, Santa Catarina, 1826 (Guerra
Cisplatina)
Batalha da Patagônia, Carmen de Patagones, Argentina, 1827
(Guerra Cisplatina)

15. SINOS POLÍTICOS DE MINAS
Motim dos soldados estrangeiros, Rio de Janeiro, 1828
Morte de Líbero Badaró, São Paulo, 1830
Movimento dos liberais mineiros, Minas Gerais, 1831
Noite das Garrafadas, Rio de Janeiro, 1831
Golpe contra o imperador, Rio de Janeiro, 1831

16. ZUMBI REENCARNADO
Motim liberal do Recife, Pernambuco, 1831
Motim do Xem-Xem, Recife, Pernambuco, 1831
Guerra dos papa-méis de Sua Majestade, Alagoas, 1831

17. O POLICIAL CAXIAS

Revolta dos chapéus de palha, Rio de Janeiro, 1831
República na Praia de Botafogo, Rio de Janeiro, 1832
Revolta dos servidores da Quinta, Rio de Janeiro, 1832
Golpe da fumaça, Ouro Preto, Minas Gerais, 1833
Revolta das Carrancas, Minas Gerais, 1833

18. OS CACETES SAGRADOS

Revolta dos cabras, Jardim, Ceará, 1831 (Revolta de Pinto Madeira)
Batalha de Buritis, Barbalha, Ceará, 1831 (Revolta de Pinto Madeira)
Batalha de Várzea Alegre, Ceará, 1832 (Revolta de Pinto Madeira)
Batalha de Icó, Ceará, 1832 (Revolta de Pinto Madeira)
Massacre do Rio Jaguaribe, Ceará, 1832 (Revolta de Pinto Madeira)
Batalha do Salgado, Barbalha, Ceará, 1832 (Revolta de Pinto
Madeira)
Rendição de Pinto Madeira, Crato, 1832 (Revolta de Pinto Madeira)

19. A COROA DOS REIS DE CONGO

Guerra do Cara Preta, Manga, Maranhão, 1838 (Balaiada)
Batalha de Angicos, Maranhão, 1839 (Balaiada)
Cerco de Caxias, Maranhão, 1839 (Balaiada)
Revolta do Paty do Alferes, Rio de Janeiro, 1838
Guerra da Liberdade Republicana, Mearim, Maranhão, 1839
(Balaiada)
Batalha do Baixão, Maranhão, 1841 (Balaiada)

20. COGUMELOS LUMINOSOS

Crimes de Né, Oeiras, Piauí, 1835
Ataque ao Quilombo de Preto Cosme, Vitória do Mearim,
Maranhão, 1841 (Balaiada)
Saque das fazendas do Piauí, 1841 (Balaiada)
Revolução de Oeiras, Piauí, 1843

21. **TODA TRISTEZA DESTA VIDA**
Resistência dos negros de Vila Bela, Mato Grosso, 1834
Matança dos bicudos, Cuiabá, Mato Grosso, 1834
Revolta dos Malês, Salvador, Bahia, 1835
Revolta da Cemiterada, Salvador, 1836
Massacre da Pedra Bonita, Belmonte, Pernambuco, 1838

22. **OS IRMÃOS ANGELIM**
Revolta de Acará, Pará, 1835 (Cabanagem)
Tomada de Belém, Pará, 1835 (Cabanagem)
Batalha dos Vinagre, Pará, 1835 (Cabanagem)
Massacre de Vigia, Pará, 1835 (Cabanagem)
Batalha dos índios piratas, Autazes, Amazonas, 1838 (Cabanagem)
Cerco do Brigadeiro Andrea, Belém, Pará, 1839 (Cabanagem)

23. **O JOVEM CABANO VIRA FARRAPO**
Cerco de Porto Alegre, Rio Grande do Sul, 1835 (Farrapos)
Batalha do Arroio Seival, Candiota, Rio Grande do Sul, 1836
(Farrapos)
Batalha do Fanfa, Triunfo, Rio Grande do Sul, 1836 (Farrapos)
Revolta da Sabinada, Salvador, Bahia, 1837
Batalha do Barro Vermelho, Rio Pardo, Rio Grande do Sul, 1838
(Farrapos)
Tomada de Laguna, Santa Catarina, 1839 (Farrapos)
Massacre de Imaruí, Santa Catarina, 1839 (Farrapos)

24. **O SEQUESTRO DO PEQUENO IMPERADOR**
Golpe da Maioridade, Rio Janeiro, 1840
Golpe contra os papos amarelos, Rio de Janeiro, 1841
Cerco de Capela, Sergipe, 1841
Expurgo de homens de cor, Rio de Janeiro, 1842
República em Sorocaba, São Paulo, 1842 (Revolução Liberal)
Batalha das Trincheiras, Silveiras, São Paulo, 1842
(Revolução Liberal)

Milícia de Pindamonhangaba, São Paulo, 1842 (Revolução Liberal)
Revolta de Barbacena, Minas, 1842 (Revolução Liberal)
Batalha de Santa Luzia, Sabará, Minas, 1842 (Revolução Liberal)

25. ÁRVORES NEGRAS

Massacre dos Lanceiros Negros, Rio Grande do Sul, 1844 (Farrapos)
Revolta de Queimado, Serra, Espírito Santo, 1849
Bombardeio naval de Paranaguá, Paraná, 1850
Captura de Porto das Caixas, Itaboraí, Rio, 1860

26. ZUMBI E O MENINO DE ENGENHO

Guerra entre lisos e cabeludos, Maceió, Alagoas, 1844
Revolução da Praia, Olinda e Recife, Pernambuco, 1848
Guerrilhas das matas, Alagoas, 1849
Fuga de Pedro Ivo, Rio de Janeiro, 1852
Revolta do 797 e do 798 (Marimbondos), Paudalho,
    Pernambuco, 1852
Revolta de Fernando de Noronha, 1854

27. O CAÇULA DOS ANGELIM VOLTA À GUERRA

Califórnias de Chico Pedro, Rio Grande do Sul, 1849
Invasão de Bagé, Rio Grande do Sul, 1851
Cerco de Montevidéu,Uruguai, 1851
Batalha de Santos Lugares, Buenos Aires, Argentina, 1852

REFERÊNCIAS

No interior e nas periferias das cidades do país escritores formaram uma bibliografia de Brasil em paralelo à produção editorial dos grandes centros. Dela aproveitei histórias, fatos e análises nas pesquisas deste livro sobre guerras brasileiras.

O trabalho de pesquisa levou em conta relatos de participantes, testemunhas e vítimas de guerras, registros de impressões de lugares, consultas de processos de terra nos cartórios, inquéritos policiais e relatórios de Comissões Parlamentares de Inquérito, análise de documentos de acervos particulares e leitura de jornais antigos e livros fascinantes.

A proposta de retratar o país em crônicas de conflitos armados, numa obra ou sequência, modelo deste livro, tem tradição. É preciso destacar como fontes de análise os textos de Rui Facó, autor de *Cangaceiros e fanáticos: gênese e lutas*, Civilização Brasileira, Rio, 1963, Nertan Macedo, *Memorial de Vilanova*, e Glauco Carneiro, *História das revoluções brasileiras*, ambos da Edições O Cruzeiro, do Rio, 1964 e 1965, Hernâni Donato, *Dicionário das batalhas brasileiras*, Biblioteca do Exército, Rio, 2001, Edgard Carone, *Revoluções do Brasil contemporâneo (1922/1938)*, Difel, São Paulo, 1965, Frederico Pernambucano de Mello, *Guerreiros do sol, o banditismo no Nordeste do Brasil*, Massangana, Recife, 1985, e Clóvis Moura, *Dicionário da Escravidão Negra no Brasil*, Edusp, 2004, São Paulo.

Foram referências recorrentes Manoel Bonfim, *O Brasil Nação*, Topbooks, Rio, 1996, Evaldo Cabral de Mello, *A outra independência, federalismo pernambucano de 1817 e 1824*, Editora 34, São Paulo, 2004, José Murilo de Carvalho, *Cidadania no Brasil, um longo caminho* e *A construção da ordem e Teatro de sombras*, Civilização Brasileira, Rio, 2002 e 2019, Celso de Castro, *Exército e Nação*, Fundação Getúlio Vargas, Rio, 2012, Manuela Carneiro da Cunha, organizadora do *História dos Índios no Brasil*, Companhia das Letras, São Paulo, 1992, Otávio Velho, *Mais realistas do que o rei, ocidentalismo, religião e modernidades alternativas*, Topbooks, 2007, José de Souza Martins, *Fronteira, a degradação do outro nos confins do humano*, Contexto, São Paulo, 2009, e Euclides da Cunha e seus paradoxos. Afinal, *Os sertões* encerrou o ciclo do conceito de centro na história brasileira e abriu o incômodo debate da existência da nação não visível a olho nu, no interior mais distante do litoral.

1. GUERRA SEM FIM

Para Aimorés, Fundo Assessoria de Segurança e Informação da Fundação Nacional do Índio, Arquivo Nacional, Brasília, anos 1960 e 1970, Ação ordinária de nulidade de títulos sobre os imóveis rurais nas terras indígenas dos krenaks, Supremo Tribunal Federal, 1983, e Ação civil pública de reparação, Tribunal Federal de Justiça, Belo Horizonte, 2015. Para poema de Anchieta, Feitos de Mem de Sá, Ministério da Educação, Brasília, 1970. Para festas na Corte, *Gazeta do Rio de Janeiro*, 7 de novembro de 1810. Para *castratti*, *Dom João VI no Brasil*, Oliveira Lima, Topbooks, 2006. Para guerras do regente, "Cartas Régias de 13 de maio e 5 de novembro de 1808 e 1º de abril de 1809", Coleção de Leis do Brasil de 1808 e Coleção de Leis do Brasil de 1809, Imprensa Nacional, Rio, 1891, e Fundo Dom João VI, Arquivo Nacional. Para reação dos aimorés, "A produção histórica dos vazios demográficos: guerras e chacinas no vale do rio Doce (1800-1830)", *Revista de História da Ufes*, Vitória, 2001, e *Espírito Santo Indígena*, Vânia Maria Losada Moreira, APEES, Vitória,

2017. O capítulo levou em conta "A guerra de D. João contra os índios botocudos: contexto e motivações", Luís Rafael Araújo Corrêa, História em Rede, 2019, e "A guerra ofensiva aos 'Botocudos Antropófagos' nas minas oitocentistas e seus significados para a nacionalidade brasileira em formação: Uma abordagem comparativa", Izabel Missagia de Mattos, UFRRJ, *Revista Silva*, 2017. Vale sugerir "Guerra sem fim", documentário que teve participação de Douglas Krenak, sobre o regime militar, da produtora Unnova, São Paulo, 2016. Para DNA, "Genoma insight into the origins and dispersal of the Brazilian coastal nativs", PNAS, 4 de fevereiro de 2020, Marcos Araújo Castro e Silva, e outros. Para Guarapuava, *Atualidade indígena*, Telêmaco Borba, Curitiba, Impressora Paranaense, 1908, "Bugre ou índio: Guarani e Kaingang no Paraná", *Hierarquia e Simbiose: relações intertribais no Brasil*, Alcida Rita Ramos, São Paulo, Hucitec, 1980, *Aspectos da organização social dos Kaingángs*, Delvair Montagner, Funai, Brasília, 1976, *As guerras dos Índios Kaingang: a história épica dos índios Kaingang do Paraná, 1769-1924*, Lúcio Tadeu Mota, Universidade Estadual do Paraná, Maringá, 1994, "Terras de aldeamentos: Trajetória e Sepultura nos Campos de Guarapuava", Cristiano Augusto Durat, *Revista Crítica Histórica*, Curitiba, 2011.

2. A ESPADA GUARANI

Para São Borja e Francisco Chagas dos Santos, *História das Missões Orientais do Uruguai*, Aurélio Porto, Imprensa Oficial, Rio, 1943. Para Andresito, *História Militar do Brasil*, Gustavo Barroso, Edições do Senado, Brasília, 2019, e "El ultimo combate militar de Andresito", Miguel Galmarim, Misiones Online, 2012. Para Lecor, "O general Lecor, os Voluntários Reais e o Conflito pela Independência do Brasil na Cisplatina (1822-1824)", tese de Fábio Ferreira, UFF, Niterói, 2012, e os livros *História da Guerra Cisplatina*, David Carneiro, Companhia Editora Nacional, São Paulo, 1946, *O movimento da independência*, de Oliveira Lima, Topbooks, 1997, e do mesmo autor e editora *Dom João VI no Brasil*. Para Guiana, "Tomada de Caiena: seu significado para a história do Corpo de Fuzileiros Navais", Ronaldo Lopes de Melo, "A conquista de Caiena – 1809 – Retaliação, expansão territorial ou fixação de fronteiras?", Arno Wehling, e "A tomada de Caiena vista do lado francês", Ciro Flamarion Cardoso, *Revista Navigator*, número 11, 2010.

3. RECIFE REVOLUCIONÁRIA

Para aspectos sociais da cidade do Rio, *História da formação da sociedade brasileira, D. João VI e o início da classe dirigente do Brasil*, J.F. de Almeida Prado, Companhia Editora Nacional, 1968, Notas Dominicais, *Domingos Martins e a revolução pernambucana de 1817,* Norbertino Bahiense, Belo Horizonte, 1974, "Highly Important! Revolution in Brazil": a divulgação da república de Pernambuco de 1817 nos Estados Unidos, Flávio José Gomes Cabral, *Clio, Revista de Pesquisa Histórica*, Recife, 2015, e *Notas Dominicaes*, Louis-François Tollenare, Recife, Secretaria de Educação e Cultura, 1978. Para Gervásio, "A formação da Junta Governativa de Goiana e a Crise do Antigo Regime Português em Pernambuco", Juliana Ferreira Sorgine, XXIII Simpósio Nacional de História, Londrina, 2005. Para Fernando de Noronha, "Defesa do capitão José de Barros Falcão de Lacerda, Devassa da Rebelião de Pernambuco", 1817, Coleção Carvalho, Biblioteca Nacional, Rio. Para indígenas de Cimbre, "Os índios e o Ciclo das Insurreições Liberais em Pernambuco (1817-1848): Ideologias e Resistências", de Marcus Joaquim Maciel de Carvalho, publicado em *Índios do Nordeste: temas e problemas – III*, de Luiz Sávio de Almeida e Marcos Galindo, Maceió, EDUFAL, 2002. O manifesto de Sampaio foi divulgado no texto "Os índios do Ceará na Revolução Pernambucana de 1817", de João Paulo Peixoto Costa, *Diálogos*, v. 21, n. 3, 2017. O pesquisador se baseia no documento: "Proclamação aos índios do Ceará quando partiram para o ataque das capitanias sublevadas", de Manuel Ignácio de Sampaio. Fortaleza, 26 de maio de 1817. APEC, GC, livro 28, p. 45V. Para Cidade Terreal, *Memória Justificativa sobre a conducta do Marechal de Campo Luiz do Rego Barreto durante o tempo em que foi governador de Pernambuco e presidente da Junta Constitucional do Governo da mesma província,* Typographia Desiderio Marques Leão, Lisboa, 1822, fac-símile do Conselho Estadual de Cultura de Pernambuco, 1971. Os números de mortos foram retirados do ensaio "Paraíso Terreal: a rebelião sebastianista na serra do Rodeador, Pernambuco, 1820", de Flávio José Gomes Cabral, Universidade Federal de Pernambuco, 2002.

4. BÁRBARA REPÚBLICA

Para família Alencar, atas da Província do Ceará (1824-1840), Arquivo Público do Ceará, e Correspondência passiva do senador José Martiniano Alencar, Anais da Biblioteca Nacional, volume 86, Rio de Janeiro, 1968. A presença de Filgueiras na história foi sistematizada no estudo "A plebe heterogênea da independência: armas e rebeldia no Ceará", Tyrone Apollo Pontes Cândido, Unifesp, setembro de 2018. Para a relação entre Bárbara e o vigário do Crato, *Viagens no Brasil,* George Gardner, Companhia Editora Nacional, 1942, e o folheto "Heroína nacional, Bárbara de Alencar", José Carvalho, Belém, janeiro de 1919. Para perfil de Arruda Câmara, "O 'testamento' de Arruda Câmara", Reynaldo Xavier Carneiro Pessoa, Departamento de História da Faculdade de Filosofia, Letras e Ciências Humanas da USP, 7 de julho de 1972. O trabalho científico do monsenhor é relatado no ensaio "Manuel Arruda da Câmara: A República das Letras nos Sertões", de Lorelai Brilhante Kury, em *Sertões adentro: viagens nas caatingas, séculos XVI a XIX,* org. Andrea Jakobsson, Rio, Estúdio Editorial, 2012, p. 160-203.

5. DUAS NAÇÕES EM BUSCA DE INDEPENDÊNCIA

Para revolta de Belém, *Motins políticos ou a história dos principais acontecimentos políticos da província do Pará desde o ano de 1822 até 1831*, de Domingos Antônio Raiol, Rio, Tipografia do Imperial Instituto Artístico, 1865. Para Rossio, *Gazeta do Rio de Janeiro*, 26 de fevereiro de 1821. Para Praça do Comércio, *Gazeta do Rio de Janeiro*, 25 de abril de 1821. Para Goiana, "Os efeitos da notícia da revolução liberal do Porto na província de Pernambuco e a crise do sistema colonial no nordeste do Brasil (1820-1821)", Flávio José Gomes Cabra, *Fronteras de la Historia*, Instituto Colombiano de Antropología e Historia Bogotá, Colombia, n. 11, 2006.

6. RECORDAI-VOS DAS FOGUEIRAS DO BONITO

Para exportações na Colônia, *Formação econômica do Brasil*, Celso Furtado, Companhia das Letras, 2007, e "A grande crise da independência", Gilberto Maringoni, *Desafios do Desenvolvimento*, número 75, IPEA, 2012. O livro *Memórias Históricas e Políticas da Província da Bahia*, de Ignácio Accioli de Cerqueira e Silva, da Typographia do Correio Mercantil, publicado em Salvador, em 1836, serviu de base para relatos da independência nas cidades baianas. Para Cachoeira, *Independência do Brasil na Bahia*, Luís Henrique Dias Tavares, EDUFBA, Salvador, 2005. Os trechos de mensagens pessoais do príncipe regente foram tirados de *Cartas de D. Pedro, príncipe regente do Brasil, a seu pai, D. João VI, rei de Portugal (1821-1822)*, selecionadas por Eugênio Egas, Typographia Brasil, São Paulo, 1916.

7. A GUERRA DOS SEM-OURO

Para ações do governador Sampaio e movimentos separatistas goianos, *Pela história de Goiás*, Antônio Brasil, Editora UFG, 1980,

"O perfil da elite dirigente goiana na primeira metade do século XIX", Martha Victor Vieira, *Opsis*, vol. 16, número 2, julho-dezembro de 2016, Catalão. Para Segurado, "Ofício do presidente do governo provisório da província de São João das Duas Barras à Comissão Especial dos Negócios Políticos do Brasil", 13 de outubro de 1821, Projeto Resgate, Biblioteca Nacional.

8. O CAVALO

Para Junta de São Paulo, "O sete de setembro, tributo à memória dos heróis da independência", folheto da Tipografia Paula Brito, Rio 1857. Para Leopoldina e Dom Pedro, *O movimento da independência*, 1821-1822, Oliveira Lima, Topbooks, 1997. *Para Ipiranga, O movimento da independência, 1821-1822*, também de Oliveira Lima, Editora Proprietária, São Paulo, 1922, *O Brasil na História*, Manoel Bonfim, Rio, Francisco Alves, 1931, e *História dos Fundadores do Império do Brasil*, Octávio Tarquínio de Sousa, José Olímpio, Rio, 1957. A história de Chaguinhas foi contada por Antonio de Toledo Piza na *Revista do Instituto Histórico e Geográfico de São Paulo*, em 1901, e no *O Estado de S. Paulo*, 18 de outubro de 1936 e 19 de setembro de 1957. Para coroação de Pedro, *Histórias de Nossa História*, Viriato Corrêa, Editora Getúlio Costa, Rio, 1920. Para Avillez, "Ordem do Dia", de Jorge d´Avillez, Praia Grande, 14 de janeiro de 1822, documento da Biblioteca Guita e José Mindlin, São Paulo. Para João Carlos, "Do Fico à Independência", Leonardo Truda, *Revista do Instituto Histórico e Geográfico do Rio Grande do Sul*, Typographia do Centro, Porto Alegre, 1922. Para Vale do Paraíba, *Os barões do café*, José Luiz Pasin, Vale Livro, Aparecida, 2001, *O Visconde da Palmeira e a cidade imperial*, José Maurício Puppio Marcondes, JAC Gráfica e Editora, São José dos Campos, 2000, e *Roteiro do Café e outros ensaios*, Sérgio Milliet, Departamento de Cultura, São Paulo, 1941. Para economia do Primeiro Reinado, *Formação Econômica do Brasil*, Celso Furtado, Companhia

Editora Nacional, 2005. Para a primeira imperatriz do Brasil, *Dona Leopoldina, Cartas de uma imperatriz*, organização de Bettina Kann e Patrícia Souza Lima, Estação Liberdade, São Paulo, 2006, e *D. Leopoldina, a história não contada. A mulher que arquitetou a Independência do Brasil*, de Paulo Rezzutti, Leya, São Paulo, 2017, e *A imperatriz Leopoldina, sua vida e época: ensaio de uma biografia*, Carlos Oberacker Jr., Conselho Federal de Cultura, Rio, 1973, e *A carne e o sangue: A imperatriz D. Leopoldina, D. Pedro I e Domitila, a marquesa de Santos*, Mary del Priore, Rocco, Rio, 2012. A relação entre Dom Pedro e José Bonifácio foi descrita nas *Anotações de Vasconcelos A.M.V. de Drummond à sua biografia*, Brasília, Senado Federal, 2012. O livro de memórias também registra a preferência de Bonifácio pelo título de imperador ao de rei concedido a Pedro.

9. GUERRA DA BAHIA

Para situação das tropas brasileiras no Recôncavo e Itaparica, "Ofício do coronel Salvador Pereira da Costa ao Conselho de Governo", escrita em Nazareth, e carta do militar Antônio Joaquim Álvares do Amaral, Engenho Paraguaçu, ambas de 3 de janeiro de 1823, conjunto "Ofícios, relatórios, mapas e outros documentos relativos à Guerra na Bahia", Seção de manuscritos da Biblioteca Nacional. Para declaração de Pierre de Labatut aos seus subordinados, "Manifesto ao Exército", 24 de dezembro de 1822, da mesma coleção. Para Cochrane, *Narrativa de serviços no libertar-se o Brasil da dominação portuguesa*, escrito pelo almirante inglês, Edições do Senado, 2003. As aventuras do almirante foram contadas ainda no ensaio "Lord Cochrane, o turbulento marquês do Maranhão", *Navigator*, Rio, número 16, 2012. Para Pirajá, diálogos de Cochrane e Rio Tejo, *Diário da Armada da Independência*, Frei Manoel Moreira da Paixão e Dores, Livraria Progresso, Salvador, 1957. Para outras guerras, *História da Independência do Brasil*, de Francisco Adolfo Varnhagen, Edições do

Senado, 2010. A história de Caravelas levou em conta dados da "Defesa do tenente coronel Antônio José Gomes Loureiro", Imprensa Régia, Lisboa, 1825. Para periquitos, *História da Bahia, do Império à República*, Braz do Amaral, Salvador, Imprensa Oficial do Estado, 1923, *Race, Stade, and armed forces in Independence – Era Brazil, Bahia, 1790s – 1840s*, Hendrik Kraay, Universidade de Stanford, Estados Unidos, 2001, *Da Sedição de 1798 à Revolta de 1824 na Bahia*, Luiz Henrique Dias Tavares, São Paulo, Unesp, 2003. As descrições de Maria Quitéria estão no *Diário de uma viagem ao Brasil*, da inglesa Maria Graham, que a conheceu no Rio, Compahia Editora Nacional, São Paulo, 1956. Diálogos de Quitéria ainda foram tirados do livro *Olhando para atrás*, Luiz Edmundo, Gráfica Lammaert, Rio, 1954. A obra serviu de referência ainda para o episódio da morte de Joana Angélica. O diálogo entre Drummond e o casal Madeira de Melo foi registrado nas *Anotações de Vasconcelos A.M.V. de Drummond à sua biografia*.

10. O VAQUEIRO

A busca por histórias de Né focou no Fundo Manoel de Sousa Martins, Arquivo Público do Estado do Piauí. Na instituição, tive acesso a correspondências pessoais do presidente vaqueiro e a Atas do Conselho Geral da Província e do Governo de 1822 a 1828.

11. JOÃO BUNDA

Para o chefe dos separatistas de Manga, *O Conciliador*, 4 de junho de 1823, e *História da Independência do Brasil*, de Francisco Adolfo Varnhagen. Também recorri ao livro de Varnhagen para descrever os demais conflitos no Maranhão. Para Tezinho e a imprensa no Maranhão, "Ao público sincero e imparcial (1821-1826)", Marcelo Sincero Galvez, UFF, Niterói, 2010.

12. A CONQUISTA DA AMAZÔNIA

A independência no Pará teve seus conflitos registrados no clássico *Motins políticos ou a história dos principais acontecimentos políticos da província do Pará desde o ano de 1822 até 1831*, de Domingos Antônio Raiol. O saque em Lisboa foi contado por Hernâni Donato, no seu *Dicionário das Batalhas Brasileiras*. Para separatismo no Norte, *Independência e morte, política e guerra na emancipação do Brasil*, Helio Franchini Neto, Topbooks, 2019. Para o *Palhaço*, *Farol Maranhense*, 11 de abril e 27 de junho de 1828, e *Exposição breve de como foram no Pará fuzilados 5 brasileiros e mortos 252 no porão do navio São José Diligente, na noite de 20 de outubro de 1823*, Tipografia de Torres, Rio, 1826. Os nomes das vítimas foram encontrados no "Translado de Devassa dos mortos do Sam José Diligente", Fundo do Supremo Tribunal, no Arquivo Nacional pela pesquisadora Célia Gomes, numa pesquisa para a Câmara de Vereadores de Belém. Para identidade dos cinco fuzilados em Belém, *História breve dos acontecimentos na província do Pará*, assinado por Um paraense e editado pela Tipografia J.P. Franco, Salvador, 1831, guardado na Biblioteca Nacional. Para André Arruda Machado, "A quebra real da mola das sociedades, a crise política do antigo regime português na província do Grão-Pará, 1821-1825", USP, 2006. Para Monte Alegre, além do trabalho de Machado, recorri ao texto "Guia histórico dos municípios do Pará", *Revista do IPHAN*, número 11, Rio, 1947.

13. DA CONSTITUINTE À GUERRA

Para Constituinte de 1823, *Inventário analítico do arquivo da Assembleia Geral Constituinte e Legislativa do Império do Brasil*, Mesa da Câmara dos Deputados, Brasília, 2015, e *Fragmentos de estudos da história da Assembleia Constituinte do Brasil*, Pedro Eunápio da Silva Deiró, Editora do Senado, Brasília, 2006. O perfil de José Bonifácio teve por base Projetos para o Brasil, coletânea de textos do ex-ministro organizada por Miriam Dolhnikoff, Publifolha, São Paulo, 2000, e novamente *História dos Fundadores do Império do Brasil*, de Octávio Tarquínio de Sousa. As mágoas do ministro e as informações sobre o Chalaça foram tiradas das *Anotações de Vasconcelos A.M.V. de Drummond à sua biografia*. Para Tristão na Revolta de 1824, *A Confederação do Equador no Ceará*, coleção manuscritos, Arquivo do Ceará, Fortaleza, 2005. Para movimentos no Nordeste, *Pernambuco, da Independência à Confederação do Equador*, Barbosa Lima Sobrinho, Conselho Estadual de Cultura, Recife, 1979, e *A outra independência: o federalismo pernambucano de 1817 a 1824*, Evaldo Cabral de Mello, São Paulo, Editora 34, 2004. Para chacina de Cimbres, "Os índios de Pernambuco no ciclo das insurreições liberais, 1817/1848: ideologias e resistência", de Marcus Joaquim Maciel de Carvalho, publicado na *Revista da Sociedade Brasileira de Pesquisa Histórica*, 1996, e "Os índios 'fanáticos realistas absolutos' e a figura do monarca português", Mariana Albuquerque Dantas, *Clio, Revista de Pesquisa Histórica*, 2015. Para movimento de São Romão, *Dona Maria da Cruz e a sedição de 1736*, Ângela Vianna Botelho e Carla Anastasia, Autêntica Editora, Belo Horizonte, 2012, e "Família, Poder e Revolta em Minas no Século XVIII", Alexandre Rodrigues de Souza, XXV Simpósio Nacional de História, Fortaleza, 2009.

14. NO INFERNO DO MAR DA PATAGÔNIA

Para corveta argentina, carta de Dom Pedro a Dona Leopoldina, de 8 de dezembro de 1826, com relato do itinerário da viagem para o Rio Grande do Sul. O documento de sete páginas está guardado no Museu Imperial de Petrópolis. Aqui meu agradecimento à historiadora Maria Celina Soares de Mello e Silva, do Núcleo Arquivístico da instituição. Para batalhas navais na Guerra Cisplatina, *Campañas navales de la República Argentina: cuadros historicos*, Anjel Justiniano Carranza, tomos III e IV, Buenos Aires, 1916. Para Corpo de Deus,

História do Estado do Espírito Santo, José Teixeira de Oliveira, IBGE, Rio, 1951. Para Alvear, *Alvear en la guerra con el Imperio de Brasil*, Emílio Ocampo, Editorial Claridade, Buenos Aires, 2003.

15. SINOS POLÍTICOS DE MINAS

Para igrejas mineiras, *História da civilização brasileira*, Pedro Calmon, Editora do Senado, 2002. Para estrangeiros, *Mercenários do Imperador*, Juvêncio Saldanha Lemos, Editora do Exército, Rio, 1996, e *Brasil, segredos de Estado*, Sérgio Corrêa da Costa, Record, Rio, 2000. Para Badaró, *O Observador Constitucional*, 30 de setembro e 26 de novembro de 1830, e *Líbero Badaró, o sacrifício de um paladino da liberdade*, São Paulo, E. Cupolo, 1944. Para movimento liberal mineiro, *O Telégrafo*, 28 de dezembro de 1830 e *O Universal*, 24 e 29 de dezembro de 1829, novamente o livro de Calmon e "A viagem de D. Pedro I a Minas Gerais em 1831: embates políticos na formação da monarquia constitucional no Brasil", Fernanda Pandolfi, *Revista Brasileira de História*. São Paulo, v. 36, nº 71, 2016. Para golpe contra imperador, *História dos Fundadores do Império do Brasil*.

16. ZUMBI REENCARNADO

Para papa-méis, *A Guerra dos Cabanos*, de Manuel Correia de Andrade, Editora Universitária, UFPE, Recife, 2005, e *Memorial Biográfico de Vicente de Paula, o capitão de todas as matas, guerrilhas e sociedade alternativa na mata alagoana*, Luiz Sávio de Almeida, EduFal, Maceió, 2008. Correia de Andrade relata que a proclamação de Vicente, de 16 de novembro de 1833, foi obtida por F.A. Pereira da Costa, Anais Pernambucanos, no Arquivo Público do Estado, no Recife. Para perfil do líder das matas, *Cabanos, os guerrilheiros do imperador*, de Décio Freitas, Graal, Rio, 1982.

17. O POLICIAL CAXIAS

Dom Pedro cobrou repressão aos capoeiras ao brigadeiro Carlos Frederico Bernardo de Caula, em carta de 6 de fevereiro de 1822, como consta na *História da formação da sociedade brasileira, D. João VI e o início da classe dirigente do Brasil*, J. F. de Almeida Prado. Para chapéus de palhas, "O Império em construção: projetos de Brasil e ação política na Corte regencial", Marcelo Basile, Rio de Janeiro, UFRJ, 2004. Para República em Botafogo, *Aurora Fluminense*, 6 de abril de 1832, e *O reino que não era deste mundo, crônica de uma República não proclamada*, Marcos Costa, Valentina, Rio, 2015. Para rebelião na Quinta, *Jornal do Commercio*, 10 e 11 de abril e *Aurora Fluminense* 20 e 21 de abril de 1832, e "Revoltas Regenciais na Corte: o movimento de 17 de abril de 1832", também de Marcelo Basile, *Anos 90,* volume 11, dezembro de 2004.

18. OS CACETES SAGRADOS

Para cabras, *História Secreta do Brasil*, de Gustavo Barroso, que aproveitou o trabalho "Execuções de pena de morte no Ceará", de Paulino Nogueira, *Revista Trimestral do Instituto Histórico*, T, VIII, Fortaleza, 1894. O trabalho de Sócrates Quintino da Fonsêca é "A revolta de Pinto Madeira, fatores políticos e sociais", UFSC, Florianópolis, 1979. Também li *História do Cariri*, Figueiredo Filho, e *Efemérides do Cariri*, João Alfredo de Sousa, publicados pela Secult, Fortaleza, 2010, "Pinto Madeira e seu 'exército de cabras': conflitos políticos e sociais no Cariri Cearense pós-independência", Ana Sara Cortez Irffi, UFC, 2016, e "A Rebelião de Pinto Madeira: fatores políticos e sociais", Sócrates Quintino da Fonsêca Brito, UFSC, 1979.

19. A COROA DOS REIS DE CONGO

Para Sabino e o cerco a Caxias, *Balaiada 1839*, Rodrigo Otávio, Siciliano, São Paulo, 2001. Para revolta da Manga, *História do Maranhão*, Carlos de Lima, São Luís, 1981, *A Balaiada*, Maria de Lourdes Monaco, Brasiliense, São Paulo, 1987, "A Balaiada e os balaios, uma análise historiográfica", Elizabeth Sousa Abrantes, Universidade Federal do Maranhão, São Luís, 1996. Para Angicos, *A balaiada*, Astolfo Serra, Rio Dedeschi, 1948. Para perfil de Luís Alves, *Duque de Caxias, o homem por trás do monumento*, Adriana Barreto de Souza, Civilização Brasileira, Rio, 2008. Para Manoel Congo, *Insurreição Negra e Justiça, Paty do Alferes, 1838*, relatório e coletânea de documentos organizados por João Luiz Pinaud, Carlos Otávio de Andrade, Salete Neme, Maria Cândida Gomes de Souza e Jeannete Garcia, Expressão e Cultura, OAB, Rio, 1987.

20. COGUMELOS LUMINOSOS

Para formação do Estado no Piauí, *Viagens no Brasil*, de George Gardner, e *O Visconde de Parnaíba*, Esmaragdo de Freitas, Editora Jornal do Commercio, 1947. José Expedito Rêgo publicou o romance *Vaqueiro e visconde*, Projeto Petrônio Portella, Teresina, 1986, que apresenta traços de Né descritos em documentos. Para Polícia do Piauí, Resolução 13, 25 de junho de 1835, e *A História da Polícia Militar do Piauí*, Laécio Barros Dias e Aelson Barros Dias, Expansão, Teresina, 2010. Para Balaiada, *O Telégrafo*, 5 e 9 de dezembro de 1839 e 13, 23 e 16 de janeiro, 17 de fevereiro, 2 de março e 2 de abril de 1840. A espécie de cogumelo luminoso foi batizada por Gardner de *Agaricus phosphorescens* e mais tarde recebeu o nome de *Pleurotus gardneri*. Para Tranqueira, "Resquícios e historicização do Vale do Tranqueira", texto do historiador Júnior Vianna, Oeiras, 2017.

21. TODA TRISTEZA DESTA VIDA

O sociólogo Clóvis Moura apresentou uma consolidação de revoltas abolicionistas no *Dicionário da Escravidão Negra no Brasil*, Edusp, São Paulo, 2004. Ele foi uma voz de ataque à versão de que o negro foi passivo diante da violência escravocrata. Kátia de Queirós Mattoso estudou a história social da escravidão. É autora do clássico *Ser escravo no Brasil*, Brasiliense, São Paulo, 1982. O historiador João José Reis também trouxe a grandiosidade da presença do negro, sendo citado aqui diversas vezes. É o caso da consulta ao *Rebelião escrava no Brasil, a história do levante dos malês (1835)*, Editora Brasiliense, São Paulo, 1986. Também recorri a Florestan Fernandes, autor de *A integração do negro na sociedade de classes*, FFCL/USP, São Paulo, 1964, na compreensão do tema. Para revolta de Fernando de Noronha, "Relatório do coronel José Antonio Pinto", 19 de maio de 1854, Arquivo do Estado de Pernambuco, e *Jornal do Commercio*, 23 de fevereiro do mesmo ano.

22. OS IRMÃOS ANGELIM

Para cabanos, acervo do Arquivo Público do Pará, e *Motins políticos*, de Domingos Antônio Raiol, e *Jornal do Commercio*, 30 de outubro de 1835, 11 de outubro de 1839 e 17 de agosto de 1849. O clássico de Raiol foi imprescindível no relato das guerra da cabanagem. Para muras, *Tesouro descoberto no máximo Amazonas*, Contraponto, Rio, 2004, e *O Amazonas, sua história*, Anísio Jobim, Companhia Editora Nacional, 1957. Para "pacto secreto", ofício do Marechal Andrea, de 18 de dezembro de 1837, do Arquivo do Estado do Pará, registrado por Magda Ricci, da UFPA, no texto "Cabanagem, cidadania e identidade revolucionária: o problema do patriotismo na Amazônia entre 1835 e 1840", *Revista Tempo*, Niterói, 2007.

23. O JOVEM CABANO VIRA FARRAPO

Para Revolução Farroupilha, Fundo Duque de Caxias, Arquivo Nacional, Rio. Para movimento dos maçons de Salvador, *A Sabinada, a revolta separatista da Bahia,* Paulo César da Silva, Companhia das Letras, 2009. Para viagem de Garibaldi a Laguna, cito *Anita Garibaldi, o perfil de uma heroína,* de Wolfgang Ludwig Rau, Edeme, Florianópolis, 1975. Para Imaruí, *Memórias de Garibaldi,* Alexandre Dumas, L&PM Pocket, Porto Alegre, 2010.

24. O SEQUESTRO DO PEQUENO IMPERADOR

Para maioridade, *Diário do Rio de Janeiro,* 19 e 20 de julho de 1841, *História de Dom Pedro II,* Heitor Lyra, Companhia Editora Nacional, 1939, e *Contribuição da Ornis Brasileira na confecção das murças imperiais,* José Cândido de Carvalho, Museu Nacional, Rio, 1953. Para papos amarelos, *Jornal do Commercio,* 19 e 20 de março de 1841 e "As 'eleições do cacete' e o problema da manipulação eleitoral no Brasil Monárquico", Roberto N. P. F. Saba, Almanack, Guarulhos, 2011. Saba e historiadores como Marcus Joaquim Maciel de Carvalho, Bruno Augusto D. Câmara e Lúcia Maria das Neves compartilham da visão que as eleições oitocentistas iam muito além de pleitos de fraudes. Os brasileiros participavam do processo, marcado especialmente pela complexidade regional. Para Vitória do Mearim, *Diário do Rio de Janeiro,* 23 de março de 1841. Para Negro Cabral, *Jornal do Commercio,* 21 de março de 1841. Para Capela, *Jornal do Commercio,* 21 de março de 1841, *O Correio Sergipense,* 1º e 9 de julho de 1841 e 5 de outubro de 1842 e *Diário do Rio de Janeiro,* 9 de março de 1841. Para lutas em Minas, *História da Revolução Liberal de 1842,* José Antonio Marinho, Assembleia Legislativa de Minas Gerais, Belo Horizonte, 2015. Para relato da batalha das trincheiras, carta de Manoel Antonio da Silva ao secretário de Estado de Negócios, José Clemente Pereira, *Diário do Rio de Janeiro*, 18 de julho de 1842 e *A Revolução Liberal de 1842*, Aluísio de Almeida, Rio, José Olímpio, 1944. Para saques de Silveiras e pedidos de promoções, *Diário do Rio de Janeiro,* 20 de agosto e 27 de dezembro de 1842 e 13, 18 e 19 de janeiro de 1843. A morte do chefe conservador da vila é relatada no artigo "Silveiras e a Revolução Liberal de 1842, uma nova visão sobre a morte do capitão Manoel José da Silveira", do advogado Marco Aurélio Alves Costa, *Jornal Lince*, março e abril de 2012. Para milícia de Pindamonhangaba, "A descendência do Monsenhor Ignácio Marcondes de Oliveira Cabral". Neste estudo publicado na *Revista da Asbrap*, edição número 1, de 1994, Washington Marcondes Ferreira Neto apresenta a genealogia da família do Vale do Paraíba. A situação das tropas imperiais no final da guerras dos farrapos foi baseada nos "Ofícios de Bento Manoel Ribeiro ao barão de Caxias, 1844", organizados por Eduardo Duarte, *Revista do Instituto Histórico e Geográfico do Rio Grande do Sul*, Typographia do Centro, 1925. Para censo, "Guerra dos Marimbondos", Mario Melo, *Revista do Instituto Arqueológico e Geográfico de Pernambuco*, Recife, 1920, e *A construção da ordem, a elite política imperial/ Teatro de sombras, a política imperial*, José Murilo de Carvalho, Civilização Brasileira, 2003.

25. ÁRVORES NEGRAS

Para Porongos, "Negros farrapos: hipocrisia racial no Sul do Brasil", Spencer Leitman, estudo incluído na coletânea de José Hildebrando Dacanal, *A Revolução Farroupilha, história e interpretação*, Mercado Aberto, Porto Alegre, 1997, e "Fronteiras da liberdade: Experiências Negras de Recrutamento, Guerra e Escravidão", Daniella Vallandro de Carvalho, UFRJ, 2013. Para Chico Pedro, "Memórias de Francisco Pedro de Abreu (Barão de Jacuhy)", *Revista do Instituto Histórico e Geográfico do Rio Grande do Sul*, Editora Globo, Porto Alegre, 1921. Para Queimado, *Correio da Victoria*, 28 de março de 1849, e *A insurreição de Queimado*, Afonso Cláudio de Freitas Rosa, FCAA, Vitória, 1979. *Lendas Capixabas*, Maria Stella de Novaes, FTD, São Paulo, 1968. O texto "A árvore negra do Queimado", escrito por ela, foi publicado pelo *site* Morro do Moreno, a 28 de setembro de 2015: https://www.morrodomoreno.com.br/materias/a-rvore-negra-do-queimado-por-maria-stella-de-novaes.html. Para Paranaguá, "A introdução de escravos novos no litoral paranaense", Cecília Maria Westphalen, *Revista da USP*, 1972. Revoltas de escravos na Guanabara são pesquisadas por Gilciano Menezes Costa autor de "A escravidão em Itaboraí, uma vivência às margens do Rio Macacú (1833-1875)", UFF, Niterói, 2013. Ele consultou *O Popular*, de 21 de janeiro de 1860, e *A Pátria*, de 26 do mesmo mês, para levantar o caso das mortes de Roberto e Frederico.

26. ZUMBI E O MENINO DE ENGENHO

Para guerrilhas de Pedro Ivo e Vicente, "Um exército de índios, quilombolas e senhores de engenho contra os jacobinos: a Cabanada, 1832-1835", texto de Marcus Joaquim Maciel de Carvalho, publicado no livro *Revoltas, motins, revoluções*, organizado por Mônica Dantas, Alameda-USP, São Paulo, 2011. Carvalho é autor de uma série de trabalhos sobre os movimentos pernambucanos especialmente do Segundo Reinado, obra indispensável nas pesquisas deste capítulo. Também consultei *As guerras nas matas de Jacuípe*, Maria Luiza Ferreira de Oliveira, Unifesp, 2015, e da mesma autora "A prisão de Pedro Ivo e o debate político após a Praieira, 1849-1854", *Revista de História*, São Paulo, 2018. Para revolta do Engenho das Lages, *Political struggle, ideology and state building, Pernambuco and the construction of Brazil, 1817-1850*, de Jeffrey C. Mosher, University of Nebraska Press, 2008, obra citada por Maria Luiza. Para morte de Fabio Velloso da Silveira, *A União*, de Recife, 5 de fevereiro de 1850. Para temor de Dom Pedro II de uma fuga de Pedro Ivo, carta do imperador do Arquivo Visconde do Uruguai, Instituto Histórico e Geográfico Brasileiro, 1850. Para castigos em Fernando de Noronha, *Jornal do Commercio*, 25 de abril de 1864.

27. O CAÇULA DOS ANGELIM VOLTA À GUERRA

Para Califórnias, "Memórias de Francisco Pedro de Abreu (Barão de Jacuhy)". Para José Francisco Nogueira e o 35º CVP, *Jornal do Commercio*, 26 de setembro de 1865 e 19 de junho de 1868. Para pensão da viúva Nogueira, Decreto 1.662, 11 de agosto de 1869. O pesquisador Nerci Nogueira, da família de Angelim, cedeu por generosidade o Inventário do capitão Francisco Nogueira Angelim, de 15 de novembro de 1872. Ele é autor da árvore genealógica dos Nogueira Picanço e do livro *Nos primórdios de Bagé*, que ainda estava no prelo na publicação deste trabalho.

Para saber mais sobre os títulos e autores
da Editora Topbooks, acesse o QR Code.

topbooks.com.br

Estamos também nas redes sociais